중학 수학 **내신 만점 실력서**

고난도 시그마 Σ

중학 수학 1-1

정답과 풀이는 EBS 중학사이트(mid.ebs.co.kr)에서 다운로드 받으실 수 있습니다.

교재 내용 문의 교재 내용 문의는 EBS 중학사이트 (mid.ebs.co.kr)의 교재 Q&A 서비스를 활용하시기 바랍니다.	**교재 정오표 공지** 발행 이후 발견된 정오 사항을 EBS 중학사이트 정오표 코너에서 알려 드립니다. 교재 검색 → 교재 선택 → 정오표	**교재 정정 신청** 공지된 정오 내용 외에 발견된 정오 사항이 있다면 EBS 중학사이트를 통해 알려 주세요. 교재 검색 → 교재 선택 → 교재 Q&A

개념 Review 빠른 복습을 위한 핵심만 담은 간결한 개념 정리

필수 확인 문제 고난도 학습 전 이것만은 꼭! 엄선된 개념별 문제

고난도 대표 유형 시험에 가장 많이 나오는 중상~상 대표 문제

고난도 실전 문제 대표 유형의 유사 문제로 완벽한 실전 대비

고득점 Σ 특강 한번 더 생각하고, 예제로 완성하는 시그마 특강

수학 마스터

중학 수학 **내신 만점 실력서**

고난도 시그마 Σ

중학 수학 1-1

Structure 이 책의 구성과 특징

1 | 개념 Review

- 반드시 알고 넘어가야 할 핵심 개념
- ΣNOTE 발전 개념 또는
  좀 더 쉽게 문제 해결에 접근할 수 있는 꿀팁 제시

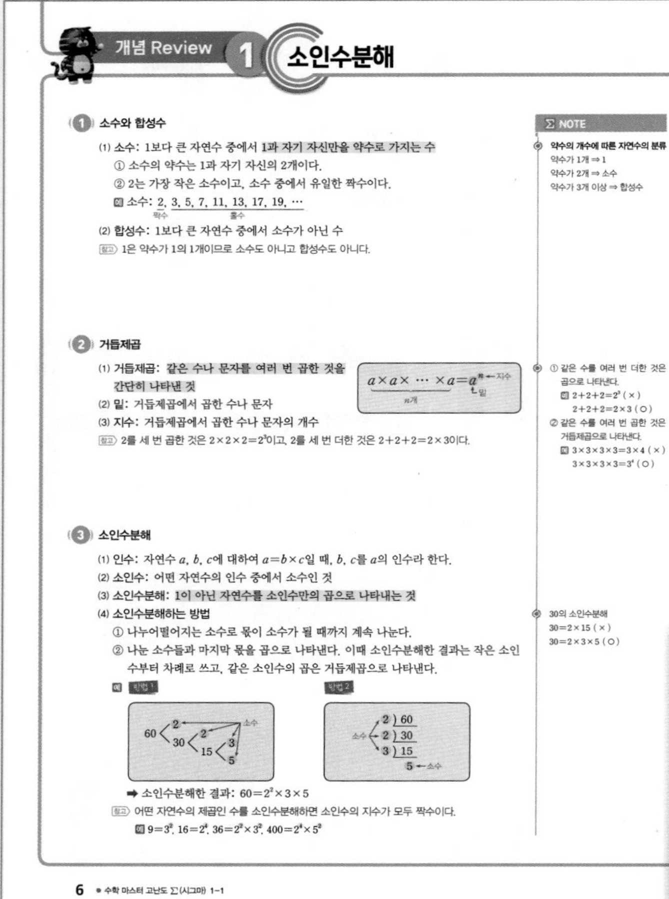

개념 Review 1 소인수분해

① 소수와 합성수

(1) 소수: 1보다 큰 자연수 중에서 1과 자기 자신만을 약수로 가지는 수
① 소수의 약수는 1과 자기 자신의 2개이다.
② 2는 가장 작은 소수이고, 소수 중에서 유일한 짝수이다.
예 소수: 2, 3, 5, 7, 11, 13, 17, 19, …
(2) 합성수: 1보다 큰 자연수 중에서 소수가 아닌 수
참고 1은 약수가 1의 1개이므로 소수도 아니고 합성수도 아니다.

② 거듭제곱

(1) 거듭제곱: 같은 수나 문자를 여러 번 곱한 것을 간단히 나타낸 것
(2) 밑: 거듭제곱에서 곱한 수나 문자
(3) 지수: 거듭제곱에서 곱한 수나 문자의 개수
참고 2를 세 번 곱한 것은 $2\times2\times2=2^3$이고, 2를 세 번 더한 것은 $2+2+2=2\times3$이다.

③ 소인수분해

(1) 인수: 자연수 a, b, c에 대하여 $a=b\times c$일 때, b, c를 a의 인수라 한다.
(2) 소인수: 어떤 자연수의 인수 중에서 소수인 것
(3) 소인수분해: 1이 아닌 자연수를 소인수만의 곱으로 나타내는 것
(4) 소인수분해하는 방법
① 나누어떨어지는 소수로 몫이 소수가 될 때까지 계속 나눈다.
② 나눈 소수들과 마지막 몫을 곱으로 나타낸다. 이때 소인수분해한 결과는 작은 소인수부터 차례로 쓰고, 같은 소인수의 곱은 거듭제곱으로 나타낸다.
➡ 소인수분해한 결과: $60=2^2\times3\times5$
참고 어떤 자연수의 제곱인 수를 소인수분해하면 소인수의 지수가 모두 짝수이다.
예 $9=3^2$, $16=2^4$, $36=2^2\times3^2$, $400=2^4\times5^2$

Σ NOTE
약수의 개수에 따른 자연수의 분류
약수가 1개 ⇒ 1
약수가 2개 ⇒ 소수
약수가 3개 이상 ⇒ 합성수

① 같은 수를 여러 번 더한 것은 곱으로 나타낸다.
예 $2+2+2=2^3$ (×)
$2+2+2=2\times3$ (○)
② 같은 수를 여러 번 곱한 것은 거듭제곱으로 나타낸다.
예 $3\times3\times3\times3=3\times4$ (×)
$3\times3\times3\times3=3^4$ (○)

30의 소인수분해
$30=2\times15$ (×)
$30=2\times3\times5$ (○)

6 수학 마스터 고난도 Σ(시그마) 1-1

2 | 필수 확인 문제

- 고난도 문제를 접하기 전에 반드시 알고 넘어가야 하는 엄선된 개념별 필수 문제
- 시험 대비 실전 문제와 서술형 학습

필수 확인 문제

① 소수와 합성수

1 [242006-0001]
다음 중에서 옳지 않은 것을 모두 고르면? (정답 2개)
① 자연수를 약수의 개수에 따라 1, 소수, 합성수로 분류할 수 있다.
② 가장 작은 소수는 짝수이다.
③ 합성수는 약수가 3개이다.
④ 7의 배수 중에서 소수는 1개뿐이다.
⑤ 홀수는 모두 소수이다.

2 [242006-0002]
다음 수 중에서 소수는 a개, 합성수는 b개라 할 때, $a-b$의 값은?

1 11 17 21 27 31
37 41 47 51 57

① 2 ② 3 ③ 4
④ 5 ⑤ 6

3 [242006-0003]
자연수 a보다 작은 소수가 7개일 때, 다음 중에서 a의 값이 될 수 있는 것은?
① 12 ② 14 ③ 16
④ 18 ⑤ 20

② 거듭제곱

4 [242006-0004]
다음 중에서 옳은 것은?
① $2^4=8$
② $5+5+5+5=5^4$
③ $7\times7\times7\times7\times7=7\times5$
④ $3\times3\times11\times11\times11=3^2+11^3$
⑤ $\frac{1}{2}\times\frac{5}{13}\times\frac{1}{2}\times\frac{5}{13}\times\frac{1}{2}=\frac{5^2}{2^3\times13^2}$

5 [242006-0005]
$7\times5\times5\times17\times7\times5=5^a\times7^b\times c$일 때, $a+b+c$의 값은? (단, a, b는 자연수이고 c는 7보다 큰 소수이다.)
① 7 ② 8 ③ 12
④ 13 ⑤ 22

6 서술형 [242006-0006]
$2^a=64$, $\left(\frac{1}{3}\right)^b=\frac{1}{81}$을 만족시키는 자연수 a, b에 대하여 $a\times b$의 값을 구하시오.

8 수학 마스터 고난도 Σ(시그마) 1-1

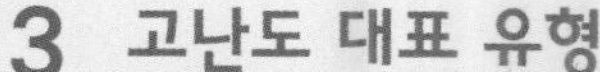

3 고난도 대표 유형

- 시험에 자주 출제되는 고난도 대표 유형 문제
- Σ포인트 풀이 전략 또는 해결 포인트 제시
- 고난도 실전 문제로 가는 브리지 문제

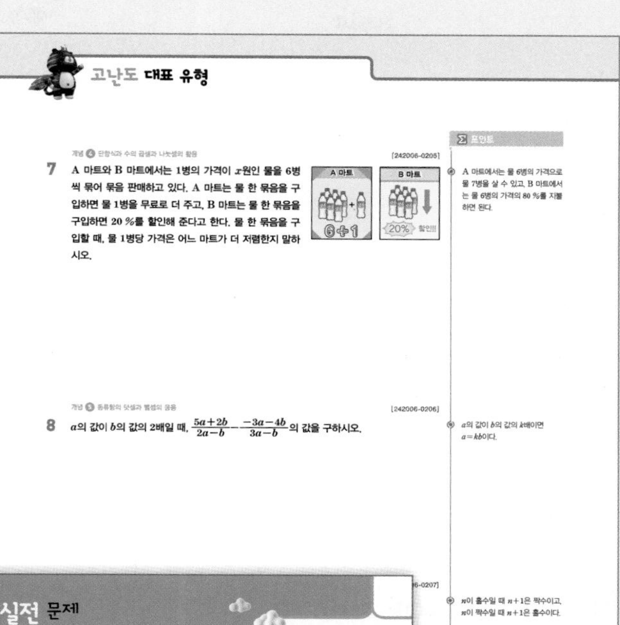

고난도 대표 유형

Σ 포인트

개념 ④ 단항식과 수의 곱셈과 나눗셈의 활용 [242006-0205]

7 A 마트와 B 마트에서는 1병의 가격이 x원인 물을 6병씩 묶어 묶음을 판매하고 있다. A 마트는 물 한 묶음을 구입하면 물 1병을 무료로 더 주고, B 마트는 물 한 묶음을 구입하면 20 %를 할인해 준다고 한다. 물 한 묶음을 구입할 때, 물 1병당 가격은 어느 마트가 더 저렴한지 말하시오.

A 마트에서는 물 6병의 가격으로 물 7병을 살 수 있고, B 마트에서는 물 6병의 가격의 80 %를 지불하면 된다.

개념 ⑤ 동류항의 덧셈과 뺄셈의 활용 [242006-0206]

8 a의 값이 b의 값의 2배일 때, $\frac{5a+2b}{2a-b}-\frac{-3a-4b}{3a-b}$의 값을 구하시오.

a의 값이 b의 값의 k배이면 $a=kb$이다.

n이 홀수일 때 $n+1$은 짝수이고, n이 짝수일 때 $n+1$은 홀수이다.

4 고난도 실전 문제

- 개념별 실전 고난도 연습 문제
- 대표유형 고난도 대표 유형의 유사 문제를 통한 완전 학습
- 고난도 서술형 학습

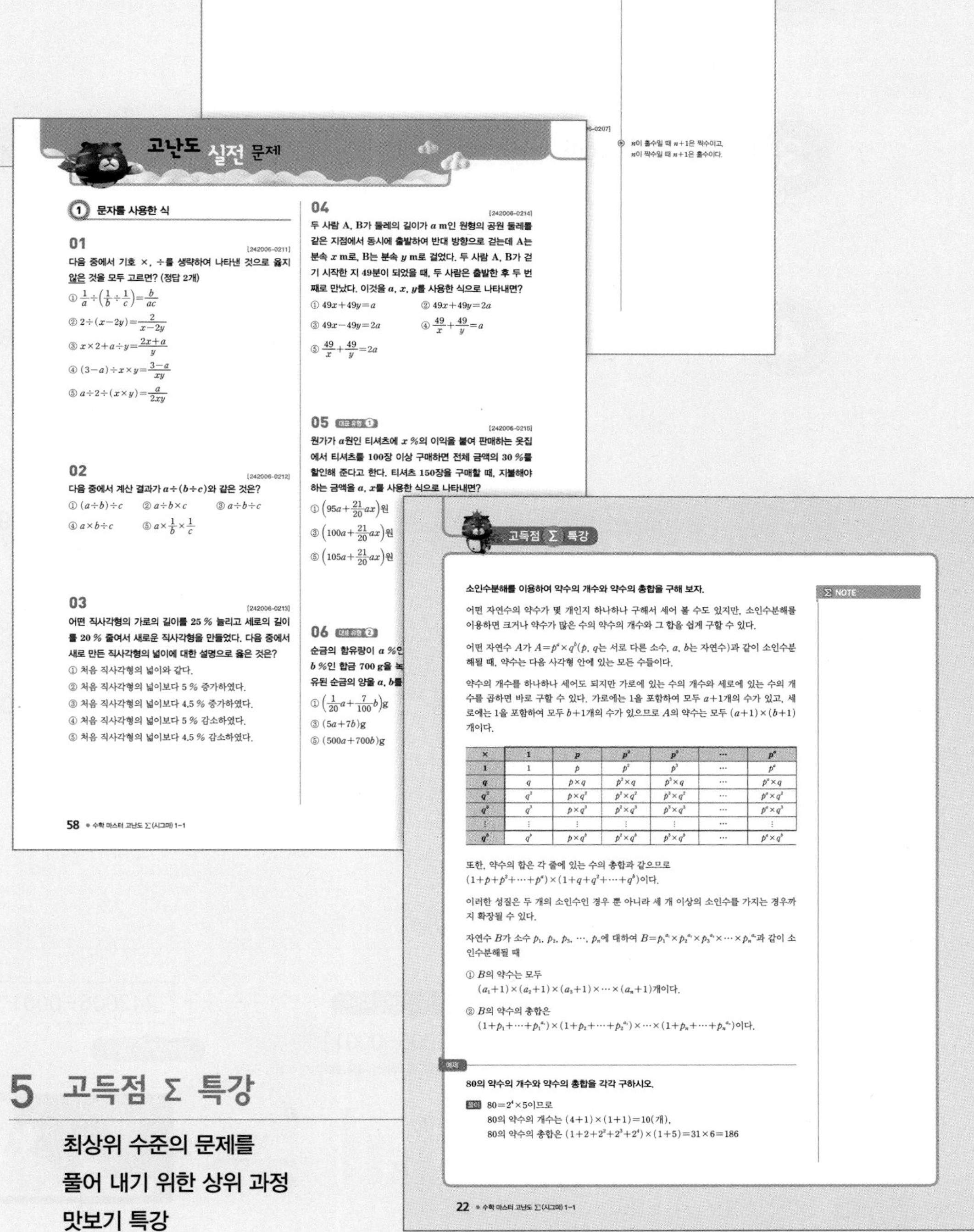

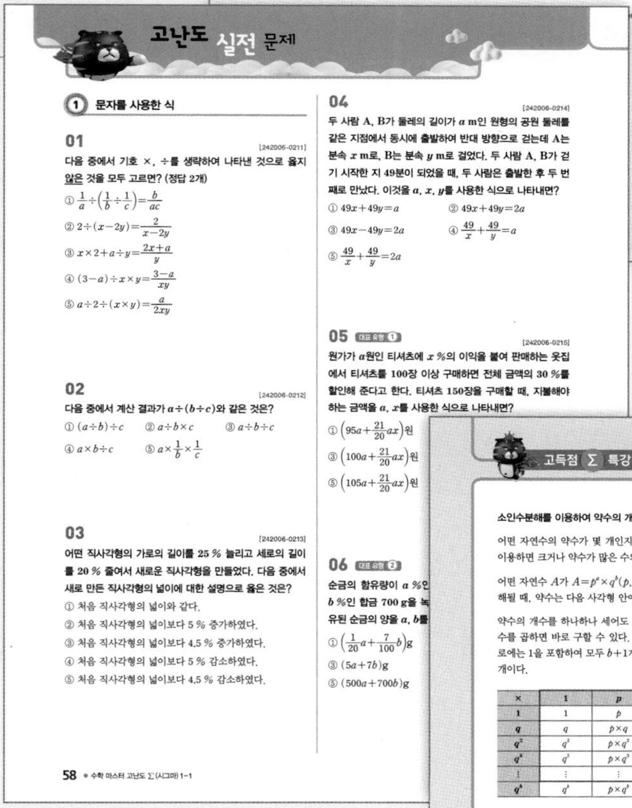

고난도 실전 문제

① 문자를 사용한 식

01 [242006-0211]

다음 중에서 기호 ×, ÷를 생략하여 나타낸 것으로 옳지 않은 것을 모두 고르면? (정답 2개)

① $\frac{1}{a}\div\left(\frac{1}{b}\div\frac{1}{c}\right)=\frac{b}{ac}$

② $2\div(x-2y)=\frac{2}{x-2y}$

③ $x\times2+a\div y=\frac{2x+a}{y}$

④ $(3-a)\div x\times y=\frac{3-a}{xy}$

⑤ $a\div2\div(x\times y)=\frac{a}{2xy}$

02 [242006-0212]

다음 중에서 계산 결과가 $a\div(b\div c)$와 같은 것은?

① $(a\div b)\div c$ ② $a\div b\times c$ ③ $a\div b\div c$ ④ $a\times b\div c$ ⑤ $a\times\frac{1}{b}\times\frac{1}{c}$

03 [242006-0213]

어떤 직사각형의 가로의 길이를 25 % 늘리고 세로의 길이를 20 % 줄여서 새로운 직사각형을 만들었다. 다음 중에서 새로 만든 직사각형의 넓이에 대한 설명으로 옳은 것은?

① 처음 직사각형의 넓이와 같다.
② 처음 직사각형의 넓이보다 5 % 증가하였다.
③ 처음 직사각형의 넓이보다 4.5 % 증가하였다.
④ 처음 직사각형의 넓이보다 5 % 감소하였다.
⑤ 처음 직사각형의 넓이보다 4.5 % 감소하였다.

04 [242006-0214]

두 사람 A, B가 둘레의 길이가 a m인 원형의 공원 둘레를 같은 지점에서 동시에 출발하여 반대 방향으로 걷는데 A는 분속 x m로, B는 분속 y m로 걸었다. 두 사람 A, B가 걷기 시작한 지 49분이 되었을 때, 두 사람은 출발한 후 두 번째로 만났다. 이것을 a, x, y를 사용한 식으로 나타내면?

① $49x+49y=a$ ② $49x+49y=2a$ ③ $49x-49y=2a$ ④ $\frac{49}{x}+\frac{49}{y}=a$ ⑤ $\frac{49}{x}+\frac{49}{y}=2a$

05 대표유형 ① [242006-0215]

원가가 a원인 티셔츠에 x %의 이익을 붙여 판매하는 옷집에서 티셔츠를 100장 이상 구매하면 전체 금액의 30 %를 할인해 준다고 한다. 티셔츠 150장을 구매할 때, 지불해야 하는 금액을 a, x를 사용한 식으로 나타내면?

① $\left(95a+\frac{21}{20}ax\right)$원
③ $\left(100a+\frac{21}{20}ax\right)$원
⑤ $\left(105a+\frac{21}{20}ax\right)$원

06 대표유형 ②

순금의 함유량이 a %인 … b %인 합금 700 g을 녹 … 유된 순금의 양을 a, b를 …

① $\left(\frac{1}{20}a+\frac{7}{100}b\right)$g
③ $(5a+7b)$g
⑤ $(500a+700b)$g

58 • 수학 마스터 고난도 Σ(시그마) 1-1

5 고득점 Σ 특강

최상위 수준의 문제를 풀어 내기 위한 상위 과정 맛보기 특강

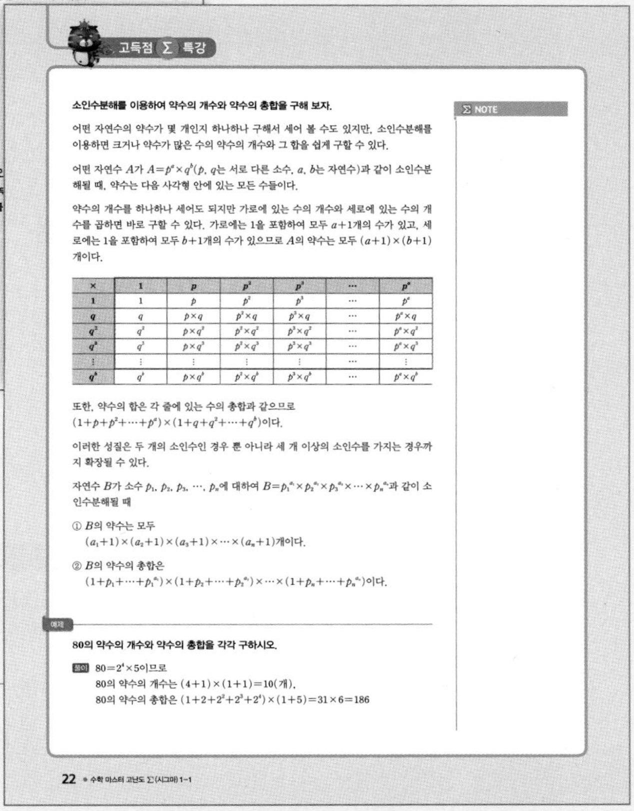

고득점 Σ 특강

소인수분해를 이용하여 약수의 개수와 약수의 총합을 구해 보자.

Σ NOTE

어떤 자연수의 약수가 몇 개인지 하나하나 구해서 세어 볼 수도 있지만, 소인수분해를 이용하면 크거나 약수가 많은 수의 약수의 개수와 그 합을 쉽게 구할 수 있다.

어떤 자연수 A가 $A=p^a\times q^b$(p, q는 서로 다른 소수, a, b는 자연수)과 같이 소인수분해될 때, 약수는 다음 사각형 안에 있는 모든 수들이다.

약수의 개수를 하나하나 세어도 되지만 가로에 있는 수의 개수와 세로에 있는 수의 개수를 곱하면 바로 구할 수 있다. 가로에는 1을 포함하여 모두 $a+1$개의 수가 있고, 세로에는 1을 포함하여 모두 $b+1$개의 수가 있으므로 A의 약수는 모두 $(a+1)\times(b+1)$개이다.

×	1	p	p^2	p^3	…	p^a
1	1	p	p^2	p^3	…	p^a
q	q	$p\times q$	$p^2\times q$	$p^3\times q$	…	$p^a\times q$
q^2	q^2	$p\times q^2$	$p^2\times q^2$	$p^3\times q^2$	…	$p^a\times q^2$
q^3	q^3	$p\times q^3$	$p^2\times q^3$	$p^3\times q^3$	…	$p^a\times q^3$
⋮	⋮	⋮	⋮	⋮	…	⋮
q^b	q^b	$p\times q^b$	$p^2\times q^b$	$p^3\times q^b$	…	$p^a\times q^b$

또한, 약수의 합은 각 줄에 있는 수의 총합과 같으므로 $(1+p+p^2+\cdots+p^a)\times(1+q+q^2+\cdots+q^b)$이다.

이러한 성질은 두 개의 소인수인 경우 뿐 아니라 세 개 이상의 소인수를 가지는 경우까지 확장될 수 있다.

자연수 B가 소수 p_1, p_2, p_3, …, p_n에 대하여 $B=p_1^{a_1}\times p_2^{a_2}\times p_3^{a_3}\times\cdots\times p_n^{a_n}$과 같이 소인수분해될 때

① B의 약수는 모두 $(a_1+1)\times(a_2+1)\times(a_3+1)\times\cdots\times(a_n+1)$개이다.

② B의 약수의 총합은 $(1+p_1+\cdots+p_1^{a_1})\times(1+p_2+\cdots+p_2^{a_2})\times\cdots\times(1+p_n+\cdots+p_n^{a_n})$이다.

예제

80의 약수의 개수와 약수의 총합을 각각 구하시오.

풀이 $80=2^4\times5$이므로
80의 약수의 개수는 $(4+1)\times(1+1)=10$(개),
80의 약수의 총합은 $(1+2+2^2+2^3+2^4)\times(1+5)=31\times6=186$

22 • 수학 마스터 고난도 Σ(시그마) 1-1

Contents 이 책의 차례

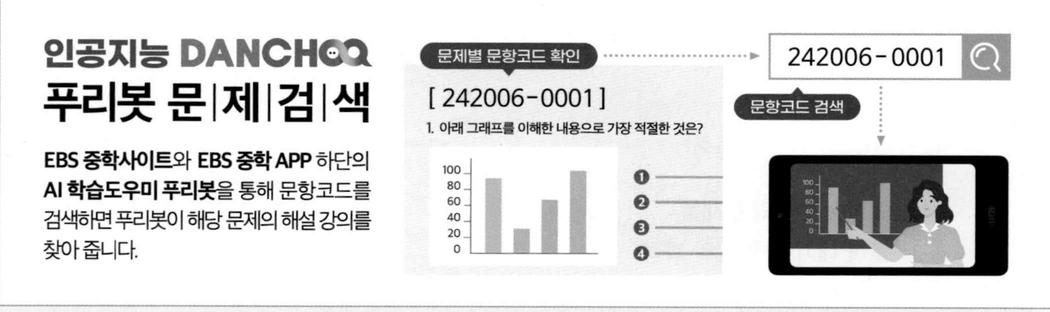

1 소인수분해

개념 Review 1 소인수분해

1 소수와 합성수

(1) **소수**: 1보다 큰 자연수 중에서 1과 자기 자신만을 약수로 가지는 수

① 소수의 약수는 1과 자기 자신의 2개이다.

② 2는 가장 작은 소수이고, 소수 중에서 유일한 짝수이다.

예 소수: 2, 3, 5, 7, 11, 13, 17, 19, ⋯ (2: 짝수, 3, 5, 7, 11, 13, 17, 19, ⋯: 홀수)

(2) **합성수**: 1보다 큰 자연수 중에서 소수가 아닌 수

참고 1은 약수가 1의 1개이므로 소수도 아니고 합성수도 아니다.

Σ NOTE

약수의 개수에 따른 자연수의 분류
약수가 1개 ⇒ 1
약수가 2개 ⇒ 소수
약수가 3개 이상 ⇒ 합성수

2 거듭제곱

(1) **거듭제곱**: 같은 수나 문자를 여러 번 곱한 것을 간단히 나타낸 것

(2) **밑**: 거듭제곱에서 곱한 수나 문자

(3) **지수**: 거듭제곱에서 곱한 수나 문자의 개수

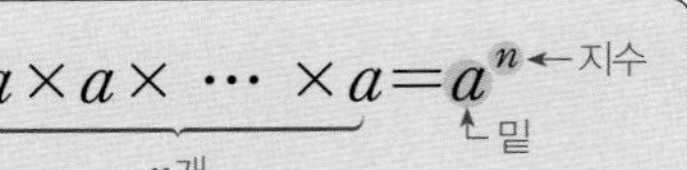

$\underbrace{a\times a\times\cdots\times a}_{n\text{개}}=a^n$ (n ← 지수, a ← 밑)

참고 2를 세 번 곱한 것은 $2\times2\times2=2^3$이고, 2를 세 번 더한 것은 $2+2+2=2\times3$이다.

① 같은 수를 여러 번 더한 것은 곱으로 나타낸다.
예 $2+2+2=2^3$ (×)
$2+2+2=2\times3$ (○)

② 같은 수를 여러 번 곱한 것은 거듭제곱으로 나타낸다.
예 $3\times3\times3\times3=3\times4$ (×)
$3\times3\times3\times3=3^4$ (○)

3 소인수분해

(1) **인수**: 자연수 a, b, c에 대하여 $a=b\times c$일 때, b, c를 a의 인수라 한다.

(2) **소인수**: 어떤 자연수의 인수 중에서 소수인 것

(3) **소인수분해**: 1이 아닌 자연수를 소인수만의 곱으로 나타내는 것

(4) **소인수분해하는 방법**

① 나누어떨어지는 소수로 몫이 소수가 될 때까지 계속 나눈다.

② 나눈 소수들과 마지막 몫을 곱으로 나타낸다. 이때 소인수분해한 결과는 작은 소인수부터 차례로 쓰고, 같은 소인수의 곱은 거듭제곱으로 나타낸다.

예 방법 1

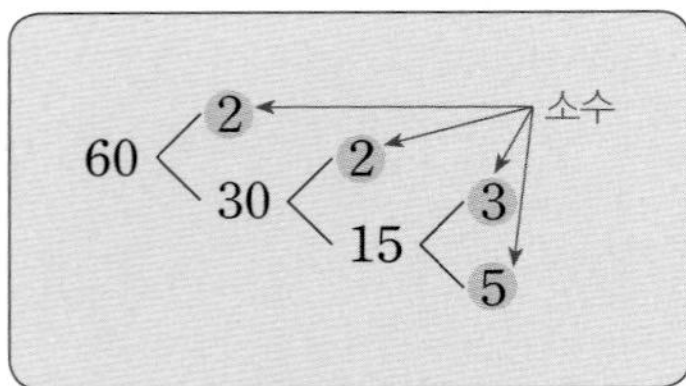

방법 2

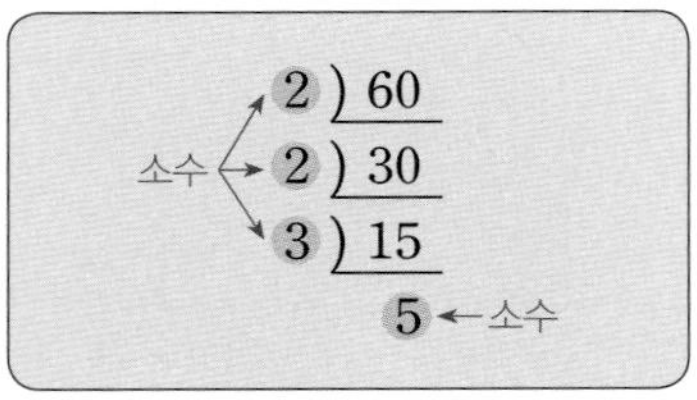

2) 60
2) 30
3) 15
5 ← 소수
(2, 2, 3: 소수)

➡ 소인수분해한 결과: $60=2^2\times3\times5$

참고 어떤 자연수의 제곱인 수를 소인수분해하면 소인수의 지수가 모두 짝수이다.

예 $9=3^2$, $16=2^4$, $36=2^2\times3^2$, $400=2^4\times5^2$

30의 소인수분해
$30=2\times15$ (×)
$30=2\times3\times5$ (○)

4 소인수분해를 이용하여 약수 구하기

자연수 N이 $N=a^m\times b^n$(a, b는 서로 다른 소수, m, n은 자연수)으로 소인수분해될 때

(1) N의 약수: (a^m의 약수)$\times$(b^n의 약수)

(2) N의 약수의 개수: $(m+1)\times(n+1)$

예 $50=2\times5^2$이므로

5^2의 약수

×	1	5	5^2
1	1	5	25
2	2	10	50

2의 약수 (1, 2) / 50의 약수 (1, 5, 25, 2, 10, 50)

참고 자연수 $A=a^l\times b^m\times c^n$($a$, b, c는 서로 다른 소수, l, m, n은 자연수)에 대하여

(1) A의 약수: (a^l의 약수)$\times$(b^m의 약수)$\times$(c^n의 약수)

(2) A의 약수의 개수: $(l+1)\times(m+1)\times(n+1)$

5 최대공약수

(1) 최대공약수: 공약수 중에서 가장 큰 수

(2) 최대공약수의 성질: 두 개 이상의 자연수의 공약수는 그 수들의 최대공약수의 약수이다.

(3) 서로소: 최대공약수가 1인 두 자연수

(4) 최대공약수를 구하는 방법

① 각각의 자연수를 소인수분해한다.

② 공통인 소인수의 거듭제곱에서 지수가 작거나 같은 것을 택하여 곱한다.

$$72=2^3\times3^2$$
$$120=2^3\times3\times5$$
$$\text{최대공약수: } 2^3\times3=24$$

소인수의 지수가 같으면 그대로 곱한다.

소인수의 지수가 다르면 지수가 작은 것을 택한다.

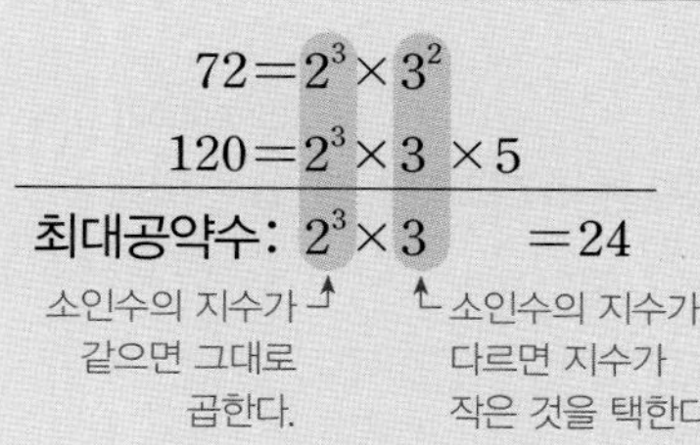

6 최소공배수

(1) 최소공배수: 공배수 중에서 가장 작은 수

(2) 최소공배수의 성질: 두 개 이상의 자연수의 공배수는 그 수들의 최소공배수의 배수이다.

(3) 최소공배수를 구하는 방법

① 각각의 자연수를 소인수분해한다.

② 공통인 소인수의 거듭제곱에서 지수가 크거나 같은 것을 택하고, 공통이 아닌 소인수의 거듭제곱도 모두 택하여 곱한다.

$$108=2^2\times3^3$$
$$252=2^2\times3^2\times7$$
$$\text{최소공배수: } 2^2\times3^3\times7=756$$

소인수의 지수가 같으면 그대로 곱한다.

소인수의 지수가 다르면 지수가 큰 것을 택한다.

공통이 아닌 소인수도 곱한다.

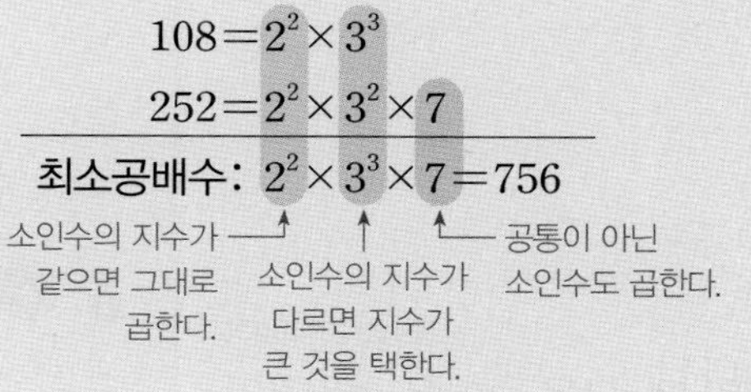

7 최대공약수와 최소공배수의 관계

두 자연수 A, B의 최대공약수가 G이고 최소공배수가 L일 때, $A=a\times G$, $B=b\times G$(a, b는 서로소)라 하면

(1) $L=a\times b\times G$

(2) $A\times B=(a\times G)\times(b\times G)$

$=G\times(a\times b\times G)=G\times L$

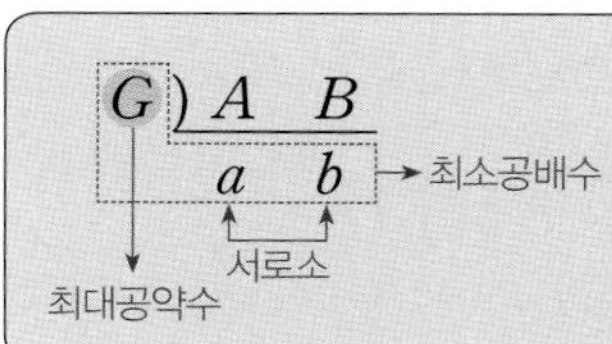

NOTE

① 약수의 개수가 홀수인 수
➡ (자연수)^{2}의 꼴

② 약수의 개수가 3인 수
➡ (소수)^{2}의 꼴

두 자연수 A, B의 최대공약수가 G이면 $A=a\times G$, $B=b\times G$(a, b는 서로소)로 나타낼 수 있다.

서로 다른 두 소수는 항상 서로소이다.

서로소인 두 자연수의 최소공배수는 두 자연수의 곱과 같다.

필수 확인 문제

1 소수와 합성수

1 [242006-0001]

다음 중에서 옳지 <u>않은</u> 것을 모두 고르면? (정답 2개)

① 자연수를 약수의 개수에 따라 1, 소수, 합성수로 분류할 수 있다.

② 가장 작은 소수는 짝수이다.

③ 합성수는 약수가 3개이다.

④ 7의 배수 중에서 소수는 1개뿐이다.

⑤ 홀수는 모두 소수이다.

2 [242006-0002]

다음 수 중에서 소수는 a개, 합성수는 b개라 할 때, $a-b$의 값은?

1 11 17 21 27 31
37 41 47 51 57

① 2 ② 3 ③ 4

④ 5 ⑤ 6

3 [242006-0003]

자연수 a보다 작은 소수가 7개일 때, 다음 중에서 a의 값이 될 수 있는 것은?

① 12 ② 14 ③ 16

④ 18 ⑤ 20

2 거듭제곱

4 [242006-0004]

다음 중에서 옳은 것은?

① $2^4=8$

② $5+5+5+5=5^4$

③ $7\times7\times7\times7\times7=7\times5$

④ $3\times3\times11\times11\times11=3^2+11^3$

⑤ $\frac{1}{2}\times\frac{5}{13}\times\frac{1}{2}\times\frac{5}{13}\times\frac{1}{2}=\frac{5^2}{2^3\times13^2}$

5 [242006-0005]

$7\times5\times5\times17\times7\times5=5^a\times7^b\times c$일 때, $a+b+c$의 값은? (단, a, b는 자연수이고 c는 7보다 큰 소수이다.)

① 7 ② 8 ③ 12

④ 13 ⑤ 22

6 서술형 [242006-0006]

$2^a=64$, $\left(\frac{1}{3}\right)^b=\frac{1}{81}$을 만족시키는 자연수 a, b에 대하여 $a\times b$의 값을 구하시오.

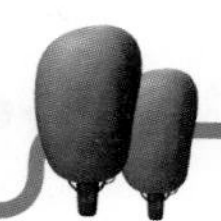

3 소인수분해

7
[242006-0007]

132의 모든 소인수의 합은?

① 12 ② 14 ③ 16
④ 18 ⑤ 20

8
[242006-0008]

234를 소인수분해하면 $2^a \times 3^b \times c$일 때, $a+b+c$의 값을 구하시오. (단, a, b, c는 자연수이다.)

9 서술형
[242006-0009]

252에 자연수를 곱하여 어떤 자연수의 제곱이 되게 하려고 한다. 이때 곱해야 할 가장 작은 두 자리 자연수를 구하시오.

4 소인수분해를 이용하여 약수 구하기

10
[242006-0010]

$4^2 \times 5^3$의 약수는 a개, 343의 약수는 b개라 할 때, $a-b$의 값은?

① 4 ② 8 ③ 12
④ 16 ⑤ 20

11
[242006-0011]

$2^2 \times 5 \times 7^a$의 약수가 24개일 때, 자연수 a의 값은?

① 1 ② 2 ③ 3
④ 4 ⑤ 5

12
[242006-0012]

다음 중에서 분수 $\frac{825}{n}$가 자연수가 되도록 하는 자연수 n의 값이 될 수 있는 것을 모두 고르면? (정답 2개)

① 3^2 ② 2×5^2 ③ 3×11^2
④ $5^2 \times 11$ ⑤ $3 \times 5 \times 11$

필수 확인 문제

5 최대공약수

13 [242006-0013]

다음 중에서 옳은 것은?

① 공약수가 없는 두 자연수를 서로소라 한다.

② 두 자연수가 서로소이면 두 자연수 중에서 하나는 소수이다.

③ 두 수의 최대공약수가 $2^3 \times 3^2$이면 공약수는 모두 6개이다.

④ 18과 45는 서로소이다.

⑤ 두 짝수는 서로소가 아니다.

14 [242006-0014]

두 자연수 160과 a의 최대공약수가 80일 때, 다음 중에서 옳은 것은?

① 80의 배수는 모두 a가 될 수 있다.

② 두 자연수의 공약수는 모두 8개이다.

③ a와 11은 항상 서로소이다.

④ a는 80의 약수이다.

⑤ a가 될 수 있는 가장 작은 수는 80이다.

15 [242006-0015]

다음 조건을 만족시키는 모든 자연수의 합을 구하시오.

(가) 12와 서로소이다.
(나) 30보다 크지 않다.

16 [242006-0016]

세 수 $2^2 \times 3^4 \times 7^3$, $2^3 \times 3^a \times 7^4$, $3^3 \times 5^3 \times b^2$의 최대공약수가 $3^2 \times 7^c$일 때, $a+b+c$의 값은?

(단, a, c는 자연수이고 b는 5보다 큰 소수이다.)

① 11 ② 12 ③ 13 ④ 14 ⑤ 15

17 [242006-0017]

두 분수 $\frac{54}{n}$, $\frac{78}{n}$을 모두 자연수로 만드는 자연수 n의 값 중에서 가장 큰 수를 구하시오.

6 최소공배수

18 [242006-0018]

두 자연수 A, B의 최소공배수가 21일 때, A, B의 공배수 중에서 가장 작은 세 자리 자연수는?

① 105 ② 106 ③ 115 ④ 125 ⑤ 126

19

[242006-0019]

두 자연수 A, 28의 최소공배수가 $2^2\times3^2\times7$일 때, 다음 중에서 A의 값이 될 수 없는 것은?

① 2^2 ② 3^2 ③ 2×3^2

④ $3^2\times7$ ⑤ $2^2\times3^2\times7$

20 서술형

[242006-0020]

세 수 $2^a\times3^2$, $2\times3^2\times b$, $3^c\times7$의 최소공배수가 756일 때, 세 수의 최대공약수를 구하시오.

(단, a, c는 자연수이고 b는 3보다 큰 소수이다.)

21

[242006-0021]

2로 나누면 1이 남고, 3으로 나누면 2가 남고, 4로 나누면 3이 남고, 8로 나누면 7이 남는 가장 작은 자연수를 구하시오.

7 최대공약수와 최소공배수의 관계

22

[242006-0022]

두 자연수 A, B의 곱이 $3^5\times7^3\times11^2$이고 최대공약수가 $3^2\times7\times11$일 때, 두 수의 최소공배수는?

① $3^2\times7$ ② $3^3\times7^2$ ③ $3^2\times7\times11$

④ $3^3\times7^2\times11$ ⑤ $3^5\times7^3\times11$

23

[242006-0023]

세 자연수 18, 54, A의 최대공약수는 18이고 최소공배수는 378일 때, 200보다 작은 자연수 A의 값을 구하시오.

24

[242006-0024]

두 자연수 A, B의 최대공약수는 8이고 최소공배수는 112일 때, $A+B$의 값이 될 수 있는 가장 작은 수를 구하시오.

고난도 대표 유형

Σ 포인트

개념 ① 소수 [242006-0025]

1 **다음 조건을 만족시키는 자연수 n의 값은 모두 몇 개인지 구하시오.**

(가) n의 모든 약수의 합은 $n+1$이다.
(나) n은 20보다 크고 40보다 작다.

자연수의 약수에는 1과 자기 자신이 반드시 포함된다.

개념 ② 거듭제곱 [242006-0026]

2 **3^{70}의 일의 자리의 숫자를 a, 7^{30}의 일의 자리의 숫자를 b라 할 때, $a+b$의 값을 구하시오.**

거듭제곱의 일의 자리의 숫자를 차례대로 구하여 규칙성을 찾는다.

개념 ③ 소인수분해 [242006-0027]

3 **$1\times2\times3\times4\times\cdots\times10$을 소인수분해하면 $2^a\times3^b\times5^c\times d$일 때, $a+b+c+d$의 값을 구하시오. (단, a, b, c, d는 자연수이다.)**

합성수를 소인수분해하여 소수의 거듭제곱으로 나타낸다.

∑ 포인트

개념 ③ 제곱인 수 [242006-0028]

4 **$20\times a=56\times b=c^2$을 만족시키는 자연수 a, b, c에 대하여 가장 작은 $a\times b\times c$의 값을 밑이 소수인 거듭제곱을 사용하여 나타내었을 때, 모든 지수의 합을 구하시오.**

어떤 자연수의 제곱이 되는 수는 소인수분해한 결과에서 소인수의 지수가 모두 짝수이다.

개념 ④ 약수의 개수 구하기 [242006-0029]

5 **312의 약수 중에서 13의 배수는 모두 몇 개인가?**

① 8개 ② 9개 ③ 10개
④ 12개 ⑤ 15개

소인수분해를 이용하면 약수 중 어떤 수의 배수의 개수를 구할 수 있다.

개념 ④ 약수의 개수가 주어진 수 구하기 [242006-0030]

6 **자연수 a의 약수의 개수를 $n(a)$라 할 때, $n(121)\times n(128)\times n(x)=144$를 만족시키는 가장 작은 자연수 x의 값을 구하시오.**

소수 k, l과 자연수 m, n에 대하여 $x=k^m$ 꼴일 때와 $x=k^m\times l^n$ 꼴일 때로 나누어 생각한다.

포인트

개념 4 약수의 개수가 홀수인 수 구하기 [242006-0031]

7 200 이하의 자연수 중에서 약수의 개수가 홀수인 수는 모두 몇 개인가?

① 6개 ② 7개 ③ 9개
④ 11개 ⑤ 14개

약수의 개수가 홀수인 수는 (자연수)^{2}의 꼴이다.

개념 5 서로소 [242006-0032]

8 두 자연수 a, b의 최대공약수를 $a⊙b$와 같이 나타낼 때, $28⊙a=1$을 만족시키는 a의 값 중에서 50 이하의 자연수는 모두 몇 개인가?

① 20개 ② 21개 ③ 23개
④ 24개 ⑤ 25개

최대공약수가 1인 두 자연수는 서로소이다.

개념 5 최대공약수 [242006-0033]

9 두 자연수 A, B의 합이 48이고 최대공약수는 6일 때, $B-A$의 값이 될 수 있는 수를 모두 구하시오. (단, $A<B$)

두 수 A, B의 최대공약수가 p이면 $A=a\times p$, $B=b\times p$ (a, b는 서로소)와 같이 나타낼 수 있다.

개념 6 세 자연수의 비와 최소공배수가 주어질 때, 자연수 구하기 [242006-0034]

10 세 자연수의 비가 $2:3:4$이고 최소공배수가 240일 때, 세 자연수 중에서 가장 큰 수를 구하시오.

포인트

세 자연수의 비가 $2:3:4$이면 세 자연수를 $2\times a$, $3\times a$, $4\times a$로 놓을 수 있다.

개념 7 최대공약수와 최소공배수 [242006-0035]

11 세 자연수 $2^2\times3^3\times7$, N, $2\times3^2\times7\times11$의 최대공약수가 $2\times3^2\times7$, 최소공배수가 $2^2\times3^3\times7\times11$일 때, N의 값이 될 수 있는 수는 모두 몇 개인가?

① 2개 ② 4개 ③ 5개
④ 6개 ⑤ 8개

자연수 N의 최대공약수가 a이면 $N=n\times a$이다.

개념 7 분수를 자연수로 만들기 [242006-0036]

12 세 분수 $\frac{18}{25}$, $\frac{27}{10}$, $\frac{81}{40}$의 어느 것에 곱하여도 그 결과가 자연수가 되게 하는 분수 중에서 가장 작은 기약분수를 구하시오.

$\frac{B}{A}$, $\frac{D}{C}$, $\frac{F}{E}$의 어느 것에 곱하여도 그 결과가 자연수가 되게 하는 분수 중에서 가장 작은 분수의 분모는 B, D, F의 최대공약수이고 분자는 A, C, E의 최소공배수이다.

고난도 실전 문제

1 소수와 합성수

01 [242006-0037]

1, 2, 3, 4, 5가 하나씩 적힌 5장의 카드 중에서 2장을 뽑아 두 자리 자연수를 만들 때, 약수가 3개 이상인 수는 모두 몇 개인가?

① 6개 ② 8개 ③ 10개
④ 12개 ⑤ 14개

02 대표 유형 1 [242006-0038]

다음 조건을 만족시키는 서로소인 두 자연수의 차를 모두 구하시오.

(가) 두 자연수를 곱한 값의 약수는 4개이다.
(나) 두 자연수의 합은 30이다.

03 서술형 [242006-0039]

소수 a와 홀수 b에 대하여 $a^2+b=1357$일 때, $b-a$의 값을 구하시오.

2 거듭제곱

04 대표 유형 2 [242006-0040]

240에 어떤 자연수 a를 곱하면 자연수 b의 거듭제곱이 될 때, $a+b$의 값 중에서 가장 작은 값은?

① 70 ② 73 ③ 75
④ 77 ⑤ 80

05 [242006-0041]

7^{2024}의 일의 자리의 숫자는?

① 1 ② 3 ③ 5
④ 7 ⑤ 9

06 [242006-0042]

$8\times8\times8=2^a$, $0.25\times0.25\times0.25=\frac{1}{2^b}$을 만족시키는 자연수 a, b에 대하여 $a+b$의 값을 구하시오.

07

[242006-0043]

어떤 세균 1개는 1시간 후에 2개, 2시간 후에 4개, 3시간 후에 8개, …와 같이 1시간마다 한 번씩 분열하여 2배로 증식한다고 한다. 이 세균 1개를 이와 같은 방법으로 증식시킬 때, 세균이 2000개 이상이 되는 것은 적어도 몇 시간 후부터인가?

① 7시간 ② 8시간 ③ 9시간
④ 10시간 ⑤ 11시간

3 소인수분해

08

[242006-0044]

$P(n)$은 자연수 n의 소인수 중에서 가장 큰 수이고, $Q(n)$은 자연수 n의 소인수 중에서 가장 작은 수일 때, $P(234)-Q(105)$의 값을 구하시오.

09 대표 유형 3

[242006-0045]

주머니 안에 2, 3, 5가 각각 하나씩 적힌 공이 3개씩 들어 있다. 이 주머니에서 공을 여러 개 뽑아 나온 공에 적힌 수의 곱으로 자연수를 만들 때, 다음 중에서 만들 수 없는 것을 모두 고르면? (정답 2개)

① 24 ② 60 ③ 132
④ 315 ⑤ 750

10

[242006-0046]

2700을 자연수 a로 나누면 어떤 자연수의 제곱이 될 때, 자연수 a는 몇 개인가?

① 4개 ② 5개 ③ 6개
④ 7개 ⑤ 8개

11 대표 유형 4

[242006-0047]

1에서 30까지의 모든 자연수의 곱이 5^k으로 나누어떨어질 때, 자연수 k의 값 중에서 가장 큰 수를 구하시오.

12

[242006-0048]

3을 소인수로 갖는 자연수 n을 소인수분해하였을 때, 3의 지수를 $\ll n \gg$으로 나타내자. 예를 들어 $45=3^2\times5$이므로 $\ll 45 \gg=2$이다. 이때 $\ll x \gg=3$을 만족시키는 150 이하의 자연수 x는 모두 몇 개인지 구하시오.

고난도 실전 문제

13 서술형 [242006-0049]

441에 자연수를 곱하여 어떤 자연수의 세제곱이 되게 하려고 한다. 이때 곱해야 할 자연수 중에서 두 번째로 작은 자연수를 구하시오.

4 소인수분해를 이용하여 약수 구하기

14 [242006-0050]

$2^3\times3^4\times7^2$의 약수 중에서 홀수인 것은 모두 몇 개인가?

① 10개 ② 12개 ③ 15개
④ 18개 ⑤ 20개

15 [242006-0051]

$3^a\times125$의 약수가 20개일 때, 자연수 a의 값을 구하시오.

16 대표 유형 5 [242006-0052]

세 자리 자연수 중에서 약수가 5개인 수를 a, 약수가 7개인 수를 b라 할 때, $a+b$의 값을 구하시오.

17 서술형 [242006-0053]

자연수 n의 약수의 개수를 $f(n)$이라 할 때, 다음을 만족시키는 가장 작은 자연수 x의 값을 구하시오.

$$f(20)\times f(x)\times f(25)=72$$

5 최대공약수

18 [242006-0054]

다음 조건을 만족시키는 가장 작은 자연수 $\frac{m}{n}$에 대하여 $m+n$의 값을 구하시오.

(가) 세 분수 $\frac{54}{n}$, $\frac{612}{n}$, $\frac{m}{n}$은 모두 자연수이다.
(나) $\frac{612}{n}<\frac{m}{n}$

19 대표 유형 6

[242006-0055]

두 자연수 a, b의 공약수의 개수를 $a \odot b$와 같이 나타낼 때, $84 \odot x=1$을 만족시키는 x의 값 중에서 30 미만인 자연수는 모두 몇 개인지 구하시오.

20

[242006-0056]

두 자연수 A, B의 곱은 350이고 최대공약수는 5일 때, $A-B$의 값 중에서 가장 큰 수를 구하시오. (단, $A>B$)

21

[242006-0057]

다음 조건을 만족시키는 두 자연수 A, B에 대하여 $B-A$의 값이 될 수 있는 수를 모두 구하시오.

(가) A와 B의 최대공약수는 12이다.
(나) $A<B$이고 $A+B=120$이다.

22

[242006-0058]

최대공약수가 5인 두 자리 자연수 A, B의 곱이 525일 때, $A+B$의 값은?

① 35 ② 40 ③ 45
④ 50 ⑤ 55

23

[242006-0059]

111, 93, 39를 어떤 자연수로 나누면 모두 3이 남는다고 할 때, 어떤 자연수가 될 수 있는 수는 모두 몇 개인지 구하시오.

6 최소공배수

24

[242006-0060]

50, 35, N의 최소공배수가 700일 때, N의 값이 될 수 있는 자연수는 모두 몇 개인지 구하시오.

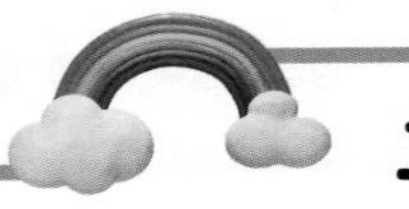

고난도 실전 문제

25 대표 유형 7 [242006-0061]

세 자연수 a, b, c의 비가 $6:8:9$이고 최소공배수가 648일 때, $a+b+c$의 값을 구하시오.

26 [242006-0062]

다음 조건을 만족시키는 $A>B$인 두 자연수 A, B에 대하여 $A-B$의 값을 구하시오.

(가) 두 수 A, B는 서로소인 두 자리 자연수이다.
(나) 두 수 A, B의 최소공배수는 980이다.

27 대표 유형 8 [242006-0063]

700과 $2^3\times a\times 13^2$의 최대공약수가 20일 때, a의 값이 될 수 있는 두 번째로 작은 자연수와 그때의 최소공배수를 차례로 구하면?

① 5, $2^3\times 5^2\times 13^2$
② 5, $2^3\times 5^2\times 7\times 13^2$
③ 10, $2^3\times 5^2\times 7\times 13^2$
④ 10, $2^4\times 5^2\times 7\times 13^2$
⑤ 15, $2^4\times 5^3\times 7\times 13^2$

28 서술형 [242006-0064]

세 분수 $\frac{n}{48}$, $\frac{n}{60}$, $\frac{n}{84}$을 모두 자연수로 만드는 자연수 n의 값 중에서 가장 작은 수에 대하여 $\frac{n}{48}+\frac{n}{60}+\frac{n}{84}$의 값을 구하시오.

29 대표 유형 9 [242006-0065]

세 자연수 10, 12, 15의 어느 것으로 나누어도 4가 남는 자연수 중에서 가장 작은 수를 구하시오.

30 [242006-0066]

세 자연수 3×5^2, $3\times 5\times 7$, M의 최소공배수가 $3^2\times 5^2\times 7$일 때, 다음 중에서 M의 값이 될 수 없는 수는?

① 9 ② 45 ③ 63
④ 75 ⑤ 225

7 최대공약수와 최소공배수의 관계

31 [242006-0067]

두 자연수 $2^3\times3^5$, A의 최대공약수가 $2^2\times3^3$, 최소공배수가 $2^3\times3^5\times5^2$일 때, $A=2^a\times3^b\times5^c$이다. 자연수 a, b, c에 대하여 $a+b+c$의 값을 구하시오.

32 [242006-0068]

두 자연수 A, B의 최대공약수는 6이고 최소공배수는 126일 때, 두 자연수 A, B의 차를 모두 구하시오.

33 [242006-0069]

두 자연수 A, B의 최소공배수를 최대공약수로 나누면 몫은 6이고 나머지는 0이다. A, B의 합이 28일 때, A, B의 차를 구하시오.

34 [242006-0070]

세 자연수 A, 32, 40의 최대공약수는 8이고 최소공배수는 160일 때, 자연수 A의 값 중에서 두 번째로 큰 수와 두 번째로 작은 수의 차를 구하시오.

35 [242006-0071]

아래 조건을 만족시키는 두 자연수 A, B에 대하여 다음 중에서 옳지 않은 것은?

(가) $A:B=7:15$
(나) A, B의 최대공약수와 최소공배수의 합은 530이다.

① $A=35$
② $B=75$
③ 최대공약수는 5이다.
④ 최대공약수와 최소공배수의 차는 515이다.
⑤ 최대공약수와 최소공배수의 곱은 2625이다.

36 대표 유형 ⑩ [242006-0072]

두 자연수 A, B의 최대공약수는 21이고 최소공배수는 588이다. $A-B=63$일 때, $A+B$의 값을 구하시오.

고득점 Σ 특강

소인수분해를 이용하여 약수의 개수와 약수의 총합을 구해 보자.

Σ NOTE

어떤 자연수의 약수가 몇 개인지 하나하나 구해서 세어 볼 수도 있지만, 소인수분해를 이용하면 크거나 약수가 많은 수의 약수의 개수와 그 합을 쉽게 구할 수 있다.

어떤 자연수 A가 $A=p^a\times q^b$(p, q는 서로 다른 소수, a, b는 자연수)과 같이 소인수분해될 때, 약수는 다음 사각형 안에 있는 모든 수들이다.

약수의 개수를 하나하나 세어도 되지만 가로에 있는 수의 개수와 세로에 있는 수의 개수를 곱하면 바로 구할 수 있다. 가로에는 1을 포함하여 모두 $a+1$개의 수가 있고, 세로에는 1을 포함하여 모두 $b+1$개의 수가 있으므로 A의 약수는 모두 $(a+1)\times(b+1)$개이다.

×	**1**	$\boldsymbol{p}$	$\boldsymbol{p^2}$	$\boldsymbol{p^3}$	…	$\boldsymbol{p^a}$
1	1	p	p^2	p^3	…	p^a
$\boldsymbol{q}$	q	$p\times q$	$p^2\times q$	$p^3\times q$	…	$p^a\times q$
$\boldsymbol{q^2}$	q^2	$p\times q^2$	$p^2\times q^2$	$p^3\times q^2$	…	$p^a\times q^2$
$\boldsymbol{q^3}$	q^3	$p\times q^3$	$p^2\times q^3$	$p^3\times q^3$	…	$p^a\times q^3$
⋮	⋮	⋮	⋮	⋮	…	⋮
$\boldsymbol{q^b}$	q^b	$p\times q^b$	$p^2\times q^b$	$p^3\times q^b$	…	$p^a\times q^b$

또한, 약수의 합은 각 줄에 있는 수의 총합과 같으므로
$(1+p+p^2+\cdots+p^a)\times(1+q+q^2+\cdots+q^b)$이다.

이러한 성질은 두 개의 소인수인 경우 뿐 아니라 세 개 이상의 소인수를 가지는 경우까지 확장될 수 있다.

자연수 B가 소수 p_1, p_2, p_3, $\cdots$, p_n에 대하여 $B=p_1^{a_1}\times p_2^{a_2}\times p_3^{a_3}\times\cdots\times p_n^{a_n}$과 같이 소인수분해될 때

① B의 약수는 모두
$(a_1+1)\times(a_2+1)\times(a_3+1)\times\cdots\times(a_n+1)$개이다.

② B의 약수의 총합은
$(1+p_1+\cdots+p_1^{a_1})\times(1+p_2+\cdots+p_2^{a_2})\times\cdots\times(1+p_n+\cdots+p_n^{a_n})$이다.

예제

80의 약수의 개수와 약수의 총합을 각각 구하시오.

풀이 $80=2^4\times5$이므로
80의 약수의 개수는 $(4+1)\times(1+1)=10$(개),
80의 약수의 총합은 $(1+2+2^2+2^3+2^4)\times(1+5)=31\times6=186$

2
정수와 유리수

개념 Review 2 정수와 유리수

1 정수와 유리수

(1) 양수와 음수

① 양수: 0보다 큰 수로 양의 부호 +가 붙은 수 예 $+2,\ +1.6,\ +\frac{1}{3},\ \cdots$

② 음수: 0보다 작은 수로 음의 부호 −가 붙은 수 예 $-5,\ -0.14,\ -\frac{2}{7},\ \cdots$

(2) 정수: 양의 정수(자연수), 0, 음의 정수를 통틀어 정수라 한다.

① 양의 정수(자연수): 자연수에 양의 부호 +를 붙인 수 예 $+1,\ +2,\ +3,\ \cdots$

② 음의 정수: 자연수에 음의 부호 −를 붙인 수 예 $-1,\ -2,\ -3,\ \cdots$

(3) 유리수: 양의 유리수, 0, 음의 유리수를 통틀어 유리수라 한다.

① 양의 유리수: 분자, 분모가 모두 자연수인 분수에 양의 부호 +를 붙인 수

예 $+\frac{1}{4},\ +\frac{2}{5},\ +0.3,\ +1.07,\ \cdots$

② 음의 유리수: 분자, 분모가 모두 자연수인 분수에 음의 부호 −를 붙인 수

예 $-\frac{1}{6},\ -\frac{3}{8},\ -0.5,\ -3.49,\ \cdots$

참고 유리수는 $\frac{(\text{정수})}{(0\text{이 아닌 정수})}$의 꼴로 나타낼 수 있는 수이다.

2 수직선과 절댓값

(1) 수직선: 직선 위에 기준이 되는 점을 잡아 그 점에 수 0을 대응시키고, 그 점의 좌우에 일정한 간격으로 점을 잡아 오른쪽에 양수를, 왼쪽에 음수를 대응시킨 직선

(2) 절댓값: 수직선 위에서 원점과 어떤 수를 나타내는 점 사이의 거리를 그 수의 절댓값이라 하고, 기호 $|\ \ |$를 사용하여 나타낸다.

예 $(+3\text{의 절댓값})=|+3|=3$

$(-3\text{의 절댓값})=|-3|=3$

3 유리수의 대소 관계

(1) 유리수의 대소 관계

① 양수끼리는 절댓값이 큰 수가 크다.

② 음수끼리는 절댓값이 큰 수가 작다.

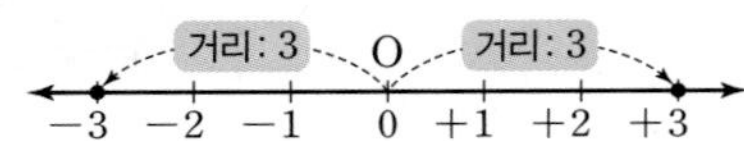

(2) 부등호의 사용

$a>b$	$a<b$	$a\geq b$	$a\leq b$
a는 b보다 크다. a는 b 초과이다.	a는 b보다 작다. a는 b 미만이다.	a는 b보다 크거나 같다. a는 b보다 작지 않다. a는 b 이상이다.	a는 b보다 작거나 같다. a는 b보다 크지 않다. a는 b 이하이다.

Σ NOTE

- 자연수는 정수이다.
- ① 자연수는 유리수이다.
  ② 정수는 유리수이다.
- **유리수의 분류**

  유리수 { 정수 { 양의 정수(자연수) / 0 / 음의 정수 } / 정수가 아닌 유리수 }
- 수직선에서 숫자 0에 대응하는 기준이 되는 점 O를 원점이라 한다.
- ① 절댓값은 항상 0 또는 양수이다.
  ② 원점으로부터 멀리 떨어져 있는 점에 대응하는 수일수록 절댓값이 크다.
- (음수)<0<(양수)

4 유리수의 덧셈과 뺄셈

(1) 부호가 같은 두 수의 덧셈: 두 수의 절댓값의 합에 공통인 부호를 붙인다.
(2) 부호가 다른 두 수의 덧셈: 두 수의 절댓값의 차에 절댓값이 큰 수의 부호를 붙인다.
(3) 덧셈의 계산 법칙: 세 수 a, b, c에 대하여
① 덧셈의 교환법칙: $a+b=b+a$
② 덧셈의 결합법칙: $(a+b)+c=a+(b+c)$
(4) 유리수의 뺄셈: 두 수의 뺄셈은 빼는 수의 부호를 바꾸어 덧셈으로 고친 후 계산한다.

5 덧셈과 뺄셈의 혼합 계산

(1) 괄호가 있는 식의 계산
① 뺄셈은 빼는 수의 부호를 바꾸어 덧셈으로 고친다.
② 덧셈의 교환법칙과 결합법칙을 이용하여 계산한다.
(2) 부호가 생략된 수의 혼합 계산: 괄호를 사용하여 생략된 양의 부호 +를 다시 쓴 후 계산한다.

6 유리수의 곱셈

(1) 부호가 같은 두 수의 곱셈: 두 수의 절댓값의 곱에 양의 부호 +를 붙인다.
(2) 부호가 다른 두 수의 곱셈: 두 수의 절댓값의 곱에 음의 부호 −를 붙인다.
(3) 곱셈의 계산 법칙: 세 수 a, b, c에 대하여
① 곱셈의 교환법칙: $a\times b=b\times a$
② 곱셈의 결합법칙: $(a\times b)\times c=a\times(b\times c)$
(4) 분배법칙: 세 수 a, b, c에 대하여
$a\times(b+c)=a\times b+a\times c$, $(a+b)\times c=a\times c+b\times c$

7 유리수의 나눗셈

(1) 부호가 같은 두 수의 나눗셈: 두 수의 절댓값의 나눗셈의 몫에 양의 부호 +를 붙인다.
(2) 부호가 다른 두 수의 나눗셈: 두 수의 절댓값의 나눗셈의 몫에 음의 부호 −를 붙인다.
(3) 역수: 두 수의 곱이 1이 될 때, 한 수를 다른 수의 역수라 한다.
(4) 역수를 이용한 나눗셈: 나누는 수를 역수로 바꾸어 곱셈으로 고친 후 계산한다.

8 덧셈, 뺄셈, 곱셈, 나눗셈의 혼합 계산

(1) 거듭제곱이 있으면 거듭제곱을 먼저 계산한다.
(2) 괄호가 있으면 (소괄호) ➡ {중괄호} ➡ [대괄호]의 순서대로 괄호를 푼다.
(3) 곱셈, 나눗셈을 계산한다.
(4) 덧셈, 뺄셈을 계산한다.

Σ NOTE

- 절댓값이 같고 부호가 다른 두 수의 합은 0이다.
- 뺄셈에서는 교환법칙과 결합법칙이 성립하지 않는다.
- 세 수의 덧셈에서 덧셈의 결합법칙에 의하여 $(a+b)+c$, $a+(b+c)$는 모두 $a+b+c$로 나타낼 수 있다.
- 유리수의 곱셈에서 곱해진 음수의 개수가 $\begin{cases}\text{짝수} \Rightarrow + \\ \text{홀수} \Rightarrow -\end{cases}$
- $a>0$일 때 $(-a)^n=\begin{cases} n\text{이 짝수이면 } a^n \\ n\text{이 홀수이면 } -a^n\end{cases}$
- **역수 구하기**
① 정수는 분모가 1인 분수로 생각하여 그 역수를 구한다.
② 대분수는 가분수로 고쳐서 역수를 구한다.
③ 소수는 분수로 고쳐서 역수를 구한다.

필수 확인 문제

1 정수와 유리수

1 [242006-0073]

다음 중에서 양의 부호 $+$ 또는 음의 부호 $-$를 사용하여 나타낸 것으로 옳은 것은?

① 15점 하락 ➡ $+15$점

② 22 % 증가 ➡ -22 %

③ 3000원 손해 ➡ $+3000$원

④ 45분 후 ➡ -45분

⑤ 해발 1900 km ➡ $+1900$ km

2 [242006-0074]

다음 수에 대한 설명으로 옳지 <u>않은</u> 것은?

$$\frac{1}{7},\quad -\frac{6}{3},\quad 0,\quad 0.9,\quad +3,\quad -4.7$$

① 자연수가 아닌 정수는 2개이다.

② 음수는 2개이다.

③ 정수가 아닌 유리수는 4개이다.

④ 양수는 3개이다.

⑤ 정수는 3개이다.

3 [242006-0075]

다음 중에서 옳지 <u>않은</u> 것은?

① 양의 정수, 0, 음의 정수를 통틀어 정수라 한다.

② 음의 정수 중에서 가장 큰 수는 -1이다.

③ 모든 유리수는 수직선 위에 나타낼 수 있다.

④ 분수 꼴로 나타낼 수 있는 수는 모두 유리수이다.

⑤ -1과 -2 사이에는 무수히 많은 정수가 있다.

2 수직선과 절댓값

4 [242006-0076]

수직선 위에 나타낸 점 A~E에 대한 다음 설명 중에서 옳지 <u>않은</u> 것은?

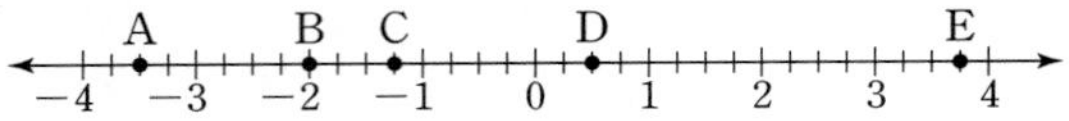

① 절댓값이 가장 큰 수에 대응하는 점은 점 E이다.

② 점 A에 대응하는 수의 절댓값은 4.5이다.

③ (점 B에 대응하는 수의 절댓값)
$>$(점 C에 대응하는 수의 절댓값)

④ 점 D에 대응하는 수의 절댓값이 가장 작다.

⑤ (점 D에 대응하는 수의 절댓값)
$<$(점 E에 대응하는 수의 절댓값)

5 [242006-0077]

수직선 위에서 $-\frac{8}{3}$에 가장 가까운 정수를 a, $\frac{9}{5}$에 가장 가까운 정수를 b라 할 때, $|a|+|b|$의 값을 구하시오.

6 서술형 [242006-0078]

$|a|=11$을 만족시키는 양수를 a, -7의 절댓값을 b라 할 때, $a-b$의 값을 구하시오.

7 [242006-0079]

서로 다른 네 유리수 A, B, C, D가 아래 조건을 만족시킬 때, 다음 중에서 옳지 않은 것은?

(가) A와 B는 원점에서 같은 거리에 있다.
(나) B는 C보다 작다.
(다) A는 가장 작다.
(라) D는 음수이다.

① $|A|=|B|$ ② $B>0$
③ $A<0$ ④ $|C|=|A|$
⑤ $D<0$

8 서술형 [242006-0080]

절댓값이 같고 부호가 반대인 두 수를 수직선 위에 나타내었을 때, 두 수를 나타내는 두 점 사이의 거리가 34이다. 이를 만족시키는 두 수를 구하시오.

9 [242006-0081]

다음 중에서 옳은 것을 모두 고르면? (정답 2개)

① 절댓값이 가장 작은 수는 -1, $+1$이다.
② 절댓값이 같은 두 수는 서로 같은 수이다.
③ 수직선 위에서 원점에 가까울수록 절댓값이 작다.
④ a가 양수이면 $|a|=a$이다.
⑤ b가 음수이면 $|b|=b$이다.

3 유리수의 대소 관계

10 [242006-0082]

다음 수에 대한 설명으로 옳지 않은 것은?

$2.4,\quad -4,\quad -0.7,\quad +3,\quad \frac{14}{3},\quad -\frac{5}{7}$

① 가장 큰 수는 $\frac{14}{3}$이다.
② 가장 작은 수는 -4이다.
③ 수직선 위에 나타내었을 때, 왼쪽에서 두 번째에 위치하는 수는 -0.7이다.
④ 절댓값이 가장 작은 수는 -0.7이다.
⑤ 절댓값이 가장 큰 수는 $\frac{14}{3}$이다.

11 [242006-0083]

다음 수를 작은 수부터 차례로 나열할 때, 왼쪽에서 네 번째에 위치하는 것은?

① $-\frac{3}{2}$ ② $+\frac{5}{6}$ ③ -0.9
④ $+\frac{7}{8}$ ⑤ -1

12 [242006-0084]

다음 보기에서 $-5\le x<9$를 나타내는 것을 있는 대로 고른 것은?

보기
ㄱ. x는 -5 이상이고 9 이하이다.
ㄴ. x는 -5보다 크고 9보다 작다.
ㄷ. x는 -5보다 크거나 같고 9보다 작다.
ㄹ. x는 -5보다 작지 않고 9 미만이다.

① ㄱ, ㄴ ② ㄱ, ㄷ ③ ㄴ, ㄷ
④ ㄴ, ㄹ ⑤ ㄷ, ㄹ

필수 확인 문제

13

[242006-0085]

두 유리수 $-\frac{40}{7}$과 $\frac{14}{3}$ 사이에 있는 정수 중에서 절댓값이 가장 큰 수는?

① -6 ② -5 ③ -4
④ 4 ⑤ 5

14 서술형

[242006-0086]

-2.9보다 크거나 같은 음의 정수의 개수를 a, $\frac{4}{5}$ 이상이고 3보다 작거나 같은 자연수의 개수를 b라 할 때, $a+b$의 값을 구하시오.

15

[242006-0087]

다음 조건을 만족시키는 정수 x는 모두 몇 개인지 구하시오.

(가) 정수 x는 -8보다 크고 2 이하이다.
(나) x를 수직선 위에 나타내면 절댓값이 $\frac{34}{7}$인 두 수를 나타내는 점 사이에 있다.

4 유리수의 덧셈과 뺄셈

16

[242006-0088]

다음 중에서 계산 결과가 가장 큰 것은?

① $(+8)+(-3)$ ② $(-4)-(+11)$
③ $(-5)-(-12)$ ④ $(+2.9)+(-7.9)$
⑤ $\left(+\frac{19}{2}\right)-\left(+\frac{1}{2}\right)$

17

[242006-0089]

다음 수 중에서 절댓값이 가장 큰 수를 a, 절댓값이 가장 작은 수를 b, 가장 작은 수를 c라 할 때, $a+b+c$의 값을 구하시오.

$$-3.8,\quad \frac{5}{3},\quad +\frac{11}{5},\quad 6.5,\quad -0.2$$

18

[242006-0090]

두 유리수 A, B가 다음과 같을 때, $A+B$의 값을 구하시오.

$$A=\left(-\frac{9}{5}\right)-\left(+\frac{11}{5}\right)-\left(-\frac{4}{5}\right)$$
$$B=\left(+\frac{5}{6}\right)-\left(-\frac{2}{3}\right)-\left(+\frac{1}{2}\right)$$

19 [242006-0091]

-4보다 $-\frac{1}{4}$만큼 작은 수를 A, $-\frac{1}{6}$보다 $+\frac{5}{3}$만큼 큰 수를 B라 할 때, $A<x<B$를 만족시키는 모든 정수 x의 값의 합을 구하시오.

20 [242006-0092]

두 정수 a, b에 대하여 $|a-2|=5$, $|3-b|=11$일 때, $a-b$의 값 중에서 가장 큰 값을 구하시오.

21 서술형 [242006-0093]

$+\frac{7}{4}$에서 어떤 수를 빼어야 할 것을 잘못하여 더하였더니 $+\frac{4}{3}$가 되었다. 이때 바르게 계산한 결과를 구하시오.

5 덧셈과 뺄셈의 혼합 계산

22 [242006-0094]

다음 중에서 계산 결과가 옳은 것은?

① $(+2)+(+4)-(-3)=+3$

② $(-7)-(+6)-(-9)=-22$

③ $(-0.3)+(+0.5)+(-0.8)=+0.6$

④ $(+5.9)-(+1.3)+(-0.4)=-5$

⑤ $(+1)+\left(+\frac{1}{2}\right)-\left(-\frac{1}{4}\right)=+\frac{7}{4}$

23 [242006-0095]

오른쪽 표에서 가로, 세로, 대각선에 있는 수의 합이 모두 같을 때, 두 유리수 a, b에 대하여 $a-b$의 값을 구하시오.

	a	
b		$-\frac{5}{2}$
-1	$-\frac{3}{2}$	1

24 [242006-0096]

다음 □ 안에 알맞은 수를 구하시오.

$$\left(+\frac{5}{4}\right)-\left(+\frac{4}{3}\right)-\left(+\frac{3}{2}\right)+(\square)=+\frac{1}{6}$$

필수 확인 문제

6 유리수의 곱셈

25 [242006-0097]

네 정수 -5, -1, 2, 3 중 서로 다른 세 수를 선택하여 곱한 값 중에서 가장 큰 수를 a, 가장 작은 수를 b라 할 때, $a+b$의 값을 구하시오.

26 [242006-0098]

다음 식을 만족시키는 두 수 a, b의 값을 각각 구하면?

$$14\times(-0.7)+36\times(-0.7)=a\times(-0.7)=b$$

① $a=40$, $b=-28$　② $a=40$, $b=2.8$
③ $a=50$, $b=-35$　④ $a=50$, $b=3.5$
⑤ $a=50$, $b=35$

27 [242006-0099]

다음 중에서 계산 결과가 나머지 넷과 다른 하나는?

① -1^4　② $(-1)^5$　③ $-(-1)^6$
④ $\{-(+1)\}^7$　⑤ $\{-(-1)\}^8$

28 [242006-0100]

두 수 a, b에 대하여 $a>0$, $b<0$일 때, 다음 중에서 옳은 것을 모두 고르면? (정답 2개)

① $a+b>0$　② $a-b<0$　③ $b-a<0$
④ $a\times b>0$　⑤ $b\times a<0$

7 유리수의 나눗셈

29 [242006-0101]

0.6의 역수를 a, $-\frac{12}{5}$의 역수를 b라 할 때, $a\div b$의 값은?

① -8　② -4　③ $-\frac{1}{4}$
④ $-\frac{1}{6}$　⑤ $-\frac{1}{8}$

30 [242006-0102]

다음 중에서 계산 결과가 옳지 않은 것은?

① $(-3)\times\left(+\frac{1}{6}\right)=-\frac{1}{2}$
② $\left(-\frac{2}{5}\right)\times\left(-\frac{5}{4}\right)=\frac{1}{2}$
③ $(+7)\div\left(-\frac{14}{3}\right)=-\frac{2}{3}$
④ $\left(-\frac{16}{5}\right)\div(+8)=-\frac{2}{5}$
⑤ $\left(-\frac{20}{9}\right)\div\left(-\frac{4}{27}\right)=15$

31

[242006-0103]

다음을 계산하면?

$$\left(-\frac{22}{21}\right)\div\left(-\frac{16}{27}\right)\div\left(-\frac{33}{14}\right)\div\left(+\frac{9}{16}\right)$$

① $-\frac{4}{3}$　② $-\frac{3}{4}$　③ $-\frac{3}{8}$

④ $\frac{3}{4}$　⑤ $\frac{4}{3}$

32 서술형

[242006-0104]

다음을 만족시키는 두 수 a, b에 대하여 $a\times b$의 값을 구하시오.

$$a\div\left(-\frac{1}{2}\right)^3=\frac{8}{5}$$
$$b\div\frac{1}{4}=-10$$

33

[242006-0105]

어떤 수 a를 $-\frac{9}{8}$로 나누었더니 $-\frac{4}{9}$가 되었다. 이때 $a\div\left(-\frac{7}{16}\right)\times(-2.1)$의 값을 구하시오.

8 덧셈, 뺄셈, 곱셈, 나눗셈의 혼합 계산

34

[242006-0106]

$\frac{7}{16}\times(-2)^3-\left(+\frac{11}{2}\right)\div(-1)^9$을 계산하면?

① -12　② -6　③ 2

④ 6　⑤ 12

35 서술형

[242006-0107]

$A=-3^2\times\left\{2-\frac{1}{6}\times\left(1-\frac{1}{2}\right)\div\frac{5}{2^5}\right\}$일 때, A에 가장 가까운 정수를 구하시오.

36

[242006-0108]

다음 조건을 만족시키는 세 정수 a, b, c에 대하여 $a+b+c$의 최댓값을 구하시오.

(가) $a\times b\times c=-120$
(나) 세 정수의 절댓값은 모두 3보다 크다.
(다) $a>b>c$

고난도 대표 유형

Σ 포인트

개념 ① 정수와 유리수 [242006-0109]

1 두 유리수 $-\frac{5}{3}$와 $\frac{3}{4}$ 사이에 있는 정수가 아닌 유리수 중에서 기약분수로 나타낼 때, 분모가 12인 분수는 모두 몇 개인지 구하시오.

통분한 후 분모가 12인 기약분수를 찾는다.

개념 ② 수직선 위의 점이 나타내는 수 [242006-0110]

2 수직선에서 두 점 A, B가 나타내는 수가 각각 $-\frac{1}{3}$, $\frac{5}{6}$이고 두 점 사이에 있는 점 P에 대하여 (두 점 A, P 사이의 거리) : (두 점 P, B 사이의 거리)$=3:4$일 때, 수직선에서 점 P가 나타내는 수를 구하시오.

두 점 사이의 거리를 구한 후 거리의 비를 이용하여 점 P가 나타내는 수를 구한다.

개념 ② 절댓값이 주어진 수 [242006-0111]

3 다음 조건을 만족시키는 서로 다른 세 정수 a, b, c의 대소 관계를 부등호를 사용하여 나타내시오.

(가) a는 -5보다 크다.
(나) a의 절댓값은 -5의 절댓값과 같다.
(다) b는 5보다 크다.
(라) c는 a보다 -5에 더 가깝다.

절댓값이 $k(k>0)$인 수 중 양수는 $+k$, 음수는 $-k$이다.

포인트

개념 2 절댓값의 대소 관계 [242006-0112]

4 서로 다른 두 수 a, b에 대하여 $a\star b=(a,\ b$ 중 절댓값이 작은 수$)$, $a\circ b=(a,\ b$ 중 절댓값이 큰 수$)$라 할 때, $(-2.9)\circ\left\{\frac{9}{100}\star\left(-\frac{1}{10}\right)\right\}$의 값을 구하시오.

소수와 분수의 대소를 비교할 때는 소수를 분수로 바꾸거나 분수를 소수로 바꾸어 대소를 비교한다.

개념 3 문자로 주어진 수의 대소 관계 [242006-0113]

5 네 유리수 a, b, c, d에 대하여

$$-1<\frac{1}{a}<\frac{1}{b}<0<1<\frac{1}{c}<\frac{1}{d}$$

이 성립할 때, a, b, c, d를 작은 수부터 차례로 나열하시오.

양수는 양수끼리, 음수는 음수끼리 대소를 비교한 후에 (음수)$<0<$(양수)임을 이용한다.

개념 4 절댓값의 계산 [242006-0114]

6 두 수 a, b가 0이 아닌 유리수일 때, $\frac{|a|}{a}+\frac{b}{|b|}-\frac{|ab|}{ab}$의 값이 될 수 있는 수를 모두 구하시오.

$a>0$이면 $|a|=a$,
$a<0$이면 $|a|=-a$

고난도 대표 유형

Σ 포인트

개념 ❹ 절댓값이 주어진 두 수 [242006-0115]

7 두 정수 a, b에 대하여 $|a-1|=5$, $|2-b|=3$일 때, $a\times b$의 값 중에서 가장 큰 값과 가장 작은 값의 차를 구하시오.

◉ $|x|=k(k>0)$이면 $x=k$ 또는 $x=-k$이다.

개념 ❹ 유리수의 덧셈과 뺄셈 [242006-0116]

8 수직선 위의 네 수 $-\frac{3}{4}$, a, $-\frac{1}{3}$, b에 대응하는 점이 왼쪽에서부터 차례대로 놓여 있을 때, 네 점 사이의 간격이 모두 일정하다고 한다. 이때 $a+b$의 값을 구하시오.

◉ 수직선 위의 점 A에 대응하는 수가 a일 때, a보다 $b(b>0)$만큼 큰 수는 점 A에서 오른쪽으로 b만큼 이동한 점에 대응한다.

개념 ❺ 유리수의 덧셈, 뺄셈의 활용 [242006-0117]

9 오른쪽 그림과 같은 전개도를 접어 정육면체를 만들려고 한다. 정육면체의 마주 보는 두 면에 적힌 두 수의 합이 2일 때, $A+B-C$의 값을 구하시오.

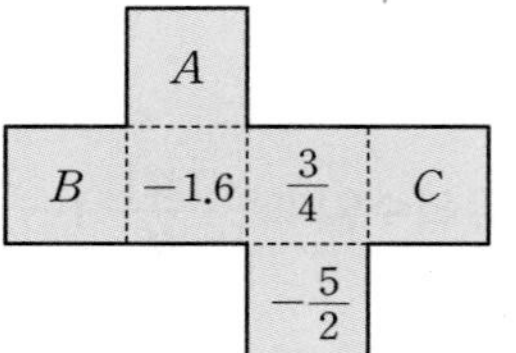

◉ 주어진 전개도를 접어 정육면체를 만들 때, 어느 면끼리 서로 마주 보게 되는지 생각해 본다.

포인트

개념 5 유리수의 덧셈과 뺄셈의 응용 [242006-0118]

10 자연수 n에 대하여 $\frac{1}{n\times(n+1)}=\frac{1}{n}-\frac{1}{n+1}$이 성립한다. 예를 들어 $\frac{1}{6}=\frac{1}{2\times3}=\frac{1}{2}-\frac{1}{3}$이다. 이를 이용하여 $\frac{1}{12}+\frac{1}{20}+\frac{1}{30}+\frac{1}{42}+\frac{1}{56}+\frac{1}{72}+\frac{1}{90}$을 계산하시오.

12, 20, 30, 42, 56, 72, 90을 각각 연속하는 두 자연수의 곱으로 나타내어 본다.

개념 6 규칙성이 있는 유리수의 곱셈 [242006-0119]

11 다음을 계산하시오.

$$\left(\frac{1}{2}-1\right)\times\left(\frac{1}{3}-1\right)\times\left(\frac{1}{4}-1\right)\times\cdots\times\left(\frac{1}{100}-1\right)$$

먼저 음의 부호의 개수를 세어 계산 결과의 부호를 정한다.

개념 7 역수 [242006-0120]

12 오른쪽 그림과 같은 정팔면체 모양의 주사위에서 마주 보는 두 면에 적힌 두 수의 곱이 1일 때, 보이지 않는 네 면에 적힌 네 수의 곱을 구하시오.

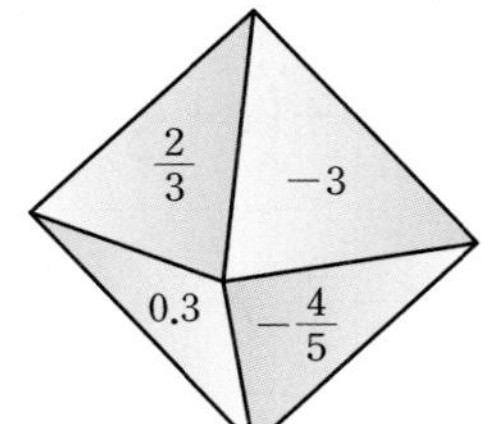

곱이 1인 두 수는 서로 역수 관계이다.

고난도 대표 유형

Σ 포인트

개념 7 문자로 주어진 유리수의 부호 [242006-0121]

13 세 유리수 a, b, c에 대하여 $a-b>0$, $a\times b<0$, $\frac{b}{c}>0$일 때, a, b, c의 부호를 부등호를 사용하여 나타내시오.

- $x\times y>0$이면 두 수 x, y는 서로 같은 부호이다.
- $x\times y<0$이면 두 수 x, y는 서로 다른 부호이다.

개념 7 문자로 주어진 유리수의 대소 관계 [242006-0122]

14 유리수 a에 대하여 $-1<a<0$일 때, 다음 중에서 가장 큰 수는?

① $-a^3$　② $-a^2$　③ $-a$

④ $-\frac{1}{a}$　⑤ $\left(-\frac{1}{a}\right)^2$

- 먼저 주어진 수가 양수인지, 음수인지를 각각 판별해 본다.
- 대소 관계를 비교하기 어려울 때는 $-1<a<0$인 a의 값을 하나 정하여 각각의 값을 직접 구해 본다.

개념 8 유리수의 곱셈과 나눗셈 [242006-0123]

15 다음 수 중에서 가장 큰 수를 a, 가장 작은 수를 b, 절댓값이 가장 큰 수를 c, 절댓값이 가장 작은 수를 d라 할 때, $a\times b+\left(c+\frac{1}{2}\right)\div d$의 값을 구하시오.

$$-\frac{9}{2},\quad -5,\quad \frac{12}{5},\quad \frac{3}{4},\quad 1.4,\quad \frac{3}{2}$$

(음수)<0<(양수)

포인트

개념 8 $(-1)^{n}$을 포함한 혼합 계산 [242006-0124]

16 $(-1)^{99}\times(-1)^{100}\times(-1)^{n}=-1$을 만족시키는 자연수 n에 대하여 다음 식의 값을 구하시오.

$$(-1)^{n+1}-(-1)^{n+2}+(-1)^{n+3}\times(-1)^{n+4}$$

$(-1)^{\text{짝수}}=1$, $(-1)^{\text{홀수}}=-1$임을 이용한다.

개념 8 새로운 연산 기호를 포함한 혼합 계산 [242006-0125]

17 두 유리수 a, b에 대하여

$$a◎b=a^2\times b-4,\ a⊙b=2-a\div b^3$$

이라 할 때, $8⊙\left\{(-4)◎\frac{1}{8}\right\}$을 계산하시오.

중괄호 { } 안을 먼저 계산한다.

개념 8 덧셈, 뺄셈, 곱셈, 나눗셈의 혼합 계산의 활용 [242006-0126]

18 승빈이와 윤지가 계단에서 가위바위보를 하여 이기면 5칸 올라가고, 지면 3칸 내려가는 게임을 하는데 가위바위보를 10번 하여 승빈이가 6번 이겼다. 처음 위치의 값을 0으로 생각하고 1칸 올라가는 것을 $+1$, 1칸 내려가는 것을 -1로 나타낼 때, 게임을 마친 후의 승빈이와 윤지의 위치의 값의 차를 구하시오.

(단, 비기는 경우는 생각하지 않는다.)

가위바위보를 10번 하여 승빈이가 6번 이겼으므로 윤지는 4번 이겼다.

고난도 실전 문제

1 정수와 유리수

01 [242006-0127]

다음 설명 중에서 옳은 것을 모두 고르면? (정답 2개)

① 모든 정수는 자연수이다.

② 0과 1 사이에는 유리수가 없다.

③ 0은 양의 유리수도 음의 유리수도 아니다.

④ 유리수는 양의 유리수와 음의 유리수로 이루어져 있다.

⑤ 자연수는 모두 유리수이다.

02 [242006-0128]

고도는 바다의 평균수면을 기준(0)으로 하여 측정한 어느 지점의 높이를 뜻하며 해발 20 m는 +20 m, 해저 100 m는 −100 m와 같이 나타낸다. 고도가 해발 3490 m인 비행기의 높이를 기준(0)으로 할 때, 해발 1300 m인 지점의 높이는 어떻게 나타낼 수 있는지 구하시오.

03 [242006-0129]

20보다 작은 양의 유리수 중에서 분모가 6인 정수가 아닌 유리수는 모두 몇 개인가?

① 100개 ② 101개 ③ 109개

④ 111개 ⑤ 119개

04 서술형 대표 유형 1 [242006-0130]

유리수 a에 대하여 다음과 같이 약속할 때,

$\left\langle -\frac{8}{13} \right\rangle + < -3 > + \left\langle \frac{18}{3} \right\rangle$의 값을 구하시오.

- a가 자연수이면 $<a>=1$
- a가 자연수가 아닌 정수이면 $<a>=2$
- a가 정수가 아닌 유리수이면 $<a>=3$

2 수직선과 절댓값

05 [242006-0131]

수직선 위에서 2를 나타내는 점으로부터 오른쪽으로 3만큼 떨어진 점을 A, −4를 나타내는 점으로부터 왼쪽으로 7만큼 떨어진 점을 B라 할 때, 두 점 A, B로부터 같은 거리에 있는 점에 대응하는 수를 구하시오.

06 [242006-0132]

다음 조건을 만족시키는 정수 x의 값을 구하시오.

(가) $xy>0$인 정수 y에 대하여 $|x|<|y|$이고 $x>y$이다.
(나) $200<|x|<300$
(다) $|x|$의 약수는 3개이다.

07

[242006-0133]

다음 그림과 같이 수직선 위에 점 A부터 점 E까지 같은 간격으로 놓여 있고 점 A에 대응하는 수가 1, 점 D에 대응하는 수가 7이다. 점 B에 대응하는 수를 a, 점 C에 대응하는 수를 b, 점 E에 대응하는 수를 c라 할 때, $\frac{a+b}{6}<x<\frac{b+c}{3}$를 만족시키는 모든 정수 x의 값을 합을 구하시오.

08 대표 유형 2

[242006-0134]

다음 수직선에서 두 점 A, B에 대응하는 수는 각각 1, $\frac{7}{2}$이고, 점 C는 두 점 A, B 사이의 거리를 3 : 1로 나눌 때, 점 C에 대응하는 수를 구하시오.

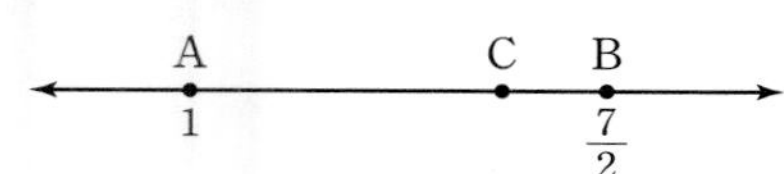

09

[242006-0135]

서로 다른 두 유리수 a, b에 대하여

$a*b$=(a와 b 중에서 절댓값이 작은 수)

$a\triangle b$=(a와 b 중에서 절댓값이 큰 수)

라 할 때, $\left(-\frac{7}{3}\right)*\left\{\left(+\frac{5}{2}\right)\triangle\frac{13}{6}\right\}$의 값을 구하시오.

10 서술형

[242006-0136]

수직선 위에서 두 수 a, b를 나타내는 두 점의 한가운데에 있는 점에 대응하는 수는 -4이다. a의 절댓값이 17일 때, b의 값이 될 수 있는 수를 모두 구하시오.

11 대표 유형 3

[242006-0137]

두 유리수 a, b가 다음 조건을 만족시킬 때, a의 값이 될 수 있는 모든 수의 합은?

(가) $a>0$, $b<0$
(나) b의 절댓값은 6이다.
(다) a와 b의 절댓값의 차는 2이다.

① 2　② 4　③ 8　④ 12　⑤ 14

12

[242006-0138]

부호가 서로 다른 두 유리수 x, y에 대하여 $4|x|=|y|$이고 수직선에서 두 수 x, y를 나타내는 두 점 사이의 거리는 30이다. 이를 만족시키는 y의 두 값을 각각 a, b라 할 때, $|a|+|b|$의 값을 구하시오.

③ 유리수의 대소 관계

13

[242006-0139]

다음 조건을 만족시키는 서로 다른 네 정수 A, B, C, D의 대소 관계를 바르게 나타낸 것은?

(가) D는 A, B, C, D 중 가장 작다.
(나) C는 음의 정수이다.
(다) A와 D가 나타내는 점은 0을 나타내는 점으로부터 거리가 같다.
(라) B는 C보다 작다.

① $A<D<B<C$ ② $B<D<C<A$
③ $D<A<B<C$ ④ $D<B<C<A$
⑤ $D<C<B<A$

14

[242006-0140]

두 음수 a, b에 대하여 $a<b$일 때, 다음 중에서 옳은 것을 모두 고르면? (정답 2개)

① $a>-b$ ② $|a|<b$ ③ $|a|>|b|$
④ $-\frac{1}{a}<\frac{1}{b}$ ⑤ $\frac{1}{a}>\frac{1}{b}$

15 서술형 대표 유형 ④

[242006-0141]

다음 조건을 만족시키는 서로 다른 세 유리수 a, b, c의 대소 관계를 부등호를 사용하여 나타내시오.

(가) a와 b는 모두 -1보다 작지 않다.
(나) a의 절댓값은 -1의 절댓값보다 작다.
(다) c는 1보다 크다.
(라) 수직선 위에서 b를 나타내는 점은 c를 나타내는 점보다 -1로부터 멀리 떨어져 있다.

④ 유리수의 덧셈과 뺄셈

16

[242006-0142]

오른쪽 표는 여러 지역의 해발 고도를 나타낸 것이다. 가장 높은 지점과 가장 낮은 지점의 고도의 차이는 몇 m인지 구하시오.

지역	해발 고도(m)
A	-399
B	5318
C	-83
D	1950

17 서술형

[242006-0143]

$-\frac{5}{3}$보다 $-\frac{1}{2}$만큼 작은 수를 a, $\frac{5}{6}$보다 -2만큼 큰 수를 b라 할 때, $a+b$의 값을 구하시오.

18

[242006-0144]

오른쪽 그림의 ○ 안에 -3부터 5까지의 정수를 한 번씩 넣어 각 변에 있는 네 수의 합이 모두 4가 되도록 하려고 한다. 이때 $A+B$의 값을 구하시오.

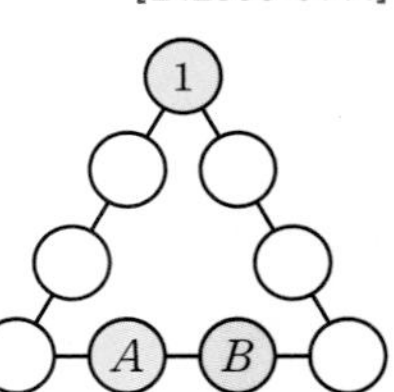

19 대표 유형 5

[242006-0145]

두 정수 a, b에 대하여 $|a|=6$, $|b|=11$이다. $a-b$의 값 중에서 가장 큰 수를 M, 가장 작은 수를 m이라 할 때, $M-|m|$의 값은?

① -34　② -17　③ 0　④ 17　⑤ 34

20 대표 유형 6

[242006-0146]

오른쪽 그림에서 가로, 세로, 대각선 방향으로 놓인 네 수의 합이 모두 같을 때, $A+B+C$의 값을 구하시오.

		A	$-\frac{7}{6}$
		$-\frac{2}{3}$	
B	$-\frac{1}{6}$	0	C
$\frac{1}{3}$		$-\frac{3}{2}$	

21

[242006-0147]

다음 식이 성립할 때, □ 안에 $+$, $-$ 중에서 알맞은 것을 차례로 구하시오.

$$-4\square(-7)\square 3\square(-5)=-5$$

22

[242006-0148]

다음은 왼쪽에 있는 수와 오른쪽에 있는 수의 합이 가운데에 있는 수가 되도록 수를 나열한 것이다. 이와 같은 규칙으로 계속해서 수를 나열할 때, 2024번째에 나오는 수를 구하시오.

$$1,\ -1,\ -2,\ -1,\ 1,\ \cdots$$

23

[242006-0149]

두 정수 a, b에 대하여 $[a, b]=|a-b|$라 할 때, 다음 중에서 $[[14, 17], [9, x]]=1$을 만족시키는 x의 값이 될 수 없는 것은?

① 5　② 7　③ 9　④ 11　⑤ 13

24

[242006-0150]

다음 그림과 같이 수직선 위에 크기가 작은 수부터 차례로 8개의 수 a_1, a_2, a_3, $-\frac{2}{3}$, b_1, b_2, b_3, $\frac{3}{4}$을 나타내는 점이 있다. 각 점 사이의 거리가 일정할 때, $a_1+a_2+a_3-b_1-b_2-b_3$의 값을 구하시오.

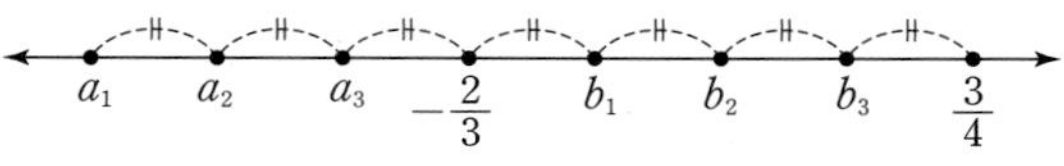

5 덧셈과 뺄셈의 혼합 계산

25 대표 유형 7 [242006-0151]

-100에서 -1까지의 정수 중에서 2로 나누어떨어지는 수의 합을 A, 2로 나누어떨어지지 않는 수의 합을 B라 할 때, $A-B$의 값을 구하시오.

26 서술형 [242006-0152]

어떤 유리수 a에 $-\frac{3}{8}$을 더한 후 $\frac{2}{5}$를 빼어야 하는데 잘못하여 $\frac{2}{5}$를 더한 후 $-\frac{3}{8}$을 빼었더니 -1이 되었다. 바르게 계산한 결과를 p라 할 때, 절댓값이 $|p|$ 이하인 정수는 모두 몇 개인지 구하시오.

27 대표 유형 10 [242006-0153]

자연수 n에 대하여 $\frac{2}{n(n+2)}=\frac{1}{n}-\frac{1}{n+2}$임을 이용하여 다음을 계산하시오.

$$\frac{2}{3}+\frac{2}{15}+\frac{2}{35}+\frac{2}{63}+\frac{2}{99}$$

6 유리수의 곱셈

28 [242006-0154]

$x=-\frac{2}{3}$일 때, 다음 중 가장 큰 수는?

① $-x^2$ ② $-x$ ③ $-\frac{1}{x}$
④ x^2 ⑤ x^3

29 [242006-0155]

두 유리수 a, b에 대하여 $a\times\left(\frac{1}{b}-\frac{1}{a}\right)=-\frac{1}{2}$일 때, $\frac{b}{a}$의 값은?

① -2 ② -1 ③ $-\frac{1}{2}$
④ 1 ⑤ 2

30 [242006-0156]

두 정수 a, b에 대하여 $|a|=2|b|$이고 $a\times b=72$일 때, 다음 중에서 $a-b$의 값이 될 수 있는 수를 모두 고르면? (정답 2개)

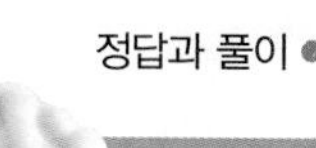

① -12 ② -6 ③ -2
④ 6 ⑤ 12

31

[242006-0157]

$a<b<c<0$인 세 정수 a, b, c의 곱이 -55일 때, $a-b-c$의 값을 구하시오.

32 서술형 대표 유형 8

[242006-0158]

다섯 개의 유리수 21, 3, $-\frac{2}{3}$, $-\frac{9}{14}$, -0.1 중 서로 다른 세 수를 뽑아 곱한 값 중에서 가장 큰 수를 M, 가장 작은 수를 m이라 할 때, M과 m 사이에 있는 정수는 모두 몇 개인지 구하시오.

33

[242006-0159]

여섯 개의 유리수 -3, $-\frac{2}{3}$, 4, $\frac{3}{8}$, 0, 1 이 각 면에 하나씩 적힌 정육면체 모양의 주사위 4개를 오른쪽 그림과 같이 쌓았다. 이때 주사위끼리 맞붙어 가려진 면을 제외한 모든 면에 적혀 있는 수의 곱 중에서 가장 큰 값을 구하시오.

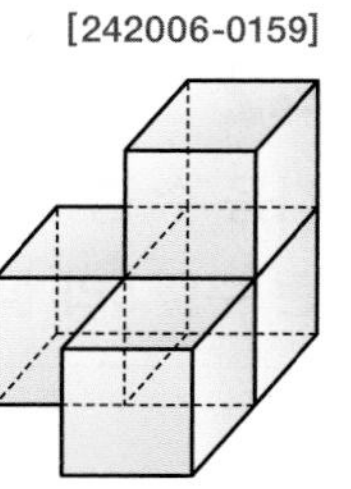

7 유리수의 나눗셈

34

[242006-0160]

오른쪽 그림과 같은 전개도로 정육면체를 만들었을 때, 마주 보는 면에는 역수가 적혀 있다. $A+B+C$의 값을 구하시오.

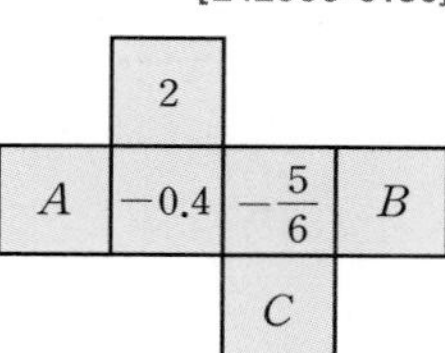

35

[242006-0161]

다음 □ 안에 알맞은 수를 구하시오.

$$\frac{7}{3}\times\square\div\left(\frac{3}{4}-\frac{5}{3}\right)=14$$

36

[242006-0162]

$0.4\times(-0.8)$의 역수를 a, $\left(-\frac{3}{8}\right)\div\left(-\frac{9}{10}\right)$의 역수를 b라 할 때, $a\le x<b$를 만족시키는 모든 정수 x의 값의 합은?

① -5 ② -3 ③ 0
④ 3 ⑤ 5

37

[242006-0163]

다음에서 B의 값을 구하시오. (단, A, B, C는 유리수)

$$\frac{4}{15} \xrightarrow{\div\frac{2}{5}} A \xrightarrow{\times B} C \xrightarrow{\div\left(-\frac{8}{5}\right)} -\frac{5}{14}$$

38 서술형

[242006-0164]

$[x]$는 x보다 크지 않은 수 중에서 가장 큰 정수라 할 때, $\left[\frac{3}{2}\right]\div\left[-\frac{4}{3}\right]\div\left[-\frac{13}{6}\right]\times[-0.27]$의 값을 구하시오.

39 대표 유형 9

[242006-0165]

세 유리수 a, b, c에 대하여 $a<b$, $a\div b<0$, $b\times c<0$일 때, 다음 보기에서 옳은 것을 있는 대로 고르시오.

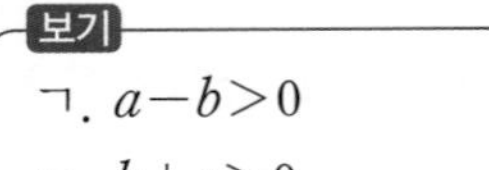

보기

ㄱ. $a-b>0$　　ㄴ. $a+c<0$

ㄷ. $b+c>0$　　ㄹ. $b-c>0$

8 덧셈, 뺄셈, 곱셈, 나눗셈의 혼합 계산

40

[242006-0166]

다음 조건을 만족시키는 서로 다른 세 유리수의 합 중에서 가장 큰 값을 구하시오.

(가) 세 유리수의 절댓값은 $\frac{2}{5}$, 2, 3이다.

(나) 세 유리수의 합과 곱은 모두 음수이다.

41

[242006-0167]

한 변의 길이가 A인 정사각형에서 가로의 길이는 40 % 늘리고, 세로의 길이는 50 % 줄여서 직사각형을 만들었다. 이때 (처음 정사각형의 넓이) : (나중 직사각형의 넓이)를 가장 간단한 자연수의 비로 나타내시오.

42

[242006-0168]

다음 수 중에서 절댓값이 가장 작은 수를 a, 절댓값이 가장 큰 수를 b라 할 때, $a\div(1+b)^2$의 값은?

$0.9,\quad -\frac{3}{4},\quad \frac{7}{6},\quad -1.2,\quad -\frac{8}{5}$

① $-\frac{25}{12}$　② $-\frac{9}{20}$　③ $-\frac{27}{100}$

④ $\frac{9}{20}$　⑤ $\frac{25}{12}$

43 대표 유형 ⑩

[242006-0169]

n이 3보다 큰 홀수일 때, 다음을 계산하시오.

$$(-1)^{n-2}-(-1)^{n-1}\times(-1)^{n}-(-1)^{n+1}\div(-1)^{n+2}$$

44

[242006-0170]

$(-3)^3-\left[10+\square\div\left\{\frac{1}{2}\times(-8)+6\right\}\right]\times(-2)=-1$

일 때, □ 안에 알맞은 수는?

① -7 ② -6 ③ -5
④ 6 ⑤ 7

45

[242006-0171]

다음 □ 안에 알맞은 수의 합을 구하시오.

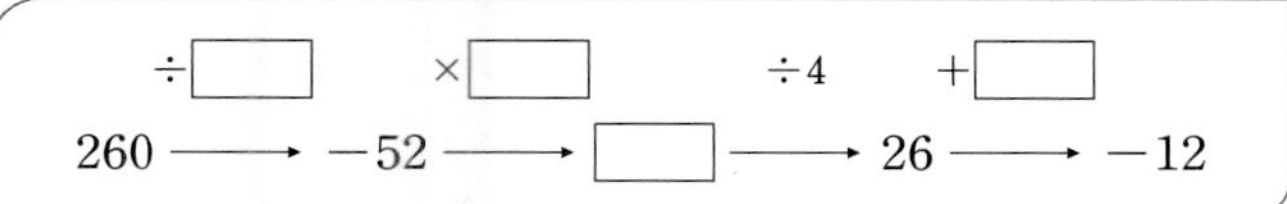

46 서술형

[242006-0172]

오른쪽 그림과 같이 4개의 정사각형 안에 각각 4개의 원이 꼭 맞게 들어 있다. 가장 작은 원의 반지름의 길이가 $\frac{1}{5}$ cm이고 원의 반지름의 길이가 2배씩 커질 때, 4개의 정사각형의 둘레의 길이의 합을 구하시오.

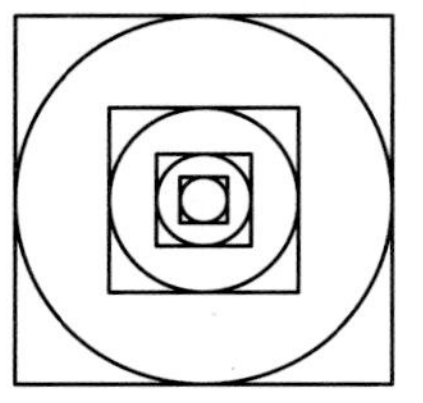

47

[242006-0173]

어떤 수를 다음과 같은 프로그램에 넣으면 A, B, C의 과정을 거쳐 계산된다. 어떤 수를 이 프로그램에 넣어서 나온 결과가 3일 때, 넣은 수를 구하시오.

A: 들어온 수에 -3을 더한 후 2로 나눈다.
B: 들어온 수에서 8을 뺀 후 $-\frac{2}{3}$를 곱한다.
C: 들어온 수를 -4로 나눈 후 5를 더한다.

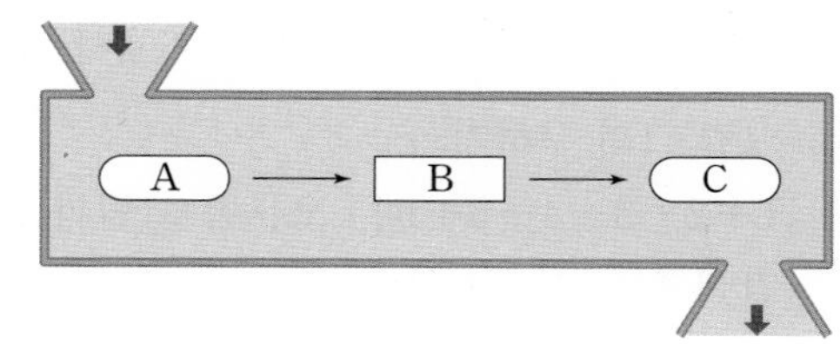

48 대표 유형 ⑪

[242006-0174]

건우와 진미가 주사위를 던져서 수직선의 원점 위에 있는 말을 짝수의 눈이 나오면 오른쪽으로 4칸, 홀수의 눈이 나오면 왼쪽으로 5칸 이동시키는 게임을 하였다. 두 학생이 주사위를 각각 8번씩 던졌고 건우는 짝수가 3번, 진미는 짝수가 6번 나왔다고 할 때, 건우와 진미의 위치의 값의 합을 구하시오. (단, 오른쪽으로 한 칸 이동하는 것을 $+1$, 왼쪽으로 한 칸 이동하는 것을 -1로 나타낸다.)

연속한 자연수의 합은 어떻게 구할까?

Σ NOTE

1. 연속한 자연수의 합은 어떻게 구할까?

(1) 자연수 1부터 6까지의 합을 다음과 같이 구해 보자.

① 같은 수를 거꾸로 더해 구하기

$$\begin{array}{rl} & A=1+2+3+4+5+6 \\ + & A=6+5+4+3+2+1 \\ \hline & 2A=7+7+7+7+7+7 \Rightarrow 7\text{이 }6\text{번} \end{array}$$

이때 윗 줄은 1씩 증가하고 아랫줄은 1씩 감소하므로

각각을 더하면 $2A=(6+1)\times 6$에서 $A=\frac{(6+1)\times 6}{2}=21$

② 그림 그려 구하기

1+2+3+4+5+6은 오른쪽 그림과 같이 파란색과 빨간색으로 그려서 붙여보면 가로 7, 세로 6인 직사각형이 된다.

따라서 $1+2+3+4+5+6=\frac{7\times 6}{2}=21$

(2) 이러한 성질을 확장하여 1부터 N까지의 자연수의 합을 구해 보면 다음과 같다.

$$\begin{array}{rl} & A=\ 1+2+3+\cdots+N \\ + & A=\ N+(N-1)+(N-2)+\cdots+1 \\ \hline & 2A=(N+1)+(N+1)+(N+1)+\cdots+(N+1) \Rightarrow N+1\text{이 }N\text{번} \\ & \quad =(N+1)\times N \end{array}$$

따라서 $A=\frac{N\times(N+1)}{2}$과 같이 구할 수 있다.

2. 연속한 홀수의 합은 어떻게 구할까?

다음 그림과 같이 1부터 $2n-1$까지 홀수의 합은 가로 n, 세로 n인 정사각형의 넓이와 같으므로 n^2과 같다.

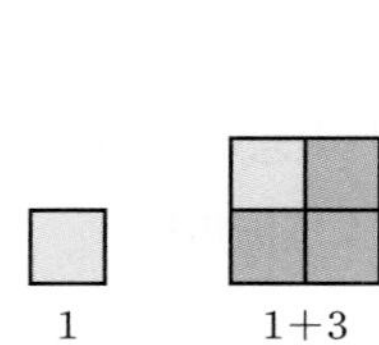
1

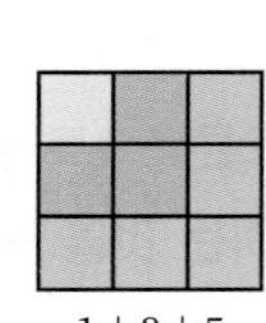
1+3

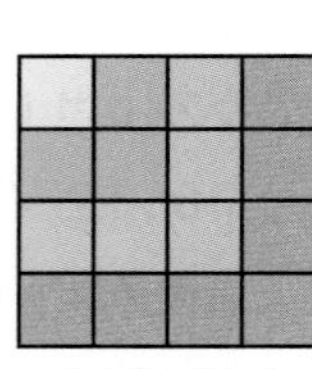
1+3+5

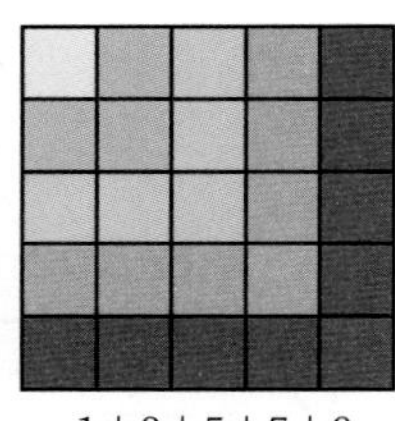
1+3+5+7

1+3+5+7+9

즉, $1+3=2^2$, $1+3+5=3^2$, $1+3+5+7=4^2$, $1+3+5+7+9=5^2$

예제

2+4+6+⋯+400의 합을 구하시오.

풀이 $2+4+6+\cdots+400=2\times(1+2+3+\cdots+200)$

$=2\times\frac{(200+1)\times 200}{2}=40200$

3
문자의
사용과 식

개념 Review 

문자의 사용과 식

1 문자를 사용한 식

(1) **곱셈 기호의 생략:** 수와 문자, 문자와 문자의 곱에서는 곱셈 기호 ×를 생략하여 나타낼 수 있다.

① (수)×(문자): 수를 문자 앞에 쓴다.

② 1×(문자) 또는 −1×(문자): 1을 생략한다.

③ (문자)×(문자): 알파벳 순서로 쓴다.

④ 같은 문자의 곱: 거듭제곱으로 나타낸다.

⑤ (수)×(괄호가 있는 식) 또는 (문자)×(괄호가 있는 식): 수 또는 문자를 괄호 앞에 쓴다.

(2) **나눗셈 기호의 생략:** 나눗셈 기호 ÷를 생략하고 분수의 꼴로 나타내거나 역수의 곱셈으로 바꾸어 곱셈 기호를 생략한다.

(3) **문자의 사용:** 문자를 사용하면 수량 사이의 관계를 간단히 나타낼 수 있다.

(4) **문자를 사용하여 식 세우기**

① 문제의 뜻을 파악하여 규칙을 찾는다.

② 문자를 사용하여 ①의 규칙에 맞도록 식을 세운다.

참고 **문자를 사용하여 식을 세울 때 이용되는 공식**

(1) (물건의 가격)=(물건 1개의 가격)×(물건의 개수)

(2) (거스름돈)=(지불액)−(물건의 가격)

(3) $(\text{속력})=\dfrac{(\text{거리})}{(\text{시간})}$, $(\text{시간})=\dfrac{(\text{거리})}{(\text{속력})}$, (거리)=(속력)×(시간)

(4) $(\text{소금물의 농도})=\dfrac{(\text{소금의 양})}{(\text{소금물의 양})}\times 100(\%)$

$(\text{소금의 양})=\dfrac{(\text{소금물의 농도})}{100}\times(\text{소금물의 양})$

Σ NOTE

$0.1\times x$는 $0.x$로 쓰지 않고 $0.1x$로 나타낸다.

곱셈, 나눗셈이 섞여 있을 때는 나눗셈을 역수의 곱셈으로 바꾼 후 앞에서부터 차례로 곱셈 기호 ×를 생략한다.

① $a\div b\times c=a\times\dfrac{1}{b}\times c=\dfrac{ac}{b}$ (○)

② $a\div b\times c=a\div bc=a\times\dfrac{1}{bc}=\dfrac{a}{bc}$ (×)

① 원가가 a원인 물건에 x %의 이익을 붙인 정가

➡ $a\left(1+\dfrac{x}{100}\right)$원

② 정가가 a원인 물건을 x % 할인하여 판매할 때, 판매 가격

➡ $a\left(1-\dfrac{x}{100}\right)$원

2 식의 값

(1) **대입:** 문자를 사용한 식에서 문자 대신 수를 넣는 것

(2) **식의 값:** 문자를 사용한 식에서 문자 대신 수를 대입하여 계산한 값

(3) **식의 값 구하기**

① 생략된 기호 ×, ÷를 다시 쓴다.

② 문자에 주어진 수를 대입하여 계산한다.

참고 (1) 음수를 대입할 때는 ( ) 안에 넣어서 대입한다.

예 $a=-2$일 때, $3a+5=3\times(-2)+5=-1$

(2) 분모에 분수를 대입할 때는 생략된 나눗셈 기호를 다시 쓴 후에 대입한다.

예 $a=\dfrac{1}{2}$일 때, $\dfrac{3}{a}=3\div a=3\div\dfrac{1}{2}=3\times 2=6$

식의 값의 활용

① 주어진 상황을 문자를 사용한 식으로 나타낸다.

② ①의 식에 수를 대입하여 식의 값을 구한다.

3 다항식과 일차식

(1) 다항식

① 항: 수 또는 문자의 곱으로만 이루어진 식

② 상수항: 문자 없이 수만으로 이루어진 항

③ 계수: 수와 문자의 곱으로 되어 있는 항에서 문자에 곱해진 수

④ 다항식: 한 개 또는 두 개 이상의 항의 합으로 이루어진 식

⑤ 단항식: 다항식 중에서 한 개의 항으로만 이루어진 식

⑥ 항의 차수: 항에서 문자가 곱해진 개수

⑦ 다항식의 차수: 다항식에서 차수가 가장 큰 항의 차수

(2) 일차식: 차수가 1인 다항식

예

다항식	항	상수항	계수	다항식의 차수
$3x-2$	$3x$, -2	-2	x의 계수: 3	1 → 일차식
x^2-4x+5	x^2, $-4x$, 5	5	x^2의 계수: 1 x의 계수: -4	2 → 일차식이 아니다.

4 일차식과 수의 곱셈, 나눗셈

(1) 단항식과 수의 곱셈, 나눗셈

① (단항식)×(수): 수끼리 곱하여 수를 문자 앞에 쓴다.

② (단항식)÷(수): 나눗셈을 역수의 곱셈으로 바꾸어 계산한다.

(2) 일차식과 수의 곱셈, 나눗셈

① (일차식)×(수): 분배법칙을 이용하여 일차식의 각 항에 수를 곱하여 계산한다.

② (일차식)÷(수): 나눗셈을 역수의 곱셈으로 바꾸어 계산한다.

예 $(3x+2)\times2=3x\times2+2\times2=6x+4$

$(6x-4)\div2=(6x-4)\times\frac{1}{2}=6x\times\frac{1}{2}-4\times\frac{1}{2}=3x-2$

5 일차식의 덧셈과 뺄셈

(1) 동류항: 문자가 같고, 차수도 같은 항

(2) 동류항의 덧셈과 뺄셈: 동류항끼리 모은 후 분배법칙을 이용하여 간단히 한다.

(3) 일차식의 덧셈과 뺄셈

① 괄호가 있으면 분배법칙을 이용하여 괄호를 푼다.

② 동류항끼리 모은다.

③ 동류항끼리 계산한다.

참고 괄호 앞에 음의 부호 −가 있을 때, 괄호를 풀면 괄호 안의 모든 항의 부호가 바뀐다.

예 $3(x-2)+2(x-1)=3x-6+2x-2$

$=(3x+2x)+\{-6+(-2)\}$

$=5x-8$

Σ NOTE

① 계수는 부호까지 포함하여 말한다.
② 단항식은 모두 다항식이다.
③ 상수항의 차수는 0이다.

항의 개수를 셀 때는 상수항도 반드시 포함한다.

어떤 두 수의 곱이 1일 때, 한 수를 다른 수의 역수라 한다.

상수항끼리는 항상 동류항이다.

괄호가 여러 개이면 (소괄호) → {중괄호} → [대괄호]의 순서대로 괄호를 푼다.

필수 확인 문제

1 문자를 사용한 식

1 [242006-0175]

다음 중에서 기호 ×, ÷를 생략하여 나타낸 것으로 옳은 것은?

① $3\times a\times a=3aa$
② $a\times(-1)\times b=a-b$
③ $-8\times x\div y=-\frac{8x}{y}$
④ $x+5\times y=5xy$
⑤ $a-b\times c\div 2=\frac{a-bc}{2}$

2 [242006-0176]

다음 보기에서 계산 결과가 $\frac{ab}{c}$와 같은 것을 있는 대로 고르시오.

보기
ㄱ. $a\div b\times c$
ㄴ. $a\div\frac{1}{b}\div c$
ㄷ. $a\times(b\div c)$
ㄹ. $a\div(b\times c)$

3 [242006-0177]

다음 중에서 문자를 사용한 식으로 나타낸 것이 옳지 않은 것은?

① 두 수 a와 b의 평균은 $\frac{a+b}{2}$이다.
② x의 3배에서 y를 뺀 값은 $3x-y$이다.
③ 현재 x살인 정민이의 9년 전의 나이는 $(x-9)$살이다.
④ 십의 자리의 숫자가 x, 일의 자리의 숫자가 7인 두 자리 자연수는 $10x+7$이다.
⑤ 정가가 1000원인 물건을 a % 할인하여 판매할 때, 판매 가격은 $(1000-100a)$원이다.

4 [242006-0178]

탄수화물, 단백질, 지방은 우리 몸속에서 에너지를 내는 영양소로 1 g당 각각 4 kcal, 4 kcal, 9 kcal의 열량을 낸다고 한다. 우진이가 탄수화물, 단백질, 지방을 차례로 150 g, a g, b g 섭취하였을 때, 우진이가 얻은 열량을 a, b를 사용한 식으로 나타내면?

① $(4+4a+9b)$ kcal
② $(150+4a+9b)$ kcal
③ $(150+9a+4b)$ kcal
④ $(600+4a+9b)$ kcal
⑤ $(600+9a+4b)$ kcal

5 [242006-0179]

50000원짜리 상품의 가격을 작년에 a % 인상하였고, 올해는 여기서 20 % 인하하였다. 올해 이 상품의 가격을 a를 사용한 식으로 나타내시오.

6 [242006-0180]

유경이가 집에서 x km만큼 떨어진 도서관까지 가는데 시속 3 km로 걸어갔고 중간에 30분 동안 쉬었다고 한다. 집에서 출발하여 도서관에 도착할 때까지 걸린 총 시간을 x를 사용한 식으로 나타내면?

① $\left(\frac{x}{3}+\frac{3}{10}\right)$시간
② $\left(\frac{x}{3}+\frac{1}{2}\right)$시간
③ $\left(3x+\frac{3}{10}\right)$시간
④ $\left(3x+\frac{1}{2}\right)$시간
⑤ $(3x+30)$시간

2 식의 값

7 [242006-0181]

$a=-2$일 때, 다음 중에서 식의 값이 가장 큰 것은?

① $2a+5$ ② $1-3a$ ③ $\frac{a}{2}+7$

④ a^2+6 ⑤ $a^3\times(-4)$

8 [242006-0182]

$a=\frac{3}{2}$, $b=\frac{1}{3}$, $c=-\frac{5}{2}$일 때, $\frac{3}{a}-\frac{2}{b}-\frac{5}{c}$의 값을 구하시오.

9 서술형 [242006-0183]

오른쪽 그림과 같이 윗변의 길이가 a cm, 아랫변의 길이가 b cm, 높이가 h cm인 사다리꼴의 넓이를 S cm²라 할 때, 물음에 답하시오.

(1) S를 a, b, h를 사용한 식으로 나타내시오.

(2) $a=3$, $b=5$, $h=4$일 때, S의 값을 구하시오.

3 다항식과 일차식

10 [242006-0184]

다항식 $3x+7y-4$에서 항의 개수는 a, 상수항은 b, x의 계수는 c, y의 계수가 d일 때, $a+b+c+d$의 값을 구하시오.

11 [242006-0185]

다음 중에서 일차식인 것을 모두 고르면? (정답 2개)

① 1 ② $3\div x$ ③ $\frac{1}{x}-8$

④ $\frac{x}{2}+6$ ⑤ $0\times x^2-4x+9$

12 [242006-0186]

다음 보기에서 옳은 것을 있는 대로 고르시오.

보기

ㄱ. $\frac{x}{10}$는 다항식이 아니다.

ㄴ. $0.6x-1$은 일차식이다.

ㄷ. $2x+5y-7$의 차수는 2이다.

ㄹ. $\frac{1}{3}x+\frac{2}{3}y-2$에서 모든 항의 계수와 상수항의 합은 -1이다.

필수 확인 문제

4 일차식과 수의 곱셈, 나눗셈

13 [242006-0187]

다음 중에서 계산 결과가 옳은 것은?

① $3\times 5x=8x$

② $(12y-8)\div 2=6y+4$

③ $-4(2a+3)=-8a-3$

④ $(3x-y)\div\left(-\frac{1}{5}\right)=-15x+5y$

⑤ $(27a-81b)\div(-3)^2=-3a+9b$

14 [242006-0188]

다음 중에서 계산 결과의 상수항이 나머지 넷과 다른 하나는?

① $2\times(4x-3)$

② $(4x+1)\times(-6)$

③ $(9-2x)\times\left(-\frac{2}{3}\right)$

④ $\left(\frac{10}{7}x+\frac{5}{3}\right)\div\left(-\frac{5}{18}\right)$

⑤ $\left(\frac{11}{8}-\frac{11}{4}x\right)\div\left(-\frac{11}{24}\right)$

15 [242006-0189]

다음과 같이 $ax+b$에 $-\frac{3}{4}$을 곱하면 $3x-6$이 되고, $3x-6$에 $-\frac{4}{3}$를 곱하면 $cx+d$가 될 때, $a+b+c+d$의 값을 구하시오. (단, a, b, c, d는 상수)

$$ax+b \xrightarrow{\times\left(-\frac{3}{4}\right)} 3x-6 \xrightarrow{\times\left(-\frac{4}{3}\right)} cx+d$$

5 일차식의 덧셈과 뺄셈

16 [242006-0190]

다음 중에서 동류항끼리 짝 지어진 것을 모두 고르면? (정답 2개)

① 2, 12

② $-4a$, $-4b$

③ $7x$, $\frac{7}{x}$

④ $-10x$, $-\frac{1}{10}x$

⑤ $9x^2y$, $9xy^2$

17 [242006-0191]

다음 중에서 계산 결과가 옳지 않은 것은?

① $3x+1-6x=1-3x$

② $a+4b-5a+3b=6a+7b$

③ $(2x-7)+(3x+4)=5x-3$

④ $2(x-1)-(x+2)=x-4$

⑤ $5(x+3)-3(2x+4)=-x+3$

18 서술형 [242006-0192]

$0.2(5x-10)-\frac{3}{4}(8x-12)$를 계산한 결과에서 x의 계수와 상수항의 합을 구하시오.

19

[242006-0193]

다음 식을 계산하면?

$$2x+7-[6x-\{3-2(4-x)\}-1]$$

① $-6x-3$ ② $-2x+3$ ③ $-x-3$
④ $2x+3$ ⑤ $6x-3$

20

[242006-0194]

다음 표의 가로, 세로, 대각선에 있는 일차식의 합이 모두 같을 때, A, B, C에 알맞은 식의 합을 구하시오.

$-3x+5$	$11x-2$	A
B	$3x+2$	$-x+4$
$5x+1$	C	$9x-1$

21

[242006-0195]

$A=4x-5$, $B=2x-3$일 때, $-2A+5B+3(2A-4B)$를 x를 사용한 식으로 나타내면?

① $-2x-2$ ② $-2x+2$ ③ $-2x+4$
④ $2x-2$ ⑤ $2x+1$

22 서술형

[242006-0196]

다음 조건을 만족시키는 일차식 A, B에 대하여 $A+B$를 계산하시오.

(가) 일차식 A에 3을 곱하면 $x-2$이다.
(나) 일차식 B에서 $\frac{4}{3}x-\frac{1}{3}$을 빼면 $-x+2$이다.

23

[242006-0197]

다음 □ 안에 알맞은 식은?

$$\frac{3}{2}(x-2)+2(\square)=\frac{5}{2}x-\frac{9}{4}$$

① $-x+\frac{3}{4}$ ② $-\frac{1}{2}x-\frac{3}{8}$ ③ $\frac{1}{2}x-\frac{3}{4}$
④ $\frac{1}{2}x+\frac{3}{8}$ ⑤ $x-\frac{3}{4}$

24

[242006-0198]

어떤 다항식에 $5x+3$을 더하여야 할 것을 잘못하여 빼었더니 $3x-5$가 되었다. 바르게 계산한 결과를 $ax+b$라 할 때, $a-3b$의 값을 구하시오. (단, a, b는 상수)

고난도 대표 유형

포인트

개념 1 문자를 사용한 식 (1) [242006-0199]

1 어느 가게에서 정가가 a원인 음료를 20 % 할인 판매하는데 생일을 맞은 고객에게는 이 가격에서 50 %를 더 할인해 준다. 은지가 생일날 이 음료를 구입할 때, 지불해야 할 금액을 문자를 사용한 식으로 나타내시오.

정가가 a원인 상품을 x % 할인한 판매 가격은 $a-a\times\frac{x}{100}=a\left(1-\frac{x}{100}\right)$(원)

개념 1 문자를 사용한 식 (2) [242006-0200]

2 오른쪽 표는 두 식품 A, B의 100 g당 칼슘 함량을 나타낸 것이다. 다민이가 A 식품 x g과 B 식품 y g을 섭취하였을 때, 섭취한 칼슘의 양을 x, y를 사용한 식으로 나타내시오.

식품	칼슘(mg/100 g)
A	120
B	150

먼저 두 식품 A, B의 1 g당 칼슘 함량을 구해 본다.

개념 2 식의 값 구하기 [242006-0201]

3 $a=-\frac{1}{3}$, $b=\frac{1}{2}$, $c=-\frac{1}{4}$일 때, $\left|\frac{2}{5a}\right|-\left|\frac{2}{3b}-\frac{2}{15c}\right|$의 값을 구하시오.

분모에 분수를 대입할 때는 생략된 나눗셈 기호를 다시 쓴 후에 대입한다.

포인트

개념 2 식의 값의 활용 (1) [242006-0202]

4 공기 중에서 소리의 속력은 기온이 x ℃일 때, 초속 $(331+0.6x)$ m라 한다. 기온이 25 ℃인 어느 날 은우는 번개가 친 지 2초 후에 천둥 소리를 들었다고 한다. 은우는 번개가 친 곳에서 몇 m 떨어진 곳에 있었는지 구하시오.

먼저 기온이 25 ℃일 때의 소리의 속력을 구해 본다.

개념 2 식의 값의 활용 (2) [242006-0203]

5 한 변의 길이가 10 cm인 정사각형 모양의 종이를 다음 그림과 같이 a cm씩 20장을 겹쳐 붙여서 직사각형을 만들었을 때, 물음에 답하시오.

종이를 1장 붙일 때마다 늘어나는 가로의 길이를 생각해 본다.

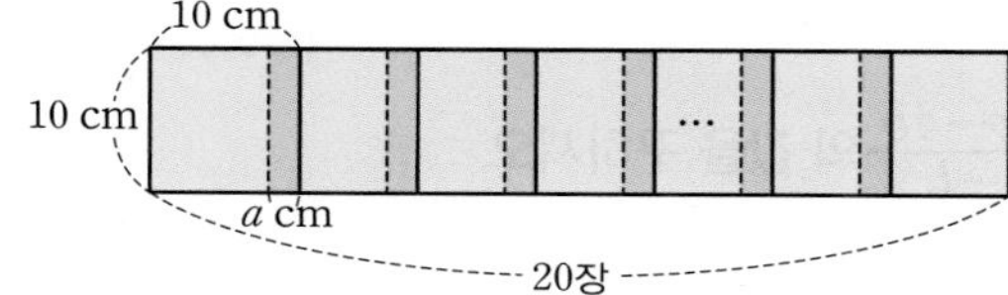

(1) 이 직사각형의 둘레의 길이를 문자를 사용한 식으로 나타내시오.

(2) 2 cm씩 겹쳐 붙일 때, 직사각형의 둘레의 길이를 구하시오.

개념 3 x에 대한 일차식 [242006-0204]

6 다항식 $(a-3)x^2+(2a+b)x+b-3$이 상수항이 2인 x에 대한 일차식일 때, x의 계수를 구하시오. (단, a, b는 상수)

x에 대한 일차식 $mx+n$(m, n은 상수, $m\neq0$)에서 x의 계수는 m이고 상수항은 n이다.

고난도 대표 유형

Σ 포인트

개념 ④ 단항식과 수의 곱셈과 나눗셈의 활용 [242006-0205]

7 **A 마트와 B 마트에서는 1병의 가격이 x원인 물을 6병씩 묶어 묶음 판매하고 있다. A 마트는 물 한 묶음을 구입하면 물 1병을 무료로 더 주고, B 마트는 물 한 묶음을 구입하면 20 %를 할인해 준다고 한다. 물 한 묶음을 구입할 때, 물 1병당 가격은 어느 마트가 더 저렴한지 말하시오.**

A 마트에서는 물 6병의 가격으로 물 7병을 살 수 있고, B 마트에서는 물 6병의 가격의 80 %를 지불하면 된다.

개념 ⑤ 동류항의 덧셈과 뺄셈의 응용 [242006-0206]

8 **a의 값이 b의 값의 2배일 때, $\frac{5a+2b}{2a-b}-\frac{-3a-4b}{3a-b}$의 값을 구하시오.**

a의 값이 b의 값의 k배이면 $a=kb$이다.

개념 ⑤ $(-1)^n$을 포함한 다항식의 덧셈과 뺄셈 [242006-0207]

9 **$(-1)^n(3x-2)+(-1)^{n+1}(5x-4)$에 대하여 물음에 답하시오.**

(1) n이 홀수일 때, 주어진 식을 계산하시오.

(2) n이 짝수일 때, 주어진 식을 계산하시오.

n이 홀수일 때 $n+1$은 짝수이고, n이 짝수일 때 $n+1$은 홀수이다.

Σ 포인트

개념 5 괄호가 여러 개인 식의 계산 [242006-0208]

10 $-12x+\left[3x-4\left\{-x-\frac{3}{2}(4x-2)\right\}\right]$를 간단히 하면 x의 계수는 a, 상수항은 b일 때, $a-b$의 값을 구하시오.

( ) → { } → [ ] 순으로 계산한다.

개념 5 일차식의 덧셈과 뺄셈의 활용 (1) [242006-0209]

11 어느 고택의 ㄱ자형 안채가 오른쪽 그림과 같을 때, 안채의 넓이를 a를 사용한 식으로 나타내면? (단, 모든 모퉁이는 직각을 이룬다.)

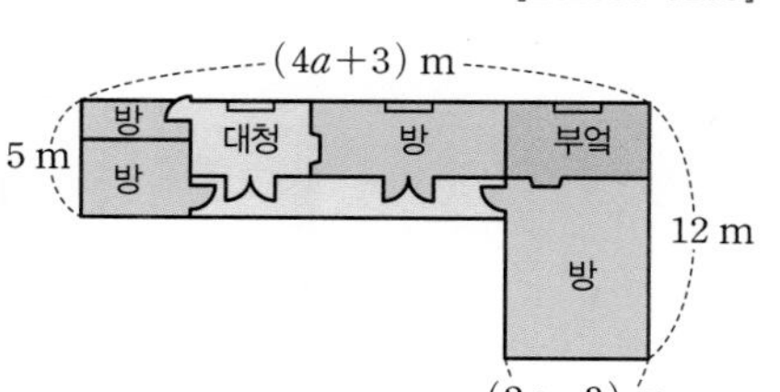

① $(24a-7)\ \text{m}^2$ ② $(26a-12)\ \text{m}^2$
③ $(26a+6)\ \text{m}^2$ ④ $(34a-6)\ \text{m}^2$
⑤ $(34a+12)\ \text{m}^2$

주어진 그림에 적당한 선을 그어 2개의 직사각형으로 나누어 각각의 넓이를 구한다.

개념 5 일차식의 덧셈과 뺄셈의 활용 (2) [242006-0210]

12 한 변의 길이가 8 cm인 정사각형 모양의 종이 x장을 오른쪽 그림과 같이 정사각형의 두 대각선이 만나는 점에 다음 정사각형의 한 꼭짓점이 오고 두 대각선이 만나는 점이 일직선 위에 오도록 포개어 놓았다. 이 도형의 넓이를 x를 사용한 식으로 나타내면?

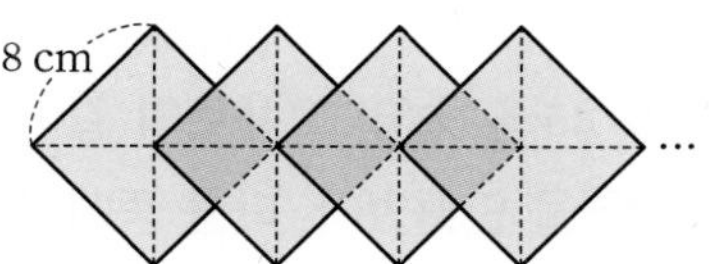

① $(48x-16)\ \text{cm}^2$ ② $(48x+16)\ \text{cm}^2$ ③ $(64x+16)\ \text{cm}^2$
④ $(80x-16)\ \text{cm}^2$ ⑤ $(80x+16)\ \text{cm}^2$

먼저 정사각형이 겹치는 부분의 모양과 개수를 구해 본다.

고난도 실전 문제

1 문자를 사용한 식

01

[242006-0211]

다음 중에서 기호 ×, ÷를 생략하여 나타낸 것으로 옳지 않은 것을 모두 고르면? (정답 2개)

① $\frac{1}{a}\div\left(\frac{1}{b}\div\frac{1}{c}\right)=\frac{b}{ac}$

② $2\div(x-2y)=\frac{2}{x-2y}$

③ $x\times2+a\div y=\frac{2x+a}{y}$

④ $(3-a)\div x\times y=\frac{3-a}{xy}$

⑤ $a\div2\div(x\times y)=\frac{a}{2xy}$

02

[242006-0212]

다음 중에서 계산 결과가 $a\div(b\div c)$와 같은 것은?

① $(a\div b)\div c$ ② $a\div b\times c$ ③ $a\div b\div c$

④ $a\times b\div c$ ⑤ $a\times\frac{1}{b}\times\frac{1}{c}$

03

[242006-0213]

어떤 직사각형의 가로의 길이를 25 % 늘리고 세로의 길이를 20 % 줄여서 새로운 직사각형을 만들었다. 다음 중에서 새로 만든 직사각형의 넓이에 대한 설명으로 옳은 것은?

① 처음 직사각형의 넓이와 같다.

② 처음 직사각형의 넓이보다 5 % 증가하였다.

③ 처음 직사각형의 넓이보다 4.5 % 증가하였다.

④ 처음 직사각형의 넓이보다 5 % 감소하였다.

⑤ 처음 직사각형의 넓이보다 4.5 % 감소하였다.

04

[242006-0214]

두 사람 A, B가 둘레의 길이가 a m인 원형의 공원 둘레를 같은 지점에서 동시에 출발하여 반대 방향으로 걷는데 A는 분속 x m로, B는 분속 y m로 걸었다. 두 사람 A, B가 걷기 시작한 지 49분이 되었을 때, 두 사람은 출발한 후 두 번째로 만났다. 이것을 a, x, y를 사용한 식으로 나타내면?

① $49x+49y=a$ ② $49x+49y=2a$

③ $49x-49y=2a$ ④ $\frac{49}{x}+\frac{49}{y}=a$

⑤ $\frac{49}{x}+\frac{49}{y}=2a$

05 대표 유형 1

[242006-0215]

원가가 a원인 티셔츠에 x %의 이익을 붙여 판매하는 옷집에서 티셔츠를 100장 이상 구매하면 전체 금액의 30 %를 할인해 준다고 한다. 티셔츠 150장을 구매할 때, 지불해야 하는 금액을 a, x를 사용한 식으로 나타내면?

① $\left(95a+\frac{21}{20}ax\right)$원 ② $\left(95a+\frac{23}{20}ax\right)$원

③ $\left(100a+\frac{21}{20}ax\right)$원 ④ $\left(100a+\frac{23}{20}ax\right)$원

⑤ $\left(105a+\frac{21}{20}ax\right)$원

06 대표 유형 2

[242006-0216]

순금의 함유량이 a %인 합금 500 g과 순금의 함유량이 b %인 합금 700 g을 녹여 팔찌를 만들었다. 이 팔찌에 함유된 순금의 양을 a, b를 사용한 식으로 나타내면?

① $\left(\frac{1}{20}a+\frac{7}{100}b\right)$g ② $\left(\frac{1}{2}a+\frac{7}{10}b\right)$g

③ $(5a+7b)$g ④ $(50a+70b)$g

⑤ $(500a+700b)$g

2 식의 값

07
[242006-0217]

$a=\frac{1}{6}$, $b=-\frac{3}{8}$일 때, $3|2a-5|-4|7+6b|$의 값은?

① -5 ② -3 ③ -1
④ 3 ⑤ 5

08 대표 유형 3
[242006-0218]

$x=-\frac{1}{2}$, $y=-\frac{1}{3}$, $z=-\frac{1}{5}$일 때, $\frac{2xy-3yz+4zx}{xyz}$의 값을 구하시오.

09
[242006-0219]

$x=-1$일 때, 다음 식의 값을 구하시오.

$$x+2x^2+3x^3+\cdots+1000x^{1000}$$

10
[242006-0220]

서로 다른 세 유리수 a, b, c에 대하여
$\ll a, b, c\gg=a(b^2-3c)$라 할 때,
$\ll 3, -2, -1\gg+\left\langle\!\left\langle -4, -\frac{1}{2}, \frac{2}{3}\right\rangle\!\right\rangle$의 값을 구하시오.

11
[242006-0221]

a의 값 대신에 수를 넣으면 다음과 같은 계산식에 의해 답이 출력되는 프로그램이 있다. ㉠, ㉡에 알맞은 수의 합을 구하시오.

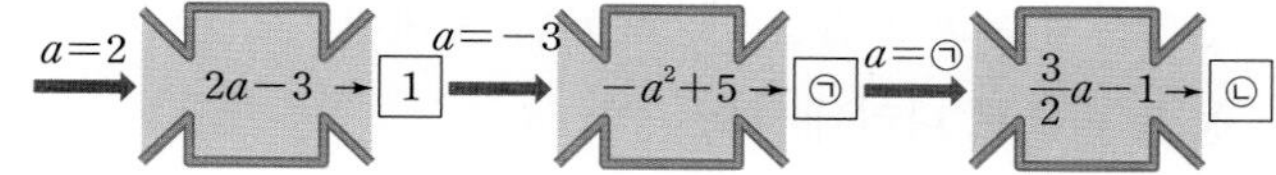

12 대표 유형 4
[242006-0222]

온도를 표시하는 방법 중에 화씨온도(°F)와 섭씨온도(°C)가 있다. 화씨온도는 섭씨온도에 $\frac{9}{5}$를 곱한 것보다 32°C 더 높다. 물음에 답하시오.

(1) 섭씨온도가 a °C일 때, 화씨온도를 a를 포함한 식으로 나타내시오.

(2) 섭씨온도 20 °C는 화씨온도로 몇 °F인지 구하시오.

13

[242006-0223]

키가 x cm인 사람의 표준 체중은 $0.9(x-100)$kg이라 한다. 진서의 키가 158 cm이고 체중이 49 kg일 때, 진서가 표준 체중이 되려면 몇 kg을 늘리거나 줄여야 하는지 구하시오.

14 서술형

[242006-0224]

빨대를 이용하여 다음 그림과 같이 정사각형을 계속하여 만들 때, 물음에 답하시오.

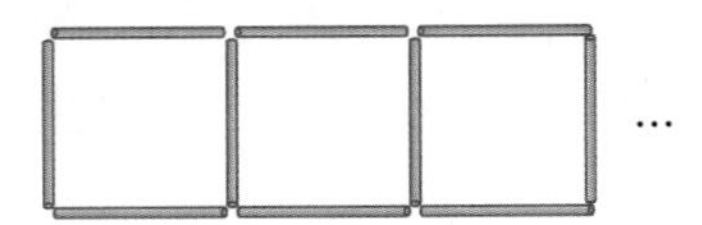

(1) 정사각형을 x개 만들 때, 필요한 빨대의 개수를 x를 사용한 식으로 나타내시오.

(2) 정사각형을 27개 만들 때, 필요한 빨대의 개수를 구하시오.

15 대표 유형 5

[242006-0225]

한 변의 길이가 10 cm인 정삼각형 모양의 종이 x장을 다음 그림과 같이 한 변이 일직선상에 오고 겹치는 부분의 길이가 3 cm로 일정하도록 포개어 놓았다. 물음에 답하시오.

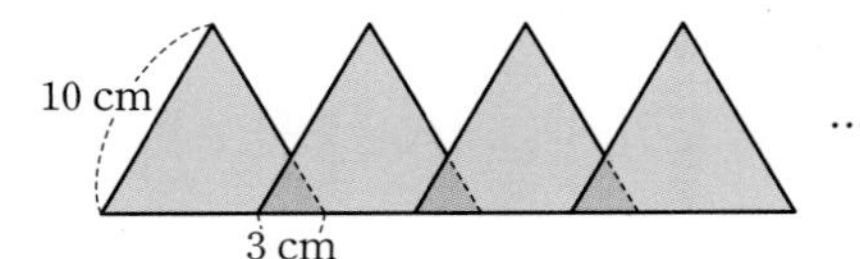

(1) 겹치는 부분의 둘레의 길이를 x를 사용한 식으로 나타내시오.

(2) 10장을 포개었을 때, 겹치는 부분의 둘레의 길이를 구하시오.

3 다항식과 일차식

16

[242006-0226]

다항식 $\frac{6}{7}x^3-\frac{5}{6}x^2-\frac{4}{5}x+\frac{3}{4}$에 대하여 항의 개수를 a, 다항식의 차수를 b, x의 계수를 c, 상수항을 d라 할 때, $ab+5cd$의 값은?

① -11 ② -9 ③ 7
④ 9 ⑤ 11

17 대표 유형 6

[242006-0227]

$(a+3)x^2-(3a-2)x+5a$가 일차식일 때, x의 계수와 상수항의 합을 구하시오. (단, a는 상수)

18

[242006-0228]

$[n]$은 n보다 크지 않은 수 중에서 가장 큰 정수라 한다. 다음 다항식이 x에 대한 일차식일 때, x의 계수가 될 수 있는 수 중에서 가장 작은 수를 구하시오. (단, a는 상수)

$$([a]+6)x^2-|a+4|x+10$$

4 일차식과 수의 곱셈, 나눗셈

19

[242006-0229]

재원이는 미술 시간에 오른쪽 그림과 같이 가로의 길이가 x cm, 세로의 길이가 20 cm인 직사각형 모양의 종이를 같은 간격으로 나누어 표어를 작성하려고 한다. 색칠한 부분의 넓이를 x를 사용한 식으로 나타내면?

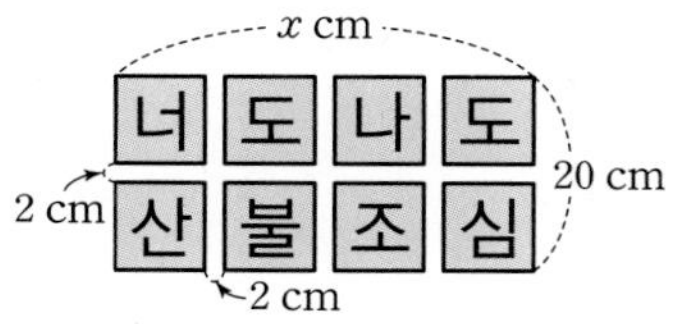

① $(18x-108)\mathrm{cm}^2$ ② $(18x-72)\mathrm{cm}^2$
③ $(18x-36)\mathrm{cm}^2$ ④ $(20x-108)\mathrm{cm}^2$
⑤ $(20x-72)\mathrm{cm}^2$

20 대표 유형 7

[242006-0230]

어린이날을 기념하여 A, B, C 세 장난감 가게에서 다음과 같은 할인 행사를 하고 있다. 정가가 x원인 장난감을 A, B, C 세 가게에서 각각 얼마에 살 수 있는지 구하시오.

A 가게

B 가게

C 가게

5 일차식의 덧셈과 뺄셈

21

[242006-0231]

$\left(ax+\frac{7}{3}\right)-\left(-\frac{5}{2}x+b\right)$를 계산하면 x의 계수는 2이고 상수항은 3일 때, $10a-9b$의 값을 구하시오.

(단, a, b는 상수)

22 서술형

[242006-0232]

$\frac{3x-y}{2}+\frac{x+4y}{3}-\frac{2x+5y}{9}=ax+by$일 때, $a+b$의 값에 가장 가까운 정수를 구하시오. (단, a, b는 상수)

23

[242006-0233]

$A=3a+b-2$, $B=6a-4b+5$, $C=-4a+b+10$일 때, 다음 식을 a, b를 사용한 식으로 나타내면?

$$\frac{2}{3}(A+B)+\frac{3}{5}(B-C)$$

① $-5a-2b-2$ ② $a-2b+1$ ③ $a-2b+2$
④ $12a-5b-1$ ⑤ $12a-b-1$

고난도 실전 문제

24 대표 유형 8 [242006-0234]

$x : 4 = y : 1$일 때, $\dfrac{3x-2y}{2x-3y}+\dfrac{3x-4y}{x+4y}$의 값은?

① 1 ② 2 ③ 3
④ 4 ⑤ 5

25 [242006-0235]

$\dfrac{1}{a}+\dfrac{1}{b}=6$일 때, $\dfrac{a-4ab+b}{2ab}$의 값을 구하시오.

26 대표 유형 9 [242006-0236]

n이 짝수일 때, 다음 식을 간단히 하시오.

$$(-1)^{n+1}(-3x+2y)-(-1)^{n}(2x-4y)$$

27 [242006-0237]

n이 자연수일 때,

$(-1)^{2n}\times\dfrac{3x-1}{2}+(-1)^{2n+1}\times\dfrac{2x+1}{4}$을 계산하면?

① $x-\dfrac{3}{4}$ ② $x-\dfrac{1}{4}$ ③ $x+\dfrac{3}{4}$
④ $2x-\dfrac{3}{4}$ ⑤ $2x-\dfrac{1}{4}$

28 대표 유형 10 [242006-0238]

$5x+\left[2x-4\left\{-x-\dfrac{1}{3}(6x-3)\right\}\right]=ax+b$일 때, $a-b$의 값을 구하시오. (단, a, b는 상수)

29 [242006-0239]

다항식 A에서 $4x-8$을 2배 하여 빼어야 하는데 잘못하여 $\dfrac{1}{2}$배 하여 더하였더니 $x+6$이 되었다. 이때 바르게 계산한 결과를 구하시오.

30 [242006-0240]

오른쪽 그림의 색칠한 부분의 계산 규칙과 같이 아래 두 식의 합이 위의 식이 될 때, $2(A-3B)-3(2A-4B)$의 값을 구하시오.

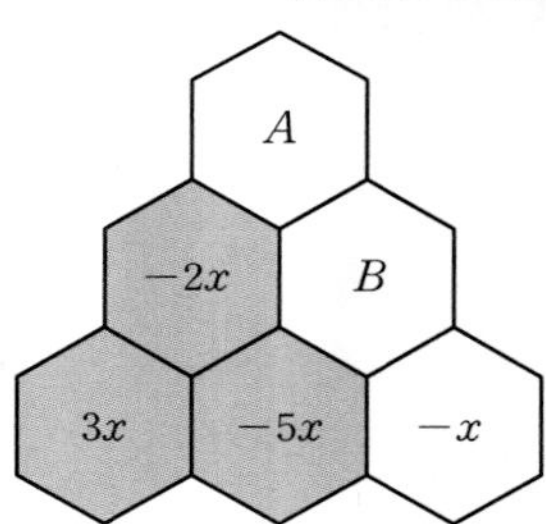

31

[242006-0241]

오른쪽 그림과 같은 달력에서

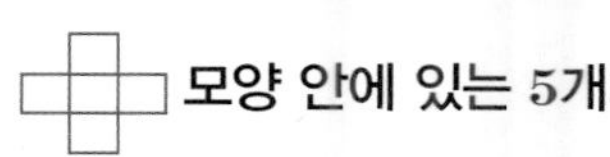

모양 안에 있는 5개의 수를 선택하면 그 위치에 관계 없이 5개의 수의 합은 한 가운데에 있는 수의 k배라 한다. 이때 k의 값을 구하시오.

일	월	화	수	목	금	토
	1	2	3	4	5	6
7	8	9	10	11	12	13
14	15	16	17	18	19	20
21	22	23	24	25	26	27
28	29	30	31			

32 대표 유형 11

[242006-0242]

오른쪽 그림과 같은 정사각형을 네 개의 직사각형으로 나누었다. 세 직사각형 B, C, D의 둘레의 길이가 차례로 l, m, n일 때, 직사각형 A의 둘레의 길이를 l, m, n을 사용한 식으로 나타내고, $l=12$, $m=15$, $n=10$일 때, 처음 정사각형의 둘레의 길이를 구하시오.

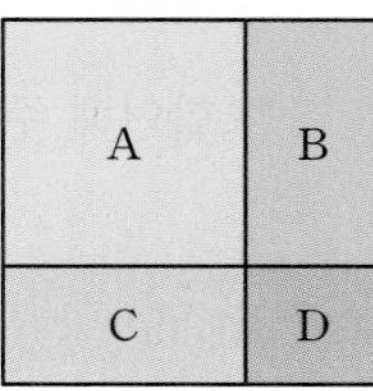

33

[242006-0243]

한 변의 길이가 10 cm인 정삼각형 모양의 종이 x장을 다음 그림과 같이 한 변이 일직선상에 오고 겹치는 부분의 길이가 3 cm로 일정하도록 포개어 놓았다. 이 도형의 둘레의 길이를 x를 사용한 식으로 나타내면?

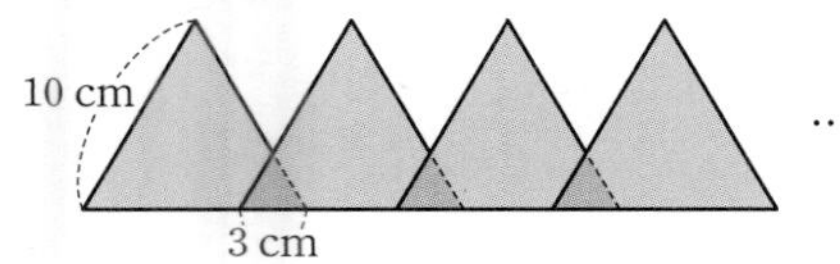

① $(21x-9)$cm　　② $(21x+9)$cm
③ $(39x-9)$cm　　④ $(39x+9)$cm
⑤ $(39x+18)$cm

34 대표 유형 12

[242006-0244]

어느 과수원에서 올해 수확한 배의 수는 a이고, 사과의 수는 배의 수보다 300만큼 크다. 내년에는 올해보다 배의 수는 8 %, 사과의 수는 12 % 증가시킬 계획이라 할 때, 내년에 수확 예정인 배와 사과의 수의 합을 a를 사용한 식으로 나타내면?

① $\frac{51}{5}a+36$　　② $\frac{51}{5}a+336$　　③ $\frac{11}{5}a-36$
④ $\frac{11}{5}a+36$　　⑤ $\frac{11}{5}a+336$

35

[242006-0245]

오른쪽 그림과 같이 한 변의 길이가 x m인 정사각형 모양의 정원에 폭이 3 m인 산책로를 내려고 할 때, 산책로의 넓이를 구하시오.

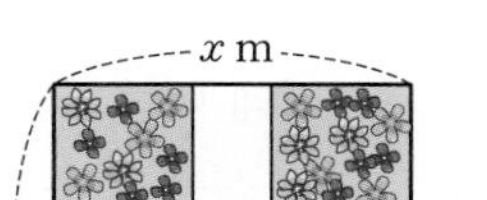
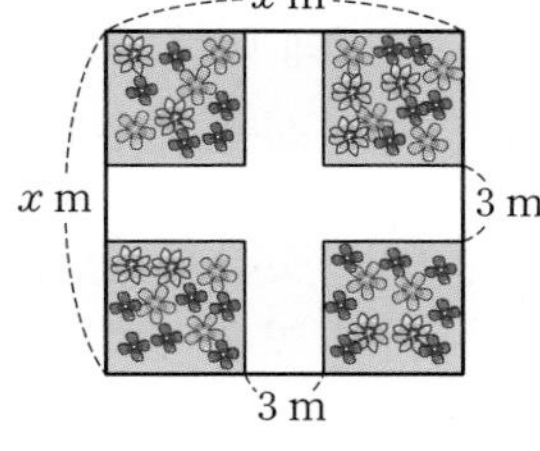

36 서술형

[242006-0246]

어느 박물관의 입장료는 오른쪽 표와 같다. 이 박물관에 어제 입장한 성인이 x명이고 청소년의 수는 성인의 수의 2배보다 1만큼 크고, 어린이의 수는 성인의 수의 3배보다 2만큼 적다. 어제 박물관의 입장료 총액을 $(ax+b)$원이라 할 때, $a+b$의 값을 구하시오. (단, a, b는 상수)

입장료	
성인	12000원
청소년	9000원
어린이	5000원

고득점 Σ 특강

문자를 사용하여 식을 세우면 어떤 점이 좋을까?

Σ NOTE

1. 계산을 쉽게 할 수 있다.
   $(123456789\times12+24)\div12-123456789$의 값을 구할 때 계산기를 사용하지 않는다면 오랜 시간이 걸리고 구한 답도 정확하지 않을 수 있다. 이때 문자를 도입하여
   $123456789=A$라 하면
   이 식의 값은 $(12A+24)\div12-A=A+2-A=2$로 쉽게 구할 수 있다.

2. 규칙을 찾아 식을 세워 놓으면 바로바로 원하는 값을 구할 수 있다.
   어떤 가게에서 일괄적으로 1000원씩 깎아주고 다시 그 금액의 10 %를 할인해 준다고 할 때
   ① 5000원짜리 물건을 사는 경우
   ⇨ 5000원에서 1000원을 깎아주면 4000원이고 다시 10 %를 할인해 주면
   $4000-4000\times\frac{10}{100}=3600$(원)
   ② 10000원짜리 물건을 사는 경우
   ⇨ 10000원에서 1000원을 깎아주면 9000원이고 다시 10 %를 할인해 주면
   $9000-9000\times\frac{10}{100}=8100$(원)
   그런데 이렇게 일일이 구하지 않아도 정가를 A원이라 하면 $(A-1000)\times0.9$(원)으로 식을 세우고 정가를 대입하면 된다.

3. 어느 것이 더 합리적인지 의사 결정에 도움을 준다.
   어떤 것을 구매할 때, 식을 세워 정리하면 어떤 경우가 더 적절한지를 판단할 수 있다.

예제

은지는 동아리 활동을 위해 배드민턴 라켓 6개를 주문하려고 A, B 두 쇼핑몰의 라켓 1개의 가격을 비교했는데 같았다. 그런데 A 쇼핑몰에서 5개를 사면 하나를 더 주고, B 쇼핑몰에서는 20 %를 할인해 준다고 할 때, 두 쇼핑몰 중에서 더 저렴한 곳을 찾고 그 이유를 설명하시오.

풀이 배드민턴 라켓 하나의 가격을 a원이라 하면
A 쇼핑몰: 5개의 가격은 $5a$원이고 이 가격에 6개의 라켓을 구입할 수 있으므로 총 지불할 금액은 $5a$원
B 쇼핑몰: 6개의 가격은 $6a$원이고 20 %를 할인해 주므로
$$6a\times\left(1-\frac{20}{100}\right)=\frac{24}{5}a\text{(원)}$$
따라서 B 쇼핑몰이 항상 $5a-\frac{24}{5}a=\frac{1}{5}a$원만큼 저렴함을 알 수 있다.

4

일차방정식

개념 Review 4

일차방정식

1 방정식과 항등식

(1) **등식**: 등호 =를 사용하여 수나 식이 서로 같음을 나타낸 식

참고 • 등식에서 등호의 왼쪽 부분을 '좌변', 오른쪽 부분을 '우변', 좌변과 우변을 통틀어 '양변'이라 한다.

• 부등호를 사용한 식이나 등호가 없는 식은 등식이 아니다.

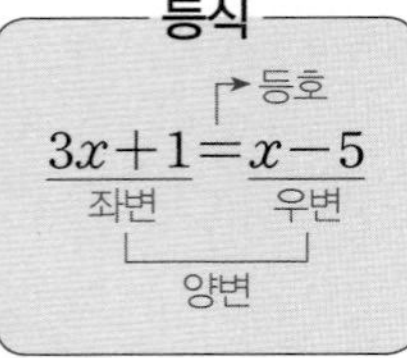

(2) **방정식**: 미지수의 값에 따라 참이 되기도 하고 거짓이 되기도 하는 등식

① 미지수: 방정식에 있는 x, y 등의 문자

② 방정식의 해(근): 방정식을 참이 되게 하는 미지수의 값

③ 방정식을 푼다: 방정식의 해를 모두 구하는 것

(3) **항등식**: 미지수에 어떤 값을 대입하여도 항상 참이 되는 등식

2 등식의 성질

(1) 등식의 양변에 같은 수를 더하여도 등식은 성립한다.

➡ $a=b$이면 $a+c=b+c$

(2) 등식의 양변에서 같은 수를 빼어도 등식은 성립한다.

➡ $a=b$이면 $a-c=b-c$

(3) 등식의 양변에 같은 수를 곱하여도 등식은 성립한다.

➡ $a=b$이면 $ac=bc$

(4) 등식의 양변을 0이 아닌 같은 수로 나누어도 등식은 성립한다.

➡ $a=b$이면 $\frac{a}{c}=\frac{b}{c}$ (단, $c\neq0$)

3 일차방정식

(1) **이항**: 등식의 성질을 이용하여 등식의 어느 한 변에 있는 항을 부호를 바꾸어 다른 변으로 옮기는 것

➡ $+a$를 이항하면 $-a$, $-a$를 이항하면 $+a$

(2) **일차방정식**: 방정식의 우변에 있는 모든 항을 좌변으로 이항하여 정리하였을 때, (x에 대한 일차식)$=0$의 꼴로 나타낼 수 있는 방정식

➡ x에 대한 일차방정식의 해는 $x=$(수)의 꼴로 나타낸다.

4 일차방정식의 풀이

x에 대한 일차방정식은 다음과 같은 순서대로 푼다.

① 괄호가 있으면 분배법칙을 이용하여 괄호를 푼다.

② x를 포함한 항은 좌변으로, 상수항은 우변으로 이항한다.

③ 양변을 정리하여 $ax=b(a\neq0)$의 꼴로 나타낸다.

④ 양변을 x의 계수 a로 나누어 해를 구한다.

Σ NOTE

등식에서 등호가 성립할 때는 참, 등호가 성립하지 않을 때는 거짓이라 한다. 한편, 등호가 있는 식은 참, 거짓에 상관없이 항상 등식이다.

방정식과 항등식이 되는 조건

등식 $ax+b=cx+d$가

➡ 방정식이 되려면 $a\neq c$

➡ 항등식이 되려면 $a=c$, $b=d$

$a=b$이면 $ac=bc$이지만 $ac=bc$라 해서 반드시 $a=b$인 것은 아니다.

예 $100\times0=50\times0$이지만 $100\neq50$

이항은 등식의 성질 중에서 '등식의 양변에 같은 수를 더하거나 양변에서 같은 수를 빼어도 등식은 성립한다.'를 이용한 것이다.

x에 대한 방정식 $ax+b=cx+d$에 대하여

(1) 해가 무수히 많을 조건

➡ $a=c$, $b=d$

(2) 해가 없을 조건

➡ $a=c$, $b\neq d$

5 복잡한 일차방정식의 풀이

(1) **계수가 소수인 경우:** 양변에 적당한 10의 거듭제곱을 곱하여 계수를 모두 정수로 고쳐서 푼다.

(2) **계수가 분수인 경우:** 양변에 분모의 최소공배수를 곱하여 계수를 모두 정수로 고쳐서 푼다.

(3) **비례식으로 주어진 경우:** 비례식 $a:b=c:d$에서 $ad=bc$가 성립함을 이용하여 일차방정식을 세워 푼다.

6 일차방정식의 활용 – 수, 나이, 금액

(1) 수에 대한 문제

① 연속하는 수에 대한 문제

- 연속하는 세 자연수 ➡ $x-1$, x, $x+1$ 또는 x, $x+1$, $x+2$
- 연속하는 세 짝수(홀수) ➡ $x-2$, x, $x+2$ 또는 x, $x+2$, $x+4$

② 자릿수에 대한 문제: 십의 자리의 숫자가 x, 일의 자리의 숫자가 y인 두 자리 자연수 ➡ $10x+y$

(2) **나이에 대한 문제:** (x년 후의 나이)=(현재 나이)$+x$

(3) **예금액에 대한 문제:** (x개월 후의 예금액)=(현재 예금액)+(매월 예금액)$\times x$

(4) **원가, 정가에 대한 문제:** 원가가 x원인 물건에 a %의 이익을 붙인 정가

➡ $\left(1+\frac{a}{100}\right)x$원

7 일차방정식의 활용 – 도형, 과부족, 일

(1) **도형에 대한 문제:** 둘레의 길이 또는 넓이를 구하는 공식을 이용하여 방정식을 세운다.

(2) **과부족에 대한 문제:** 물건을 나누어 주는 경우에는 사람의 수를 x로 놓고, 물건의 개수가 일정함을 이용하여 방정식을 세운다.

(3) **일에 대한 문제:** 전체 일의 양을 1로 놓고, 각 사람이 단위 시간에 할 수 있는 일의 양을 구한 후 방정식을 세운다.

8 일차방정식의 활용 – 속력, 농도

(1) 거리, 속력, 시간에 대한 문제

① (거리)=(속력)×(시간)　② $(\text{속력})=\frac{(\text{거리})}{(\text{시간})}$　③ $(\text{시간})=\frac{(\text{거리})}{(\text{속력})}$

(2) 농도에 대한 문제

① $(\text{소금물의 농도})=\frac{(\text{소금의 양})}{(\text{소금물의 양})}\times 100(\%)$

② $(\text{소금의 양})=\frac{(\text{소금물의 농도})}{100}\times(\text{소금물의 양})$

Σ NOTE

- 양변에 적당한 수를 곱하여 계수를 정수로 고칠 때는 곱하는 수를 모든 항에 빠짐없이 곱한다.
- **일차방정식의 활용 문제 푸는 순서**
  미지수 정하기 ⬇ 방정식 세우기 ⬇ 방정식 풀기 ⬇ 확인하기
- **합이 일정한 문제**
  구하려고 하는 것을 x, 다른 것을 (합)$-x$로 놓고 방정식을 세운다.
- 어떤 일을 완성하는 데 a일이 걸린다고 할 때, 전체 일의 양을 1이라 하면 하루 동안 할 수 있는 일은 $\frac{1}{a}$이다.
- 거리, 속력, 시간에 대한 문제를 풀 때 각각의 단위가 다른 경우에는 방정식을 세우기 전에 단위를 통일시킨다.

필수 확인 문제

1 방정식과 항등식

1 [242006-0247]

다음 문장을 등식으로 나타낸 것 중에서 옳지 않은 것은?

① a와 10의 평균은 4이다. ➡ $\frac{a+10}{2}=4$

② 길이가 8 m인 끈을 x m씩 두 번 잘라내면 3 m가 남는다. ➡ $8-2x=3$

③ 한 변의 길이가 x cm인 정사각형의 둘레의 길이는 36 cm이다. ➡ $4x=36$

④ 정가가 a원인 케이크를 10 % 할인하여 팔 때의 가격은 17000원이다. ➡ $0.9a=17000$

⑤ 4 km 떨어진 지점까지 분속 300 m의 속력으로 x분 동안 달렸을 때 남은 거리는 1 km이다. ➡ $4-300x=1$

2 [242006-0248]

다음 중에서 [ ] 안의 수가 주어진 방정식의 해인 것은?

① $4x+1=3$ [-1]

② $5-x=2x$ [2]

③ $3x-1=4-x$ [1]

④ $2(x+4)-7=-5$ [-3]

⑤ $6x-5=7(x+1)$ [0]

3 [242006-0249]

다음 보기 중에서 x의 값에 따라 참이 되기도 하고, 거짓이 되기도 하는 등식은 모두 몇 개인지 구하시오.

보기

ㄱ. $4x=0$　　ㄴ. $x>10-2x$

ㄷ. $6x-1$　　ㄹ. $5x-8=-8+5x$

ㅁ. $2(x+3)=3x+2$　　ㅂ. $2x+4-3x=4-x$

4 서술형 [242006-0250]

등식 $a(x+1)-4=2x+b$가 x의 값에 관계없이 항상 참일 때, ab의 값을 구하시오. (단, a, b는 상수)

5 [242006-0251]

등식 $(6-2a)x=3-ax$를 만족시키는 x의 값이 존재하지 않을 때, 상수 a의 값을 구하시오.

2 등식의 성질

6 [242006-0252]

다음 중에서 옳지 않은 것을 모두 고르면? (정답 2개)

① $4a=2b$이면 $a=\frac{b}{2}$이다.

② $\frac{a}{2}=\frac{b}{3}$이면 $2a=3b$이다.

③ $5-2a=5-2b$이면 $a=b$이다.

④ $ac=bc$이면 $a=b$이다.

⑤ $3a=b$이면 $6a+1=2b+1$이다.

7

[242006-0253]

$2x-1=7$일 때, 다음 중에서 옳지 않은 것은?

① $2x=8$
② $x=4$
③ $x-3=1$
④ $x-\frac{1}{2}=\frac{7}{2}$
⑤ $-2x+1=-9$

8

[242006-0254]

등식 $2a-7b-14=-4(2a+3b)+21$을 만족시키는 자연수 a, b에 대하여 $a+b$의 값이 될 수 있는 수를 모두 구하시오.

3 일차방정식

9

[242006-0255]

다음 중에서 x에 대한 일차방정식이 아닌 것은?

① $x+1=3$
② $8x-3=5-2x$
③ $2(2x-1)=4x+7$
④ $x^2-6=x+4+x^2$
⑤ $x(x+5)=x^2-2$

10

[242006-0256]

등식 $9x+5=3x-13$을 이항만을 이용하여 $ax=b(a>0)$의 꼴로 나타내었을 때, $a+b$의 값을 구하시오. (단, a, b는 상수)

11

[242006-0257]

등식 $ax^2+5x=2x^2+bx-3$이 x에 대한 일차방정식이 되기 위한 조건을 구하시오.

12

[242006-0258]

다음 중에서 옳지 않은 것은?

① $2x-6=1$에서 -6을 우변으로 이항하면 $2x=1+6$이다.
② $0.5x+1=0$은 일차방정식이다.
③ $7-x-x^2=0$은 일차방정식이 아니다.
④ $x+3=ax-4$가 x에 대한 일차방정식이 되려면 $a\neq1$이어야 한다.
⑤ $ax+b=0$은 항상 x에 대한 일차방정식이다.

필수 확인 문제

4 일차방정식의 풀이

13 [242006-0259]

다음 일차방정식 중에서 해가 나머지 넷과 다른 하나는?

① $x-6=3x$

② $5x+4=x-8$

③ $-3(x-4)=6-5x$

④ $7(x-1)=2(2x+1)$

⑤ $4(2x-1)=5(x-3)+2$

14 [242006-0260]

일차방정식 $7-2(2x-3)=-5(x-1)$의 해가 $x=a$일 때, 일차방정식 $(a-2)x+6=-8x+4$의 해를 구하시오.

15 서술형 [242006-0261]

일차방정식 $ax-2=x+7$의 해가 $x=3$일 때, 다음 일차방정식을 푸시오. (단, a는 상수)

$$4x+6=-3x-2a$$

16 [242006-0262]

다음 일차방정식을 풀면?

$$8x-\{3x+7-(10-4x)\}=5(x-1)$$

① $x=-2$　② $x=-1$　③ $x=1$

④ $x=2$　⑤ $x=3$

17 [242006-0263]

등식 $3(x-5)+2a=3x-9$를 만족시키는 x의 값이 존재하지 않을 때, 다음 중에서 상수 a의 값이 될 수 없는 것은?

① -3　② -2　③ -1

④ 2　⑤ 3

18 [242006-0264]

x에 대한 일차방정식 $2(11-3x)=a$의 해가 자연수가 되도록 하는 모든 자연수 a의 값의 합을 구하시오.

5 복잡한 일차방정식의 풀이

19 [242006-0265]

일차방정식 $-\frac{4x-4}{3}+\frac{17}{6}=\frac{x+1}{2}$의 해가 $x=a$일 때, a^2-4a의 값은?

① -4　② -2　③ 2　④ 4　⑤ 8

20 서술형 [242006-0266]

일차방정식 $0.4(x+5)=0.7x-1$의 해를 $x=a$, 일차방정식 $\frac{1}{2}x+1=\frac{1}{3}x-\frac{1}{2}$의 해를 $x=b$라 할 때, $a+b$의 값을 구하시오.

21 [242006-0267]

일차방정식 $2x-\frac{1}{5}(5x+3a)=-2.8$의 해가 음수가 되도록 하는 모든 자연수 a의 값의 합을 구하시오.

22 [242006-0268]

다음 두 일차방정식의 해가 같을 때, 상수 a의 값을 구하시오.

$$\frac{2x-1}{3}-1=\frac{x-2}{4},\quad a(x+4)=5x-7$$

23 [242006-0269]

일차방정식 $4x-(a-x)=16$의 해가 일차방정식 $\frac{2}{5}(x+2)=0.3x+1$의 해의 3배일 때, 상수 a의 값을 구하시오.

24 [242006-0270]

비례식 $(3-4x):(5x-1)=2:3$을 만족시키는 x의 값을 a라 할 때, $4(a+1)$의 값은?

① 2　② 4　③ 6　④ 8　⑤ 10

필수 확인 문제

6 일차방정식의 활용 - 수, 나이, 금액

25 [242006-0271]

연속하는 세 홀수의 합이 141일 때, 세 홀수 중에서 가장 작은 수는?

① 41 ② 43 ③ 45 ④ 47 ⑤ 49

26 [242006-0272]

일의 자리의 숫자가 8인 두 자리 자연수가 있다. 이 자연수의 십의 자리의 숫자와 일의 자리의 숫자를 바꾼 수는 처음 수의 3배보다 2만큼 작을 때, 처음 수를 구하시오.

27 [242006-0273]

현재 어머니의 나이는 아들의 나이의 3배이고 10년 후 어머니의 나이는 아들의 나이의 2배보다 6살 더 많다. 현재 어머니의 나이는?

① 46살 ② 47살 ③ 48살 ④ 49살 ⑤ 50살

28 [242006-0274]

그리스의 수학자 피타고라스는 제자가 몇 명이냐는 물음에 다음과 같이 대답했다고 전해진다. 피타고라스의 제자는 모두 몇 명인지 구하시오.

> "제자의 절반은 수학을 공부하고, $\frac{1}{4}$은 철학을 배우고, $\frac{1}{7}$은 침묵의 기술을 배우며 추가로 여자가 3명 있소."

29 [242006-0275]

통신사에서 A 요금제와 B 요금제를 다음과 같이 운영하고 있다.

> A 요금제: 10초에 20원
> B 요금제: 기본요금 3000원에 10초에 10원, 통화료 50 % 할인, 기본요금은 할인하지 않는다.

몇 초를 사용할 때, 두 요금제가 같은 금액이 되는지 구하시오.

30 서술형 [242006-0276]

어떤 물건을 원가에 30 %의 이익을 붙여서 정가를 정하였고, 정가에서 800원을 할인하여 팔았더니 원가의 10 %의 이익이 생겼다. 이 물건의 원가를 구하시오.

7 일차방정식의 활용 – 도형, 과부족, 일

31 [242006-0277]

다음과 같은 도형에서 색칠한 부분의 넓이가 51일 때, 가운데 직사각형의 둘레의 길이를 구하시오.

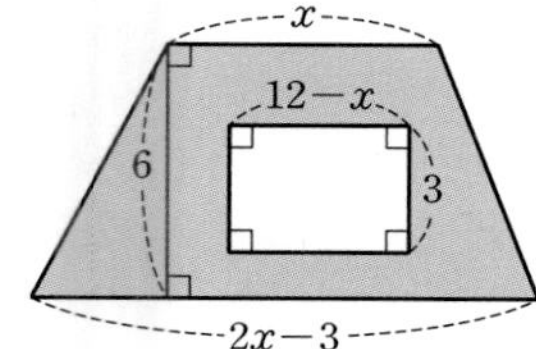

32 [242006-0278]

학생들에게 사탕을 나누어 주려고 한다. 한 학생에게 3개씩 나누어 주면 10개가 남고, 4개씩 나누어 주면 6개가 부족하다고 할 때, 학생 수를 구하시오.

33 [242006-0279]

어떤 일을 완성하는 데 수정이는 8일, 민준이는 12일이 걸린다고 한다. 이 일을 수정이가 먼저 3일을 하고 두 사람이 함께 해서 완성하였을 때, 두 사람이 함께 일한 날은 며칠인가?

① 1일 ② 2일 ③ 3일
④ 4일 ⑤ 5일

8 일차방정식의 활용 – 속력, 농도

34 서술형 [242006-0280]

등산을 하는데 올라갈 때는 시속 3 km로 걷고, 내려올 때는 올라갈 때보다 2 km 더 먼 길을 시속 4 km로 걸어서 총 2시간 15분이 걸렸다. 내려올 때 걸은 거리를 구하시오.

35 [242006-0281]

동생이 오후 1시 30분에 집에서 출발하여 학교를 향해 분속 90 m로 걸어갔다. 형은 오후 1시 42분에 집에서 출발하여 분속 150 m로 자전거를 타고 동생을 따라갔다. 형과 동생이 학교에 도착하기 전에 만났을 때, 형과 동생이 만난 시각은?

① 오후 1시 50분 ② 오후 1시 54분
③ 오후 1시 58분 ④ 오후 2시
⑤ 오후 2시 6분

36 [242006-0282]

농도가 9 %인 소금물과 농도가 15 %인 소금물을 섞어서 농도가 10 %인 소금물 300 g을 만들려고 한다. 이때 농도가 9 %인 소금물과 농도가 15 %인 소금물의 양의 차를 구하시오.

고난도 대표 유형

Σ 포인트

개념 1 항등식이 되는 조건 [242006-0283]

1 등식 $ax-2(5-x)=b(x+2)$의 미지수 x에 어떤 수를 대입하여도 항상 등식이 성립할 때, 상수 a, b에 대하여 a^2+b^2의 값은?

① 66 ② 70 ③ 74
④ 78 ⑤ 82

- (x에 대한 항등식)
  =(x의 값에 관계없이 항상 참인 등식)
  =(모든 x의 값에 대하여 참인 등식)
  =(x에 어떤 수를 대입하여도 참인 등식)
- 등식 $ax+b=cx+d$가 x에 대한 항등식이 되는 조건
  ➡ $a=c$, $b=d$

개념 2 등식의 성질 활용 [242006-0284]

2 다음 그림과 같이 2개의 접시저울이 평형을 이루고 있다. 흰 구슬 한 개의 무게가 10 g일 때, 별 모양 추 한 개의 무게를 구하시오.

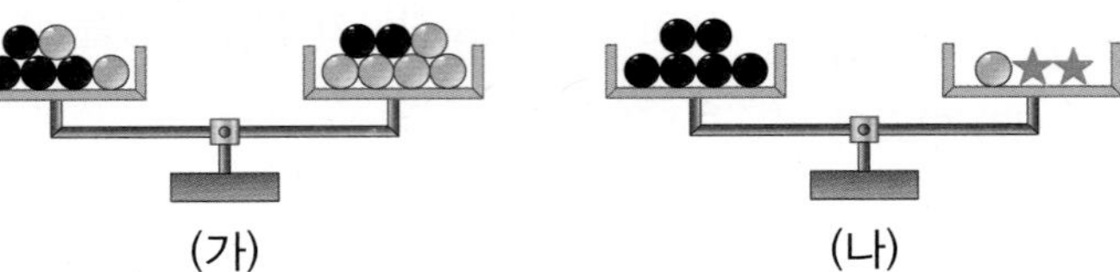

(가) (나)

$a=b$이면
(1) $a+c=b+c$
(2) $a-c=b-c$
(3) $ac=bc$
(4) $\frac{a}{c}=\frac{b}{c}$ (단, $c\neq0$)

개념 4 일차방정식이 되는 조건 [242006-0285]

3 등식 $\frac{1}{3}x^2-\frac{2}{3}x-2=(a-2)x^2+ax-6+3a$가 x에 대한 일차방정식일 때, 이 일차방정식의 해를 구하시오. (단, a는 상수)

등식 $ax^2+bx+c=0$이 x에 대한 일차방정식이 되는 조건
➡ $a=0$, $b\neq0$

개념 4 잘못 보고 푼 일차방정식의 풀이 [242006-0286]

4 현선이는 x에 대한 일차방정식 $6x-2(a+1-ax)=0$을 푸는데 우변의 0을 다른 숫자로 잘못 보고 풀어서 해가 $x=-1$이 나왔다. 바르게 구한 해가 $x=-3$일 때, 현선이가 0를 어떤 숫자로 잘못 보았는지 구하시오.

포인트

잘못 본 수를 b로 놓고 b의 값을 구한다.

개념 4 특수한 해를 가지는 경우 [242006-0287]

5 등식 $(a-3)x+2=5$를 만족시키는 x의 값이 없고 등식 $bx+5=-2x+c$는 모든 x에 대하여 성립할 때, $a+b+c$의 값을 구하시오. (단, a, b, c는 상수)

등식 $ax+b=cx+d$에서
(1) $a\neq c$이면 방정식이므로 오직 하나의 해를 갖는다.
(2) $a=c$, $b=d$이면 항등식이므로 해가 무수히 많다.
(3) $a=c$, $b\neq d$이면 해가 없다.

개념 5 일차방정식의 해가 같을 때, 미지수 구하기 [242006-0288]

6 다음 세 일차방정식의 해가 모두 같을 때, ab의 값을 구하시오. (단, a, b는 상수)

$$0.4(x+a)=0.6x-1$$
$$3x-1=\frac{2+4x}{3}$$
$$5-2(x+b)=-(x+1)$$

계수가 모두 주어진 일차방정식의 해를 먼저 구한 후 나머지 일차방정식에 구한 해를 대입하여 미지수의 값을 구한다.

Σ 포인트

개념 5 비례식으로 주어진 일차방정식 [242006-0289]

7 비례식 $\frac{x-7}{2}:3=(x-4):4$를 만족시키는 x의 값을 a라 할 때, 비례식 $(2x+a):(5x-3a)=1:2$를 만족시키는 x의 값을 구하시오.

비례식 $a:b=c:d$에서 $ad=bc$가 성립함을 이용한다.

개념 5 해에 대한 조건이 주어진 일차방정식 [242006-0290]

8 x에 대한 일차방정식 $\frac{a}{4}x-1=\frac{x+1}{2}$의 해가 정수가 되도록 하는 모든 정수 a의 값의 합은?

① 7 ② 11 ③ 16
④ 18 ⑤ 21

주어진 일차방정식의 해를 미지수를 포함한 식으로 나타낸 후 해의 조건을 만족시키는 미지수의 값을 구한다.

개념 5 새로운 기호가 주어진 경우 [242006-0291]

9 두 수 a, b에 대하여 연산 $*$를 $a*b=2ab+a-b$라 할 때, 다음을 만족시키는 x의 값을 구하시오.

$$2\{x*(-5)\}=3x*(-4)$$

새로운 연산의 정의에 따라 방정식을 만든 후 해를 구한다.

개념 6 수에 대한 문제 [242006-0292]

10 어느 달력에서 오른쪽 그림과 같이 ⌐¬_ 모양의 틀을 이용하여 틀 안의 4개의 수를 더하였더니 그 합이 38이었다. 이와 같이 ⌐¬_ 모양의 틀을 이용하여 택한 4개의 수의 합이 98일 때, 선택한 수 중 가장 큰 수를 구하시오. (단, 틀을 돌리지 않는다.)

일	월	화	수	목	금	토
					1	2
3	4	5	6	7	8	9
10	11	12	13	14	15	16
17	18	19	20	21	22	23
24	25	26	27	28	29	30

포인트

⌐¬_ 모양의 틀 안의 가장 작은 수를 x로 놓고 틀을 이용하여 택한 4개의 수를 x를 사용한 식으로 나타내어 본다.

개념 6 나이에 대한 문제 [242006-0293]

11 다음은 어느 모임의 학생들의 나이를 나타낸 것이다. 학생들의 나이를 각각 구하시오.

- 현주와 희주는 쌍둥이이다.
- 정민이는 은애보다 3살 많고, 은애는 쌍둥이보다 2살 많다.
- 현주, 희주, 정민, 은애의 나이를 모두 더하면 63살이다.

한 학생의 나이를 x살로 놓고 나머지 학생들의 나이를 x를 사용한 식으로 나타내어 본다.

개념 6 비율에 대한 문제 [242006-0294]

12 다음은 이탈리아 수학자 피보나치의 책 '산반서'에 있는 문제이다. 문제의 답을 구하시오.

어떤 사람이 세 개의 문을 통과하여 과수원에 들어가서 사과를 땄다.
그가 과수원을 떠날 때, 첫 번째 문에서 문지기에게 딴 사과의 절반을 주고 한 개를 더 주었고, 두 번째 문에서도 문지기에게 남은 사과의 절반을 주고 한 개를 더 주었다. 세 번째 문에서도 같은 방법으로 문지기에게 사과를 주었더니 그에게는 단 한 개의 사과만 남았다.
어떤 사람이 처음에 딴 사과의 개수를 구하시오.

전체를 x로 놓고 부분의 합이 전체와 같음을 이용한다.

Σ 포인트

개념 ⑦ 도형에 대한 문제 [242006-0295]

13 한 변의 길이가 $3x+1$인 정사각형을 다음 그림과 같이 이어붙여 나갈 때, 여덟 번째 도형의 둘레의 길이가 320이다. 이때 x의 값을 구하시오.

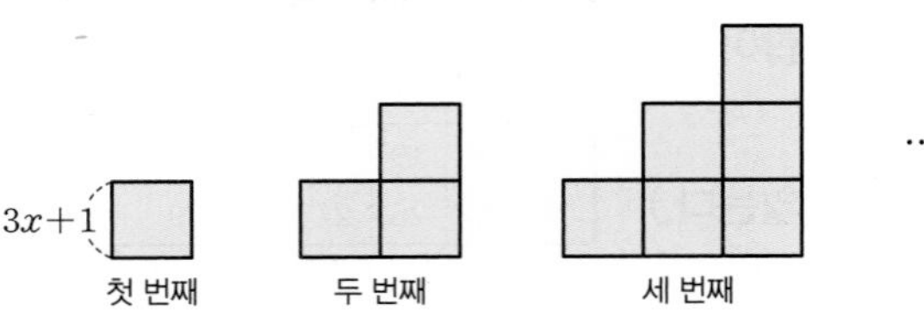

만들어지는 도형의 둘레의 길이에 대한 규칙을 찾는다.

개념 ⑦ 과부족에 대한 문제 [242006-0296]

14 어느 학교 학생들이 야영을 하는데 한 텐트에 4명씩 들어가면 2명이 남고, 한 텐트에 5명씩 들어가면 마지막 텐트에는 3명이 들어가고 빈 텐트가 2개 남는다고 한다. 이때 학생 수는?

① 52 ② 54 ③ 56
④ 58 ⑤ 60

텐트의 개수를 x로 놓고 학생 수에 대한 방정식을 세운다.

개념 ⑦ 일에 대한 문제 [242006-0297]

15 어떤 일을 완성하는데 동생이 혼자서 하면 18일이 걸리고, 언니가 혼자서 하면 12일이 걸린다고 한다. 동생과 언니가 함께 일하면 혼자서 일할 때의 $\frac{8}{15}$만큼씩만 일한다고 한다. 이 일을 언니와 동생이 9일 동안 함께 하다가 나머지는 언니가 혼자서 하여 완성하였다. 언니가 혼자서 일한 기간은 며칠인지 구하시오.

전체 일의 양을 1로 놓고 각 사람이 하루 동안 할 수 있는 일의 양을 구한다.

포인트

개념 8 거리, 속력, 시간에 대한 문제 – 둘레를 도는 경우 [242006-0298]

16 둘레의 길이가 1.8 km인 호수의 같은 지점에 민경이와 수정이가 서 있다. 민경이가 분속 60 m로 걷기 시작한 지 10분 후에 수정이가 반대 방향으로 분속 90 m로 걸을 때, 수정이는 출발한 지 몇 분 후에 처음으로 민경이를 만나는지 구하시오.

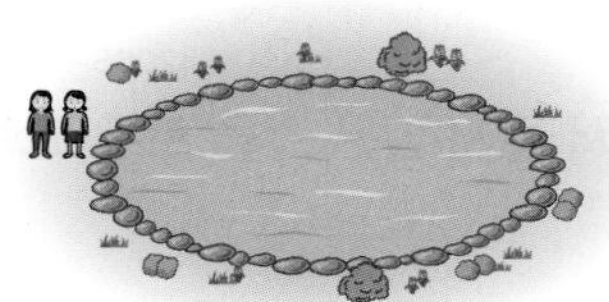

호수의 둘레를 같은 지점에서 시차를 두고 출발하여 반대 방향으로 돌다가 만난 경우에는 (두 사람이 걸은 거리의 합)=(호수의 둘레의 길이)임을 이용한다.

개념 8 거리, 속력, 시간에 대한 문제 – 열차가 철교 또는 터널을 지나는 경우 [242006-0299]

17 일정한 속력으로 달리는 열차가 길이가 1100 m인 철교를 완전히 지나가는 데 1분이 걸렸다. 길이가 800 m인 터널을 통과할 때는 40초 동안 열차가 보이지 않았을 때, 열차의 길이를 구하시오.

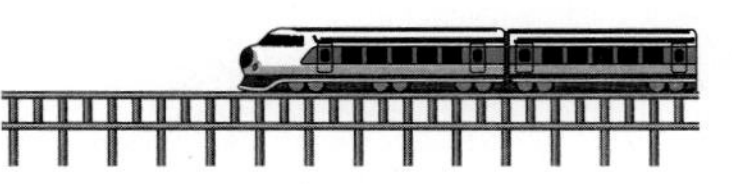

- (열차가 철교를 완전히 지나갈 때, 이동한 거리)
=(철교의 길이)+(열차의 길이)

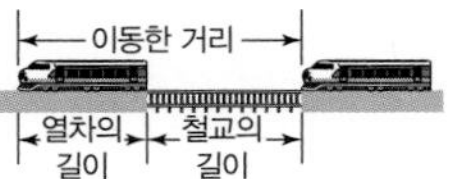

- (열차가 터널을 통과할 때, 보이지 않는 동안 이동한 거리)
=(터널의 길이)−(열차의 길이)

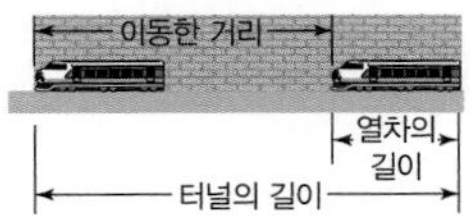

개념 8 소금물의 농도 [242006-0300]

18 10 %의 소금물 200 g에 소금 30 g과 물을 조금 추가했더니 처음 소금물의 농도의 2배가 되었을 때, 추가한 물의 양은?

① 10 g ② 15 g ③ 20 g
④ 25 g ⑤ 30 g

처음 소금물의 농도를 x %라 하면 나중 소금물의 농도는 $2x$ %이다.

고난도 실전 문제

1 방정식과 항등식

01 [242006-0301]

다음 등식으로 나타낸 것 중에서 옳지 않은 것을 모두 고르면? (정답 2개)

① x에 -5를 더한 후 3배 하면 6이다. ➡ $3(x-5)=6$

② 30을 x로 나누면 몫은 7이고 나머지는 2이다.
➡ $7x-2=30$

③ 정가가 x원인 음료수를 25 % 할인하여 팔 때의 가격은 2000원이다. ➡ $0.25x=2000$

④ 세 변의 길이가 각각 x, $2x-1$, $8-x$인 삼각형의 둘레의 길이는 30이다. ➡ $2x+7=30$

⑤ 농도가 x %인 소금물 300 g에 소금을 20 g 더 넣으면 소금의 양은 50 g이다. ➡ $3x+20=50$

02 [242006-0302]

비례식 $(2x+2):3=(3x-2):7$을 만족시키는 x의 값을 a라 할 때, 다음 중에서 $x=a$를 해로 갖는 일차방정식은?

① $4x-5=0$

② $\frac{x}{4}-5=x-1$

③ $0.5x+0.6=1$

④ $2x+3=x-1$

⑤ $\frac{4x+1}{5}=-1$

03 대표 유형 1 [242006-0303]

등식 $3(x-2)+b=x-ax+3$이 x에 대한 항등식일 때 $a+b$의 값을 구하시오. (단, a, b는 상수)

04 [242006-0304]

등식 $5(2x-3)-x=7(x-1)+A$가 모든 x의 값에 대하여 항상 참일 때, 일차식 A의 x의 계수와 상수항의 곱을 구하시오.

05 서술형 [242006-0305]

x에 대한 일차방정식 $2kx-4a+10=3x+bk$가 k의 값에 관계없이 $x=-2$를 해로 가질 때, $a-b$의 값을 구하시오. (단, a, b는 상수)

2 등식의 성질

06

[242006-0306]

다음 중에서 옳지 않은 것을 모두 고르면? (정답 2개)

① $x=y$이고 $a=b$이면 $x+a=y+b$이다.

② $-x=y$이면 $7+x=7-y$이다.

③ $x=2y$이면 $x-3=2(y-3)$이다.

④ $3x+1=2$이면 $3(x+1)=4$이다.

⑤ $a+b=x+y$이면 $a-x=b-y$이다.

07

[242006-0307]

다음 (가), (나), (다)에 알맞은 식의 합을 $ax+by+c$라 할 때, $a+b+c$의 값을 구하시오. (단, a, b, c는 상수)

- $x=3y$이면 $x-3=3($ (가) $)$
- $6x-5=3x-2y+1$이면 $9x=$ (나)
- $y=3x-2$이면 $-2y+5=$ (다)

08

[242006-0308]

$4(a-1)=4b+12$이면 $a+2=$ □일 때, □ 안에 알맞은 식은?

① $a-1$ ② $b-2$ ③ $b+3$

④ $b+6$ ⑤ $a+b$

09 대표 유형 ②

[242006-0309]

다음 그림과 같이 평형을 이루고 있는 2개의 접시저울이 있다. ◯ x개와 △ y개의 무게의 합이 ▢ 3개의 무게와 같을 때, $x+y$의 값이 될 수 있는 수를 모두 구하시오.

(단, x, y는 음이 아닌 정수이다.)

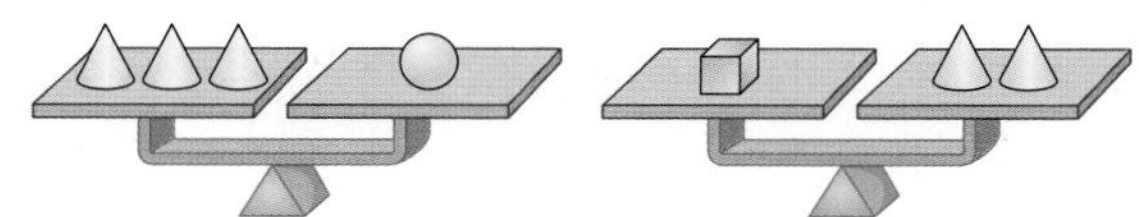

10

[242006-0310]

$3(x+2y-5)-x+4y+8=-1$일 때, $x+5y$의 값은?

① -5 ② -3 ③ -1

④ 1 ⑤ 3

3 일차방정식

11 대표 유형 3 [242006-0311]

등식 $ax^2+4ax-9=x^2+bx+3$이 x에 대한 일차방정식이 되기 위한 상수 a, b의 조건은?

① $a=1$ ② $b\neq4$ ③ $a=1$, $b=4$
④ $a=1$, $b\neq4$ ⑤ $a\neq1$, $b\neq4$

12 [242006-0312]

다음 보기에서 일차방정식으로 나타낼 수 있는 것을 있는 대로 고른 것은?

보기
ㄱ. x의 2배에서 3을 뺀 수는 x의 제곱과 같다.
ㄴ. 학생 한 명의 버스 요금이 x원일 때, 학생 4명의 버스 요금은 2800원이다.
ㄷ. 학생 30명이 긴 의자 7개에 x명씩 앉았더니 2명이 앉지 못했다.
ㄹ. 한 모서리의 길이가 x cm인 정육면체의 부피는 216 cm^3이다.

① ㄱ, ㄴ ② ㄱ, ㄷ ③ ㄴ, ㄷ
④ ㄴ, ㄹ ⑤ ㄷ, ㄹ

13 [242006-0313]

등식 $3(4x-1)+b=ax+2$는 x에 대한 항등식이고 방정식 $2x+6=cx-4$의 해는 $x=b$이다. 이때 $a+b-c$의 값은? (단, a, b, c는 상수)

① 7 ② 10 ③ 13
④ 16 ⑤ 19

14 [242006-0314]

등식 $3a-b=-a+7b$를 만족시키는 두 수 a, b에 대하여 $x=\dfrac{2a-b}{a-3b}$가 x에 대한 일차방정식 $n(x-3)-1=3x+2n$의 해일 때, 상수 n의 값을 구하시오. (단, $a\neq0$)

4 일차방정식의 풀이

15 대표 유형 4 [242006-0315]

다음 중에서 방정식 $ax-4=5x+b$의 해에 대한 설명으로 옳지 않은 것은? (단, a, b는 상수)

① $a=-4$, $b=5$이면 해는 1개이다.

② $a\neq5$, $b\neq-4$이면 $x=b-4$이다.

③ $a\neq5$, $b=-4$이면 $x=0$이다.

④ $a=5$, $b\neq-4$이면 해가 없다.

⑤ $a=5$, $b=-4$이면 해는 2개 이상이다.

16 서술형 대표 유형 5 [242006-0316]

x에 대한 일차방정식 $x-6(2-x)=3x+a$를 푸는데 상수 a의 부호를 잘못 보고 풀었더니 해가 $x=-1$이 되었다. 이 방정식을 바르게 풀었을 때의 해를 구하시오.

17 [242006-0317]

x에 대한 일차방정식 $x-(5x-2a)=-3$의 해가 3보다 작은 기약분수일 때, 이를 만족시키는 모든 자연수 a의 값의 합은?

① 3 ② 6 ③ 10

④ 15 ⑤ 21

18 [242006-0318]

다음 그림의 □ 안의 식은 바로 윗줄의 양옆에 있는 두 식의 합일 때, x의 값을 구하시오.

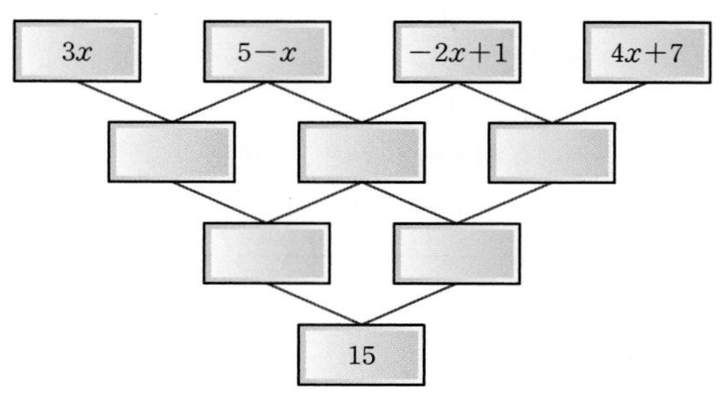

5 복잡한 일차방정식의 풀이

19 [242006-0319]

x에 대한 일차방정식 $3(x-2a)+2=2(x-2)-3a$의 해가 일차방정식 $3-1.6x=0.2x-0.6$의 해의 3배일 때, 상수 a의 값은?

① 1 ② 2 ③ 3

④ 4 ⑤ 5

고난도 실전 문제

20 [242006-0320]

다음 세 일차방정식의 해를 차례로 $x=a$, $x=b$, $x=c$라 할 때, a, b, c의 대소 관계를 바르게 나타낸 것은?

$$\frac{2-x}{4}=-\frac{3x+1}{5}$$
$$0.4(x+3)=2.7-0.1x$$
$$6-\{x+8-2(x-1)\}=-3$$

① $a<b<c$ ② $a<c<b$ ③ $b<a<c$
④ $b<c<a$ ⑤ $c<a<b$

21 대표 유형 6 [242006-0321]

두 일차방정식 $3(3x+5)-2=-2x-9$, $4-\frac{x+a}{3}=5x-a$의 해는 절댓값이 같고 부호가 반대일 때, 상수 a의 값은?

① -5 ② -1 ③ 5
④ 10 ⑤ 12

22 서술형 대표 유형 7 [242006-0322]

비례식 $\frac{1}{5}(x-3):2=(0.6x-1):5$를 만족시키는 x의 값이 일차방정식 $3x+a=2(2x-1)$의 해일 때, 상수 a의 값을 구하시오.

23 [242006-0323]

일차방정식 $8x+13=2(x-a)+19$와 일차방정식 $\frac{2}{3}x-\frac{1}{2}=\frac{3+x}{4}$의 해의 비가 $2:3$일 때, 상수 a의 값은?

① -5 ② -3 ③ -1
④ 1 ⑤ 3

24 대표 유형 8 [242006-0324]

x에 대한 일차방정식 $6-x=\frac{1}{5}(x+2a)$의 해가 자연수가 되도록 하는 자연수 a의 값을 모두 구하시오.

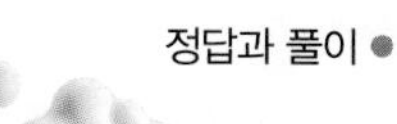

25 서술형 대표 유형 9

[242006-0325]

네 수 a, b, c, d에 대하여 연산 ◎을
$[a, b]◎[c, d]=ad-bc$라 할 때, 다음을 만족시키는 x의 값을 구하시오.

$$[x+3,\ 4]◎[2-x,\ 9]=6$$

26

[242006-0326]

네 수 a, b, c, d에 대하여 $\begin{vmatrix} a & b \\ c & d \end{vmatrix}=ad-bc$라 할 때,
$\begin{vmatrix} 3 & 5 \\ 2 & x-4 \end{vmatrix}=\begin{vmatrix} 2 & 3 \\ 3x & -2x+5 \end{vmatrix}$을 만족시키는 x의 값을 구하시오.

6 일차방정식의 활용 – 수, 나이, 금액

27

[242006-0327]

오른쪽 삼각형의 각 변의 중앙에 있는 수는 이웃하는 두 꼭짓점에 있는 수의 합과 같다. ㉠, ㉡, ㉢에 알맞은 수를 각각 구하시오.

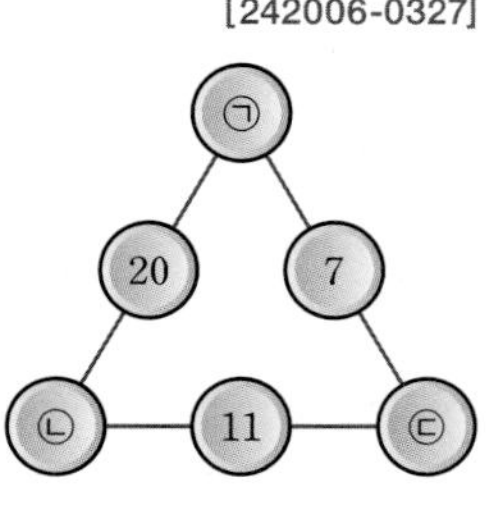

28 대표 유형 10

[242006-0328]

어느 달의 달력을 보았더니 둘째 주 수요일과 넷째 주 금요일의 날짜의 합이 36이었다. 이때 이 달의 넷째 주 화요일은 며칠인지 구하시오.

29 대표 유형 11

[242006-0329]

세 형제의 나이는 각각 3살씩 차이가 나고 가장 큰 형의 나이는 막내의 나이의 2배보다 5살이 적다고 한다. 이때 막내의 나이는?

① 11살　② 12살　③ 13살
④ 14살　⑤ 15살

30 [242006-0330]

합이 61인 두 자연수에 대하여 큰 수를 작은 수로 나누면 몫이 3이고 나머지가 5일 때, 두 수의 차를 구하시오.

31 [242006-0331]

지원자 200명 중 50명이 합격한 어느 시험에서 합격자의 평균 점수는 불합격자의 평균 점수보다 30점 높았다고 한다. 지원자 전체의 평균 점수가 70점일 때, 합격자의 평균 점수를 구하시오.

32 [242006-0332]

어느 회사의 올해 입사 시험에서 지원자의 남녀 인원 수의 비는 2 : 3, 합격자의 남녀 인원 수의 비는 5 : 3, 불합격자의 남녀 인원 수의 비는 1 : 2라 한다. 합격자가 120명일 때, 전체 지원자 수를 구하시오.

33 대표 유형 ⑫ [242006-0333]

다음은 시인 롱펠로의 시 '수련꽃'이다. 수련꽃은 모두 몇 송이인지 구하시오.

> 예쁜 수련 꽃다발의
> 3분의 1은 마하데브에게,
> 5분의 1은 휴리에게,
> 6분의 1은 태양에게,
> 4분의 1은 데비에게,
> 그리고 남은 여섯 송이는 나의 선생님께 바치련다.

34 [242006-0334]

다음은 '구일집'에 있는 문제이다. 문제의 답을 구하시오.

> 갑과 을 두 사람이 공동으로 돈 180냥을 출자하여 사업을 하였다. 갑은 96냥을 내고 을은 84냥을 내서 모두 180냥이다. 사업을 운영한 결과 30냥을 잃었다. 각각 얼마씩 잃었는가?

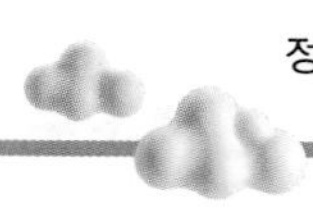

35

[242006-0335]

원가에 20 %의 이익을 붙여 정가를 정한 상품이 팔리지 않아 정가에서 10000원을 할인하여 팔았더니 5000원의 이익이 생겼다. 이 상품의 원가는?

① 70000원 ② 75000원 ③ 80000원
④ 85000원 ⑤ 90000원

36

[242006-0336]

어느 중학교의 올해 남학생과 여학생의 수는 작년에 비하여 남학생 수는 8 % 감소하고, 여학생 수는 6 % 증가하였다. 작년 전체 학생 수는 850명이었고 올해는 작년보다 16명이 증가하였을 때, 올해 여학생 수는?

① 636 ② 638 ③ 640
④ 642 ⑤ 644

37

[242006-0337]

4시와 5시 사이에 시계의 시침과 분침이 포개어지는 시각은?

① 4시 $20\frac{7}{11}$분 ② 4시 $20\frac{9}{11}$분
③ 4시 $21\frac{5}{11}$분 ④ 4시 $21\frac{7}{11}$분
⑤ 4시 $21\frac{9}{11}$분

7 일차방정식의 활용 – 도형, 과부족, 일

38

[242006-0338]

오른쪽 그림과 같이 직사각형 ABCD에서 두 점 P, Q가 꼭짓점 A를 동시에 출발하여 점 P는 초속 3 cm로 점 B를 거쳐 점 C까지 움직이고, 점 Q는 초속 4 cm로 점 D와 점 C를 거쳐 점 B까지 움직인다. 두 점 P, Q가 만나는 점을 R라 할 때, 삼각형 ABR의 넓이를 구하시오.

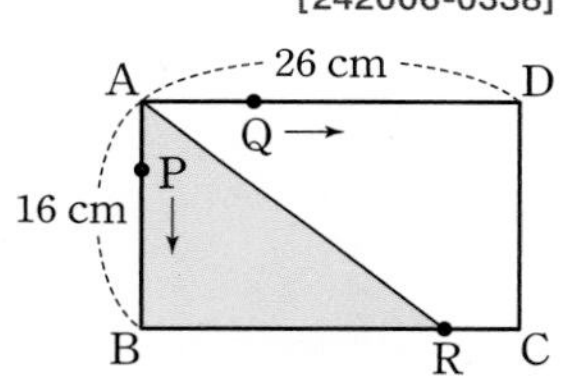

39 대표 유형 ⑬ [242006-0339]

오른쪽 그림과 같이 가로의 길이가 15 m, 세로의 길이가 8 m인 직사각형 모양의 꽃밭에 폭이 2 m와 x m인 십자형 길을 내었더니 꽃밭의 넓이가 처음 넓이의 $\frac{2}{3}$가 되었다. 이때 x의 값을 구하시오.

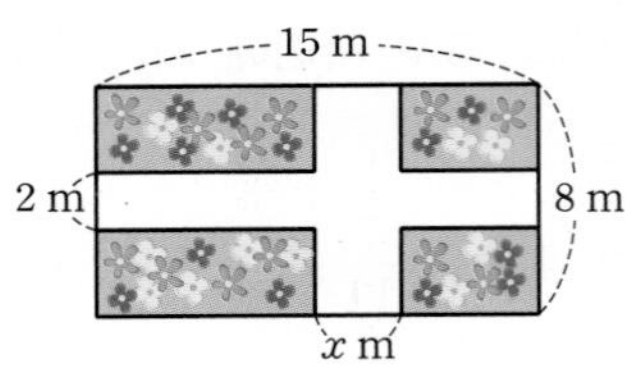

40 서술형 대표 유형 ⑭ [242006-0340]

어느 공연장의 긴 의자에 관객들이 앉는데 한 의자에 5명씩 앉으면 4명이 앉지 못하고, 6명씩 앉으면 완전히 빈 의자가 1개 남고 마지막 의자에는 2명이 앉는다고 한다. 이때 의자의 개수와 관객의 수를 각각 구하시오.

41 대표 유형 ⑮ [242006-0341]

아버지와 민우, 지우가 밭에 있는 블루베리를 수확하려고 한다. 혼자 수확하면 아버지는 12일, 민우는 15일, 지우는 20일이 걸린다고 한다. 아버지가 혼자 5일 동안 수확한 후 민우와 지우가 함께 나머지를 다 수확하였을 때, 민우와 지우가 함께 수확한 기간은?

① 4일 ② 5일 ③ 6일
④ 7일 ⑤ 8일

42 [242006-0342]

빈 물탱크에 물을 가득 채우는데 A 호스를 사용하면 2시간이 걸리고, B 호스를 사용하면 4시간이 걸린다. 또, 물이 가득 찬 이 물탱크에서 C 호스로 물을 빼내는 데는 3시간이 걸린다. A, B 두 호스로 물을 넣는 동시에 C 호스로는 물을 빼낼 때, 이 물탱크에 물을 가득 채우는 데 걸리는 시간을 구하시오.

8 일차방정식의 활용 – 속력, 농도

43 서술형 [242006-0343]

성주는 영화를 보기 위하여 집에서 영화관까지 걸어가려고 하는데 분속 100 m로 가면 영화 시작 시간보다 3분 늦게 도착하고, 분속 120 m로 가면 영화 시작 시간보다 4분 빨리 도착한다고 한다. 성주네 집에서 영화관까지의 거리는 몇 km인지 구하시오.

44 대표 유형 16 [242006-0344]

둘레의 길이가 720 m인 트랙의 같은 지점에서 두 사람 A, B가 동시에 출발하여 같은 방향으로 걷고 있다. A는 분속 180 m로 달리고, B는 분속 100 m로 걸을 때, 두 사람은 1시간 30분 동안 몇 번을 만나는가?

① 7번 ② 8번 ③ 9번
④ 10번 ⑤ 11번

45 [242006-0345]

시속 2 km로 흐르는 강물을 배로 12 km 내려가는 데 2시간이 걸렸다. 이 배가 이 강을 거슬러 올라 다시 처음 위치에 도착하는 데 걸리는 시간을 구하시오.

(단, 배의 속력은 일정하다.)

46 대표 유형 17 [242006-0346]

일정한 속력으로 달리는 기차가 길이가 700 m인 터널을 완전히 통과하는 데 24초가 걸리고, 길이가 210 m인 다리를 완전히 지나는 데 10초가 걸린다. 이때 기차의 속력을 구하시오.

47 대표 유형 18 [242006-0347]

농도가 8 %인 소금물 300 g과 농도가 15 %인 소금물 200 g을 섞은 후 물을 증발시켰더니 농도가 12 %인 소금물이 되었다. 이때 증발시킨 물의 양은?

① 30 g ② 50 g ③ 80 g
④ 100 g ⑤ 120 g

48 [242006-0348]

농도가 10 %인 설탕물 400 g의 일부를 퍼내고 퍼낸 설탕물의 양만큼 물을 넣은 후 농도가 4 %인 설탕물을 섞어서 농도가 6 %인 설탕물 550 g을 만들었다. 이때 퍼낸 설탕물의 양을 구하시오.

문자를 사용한 수의 표현은 어떻게 할까?

Σ NOTE

우리는 일상생활에서 0, 1, 2, 3, 4, 5, 6, 7, 8, 9의 10개의 숫자를 사용하여 수를 나타낸다.
이때 1이 10개 모여 10, 10이 10개 모여 100, 100이 10개 모여 1000 등과 같이 자리가 하나씩 올라감에 따라 자리의 값이 10배씩 커진다.
자연수 543에서 5는 100의 자리의 수, 4는 10의 자리의 수, 3은 1의 자리의 수를 나타낸다.
이와 같이 자리가 하나씩 올라감에 따라 자리의 값이 10배씩 커지도록 수를 나타내는 방법을 **십진법**이라고 한다.
십진법으로 나타낸 수 4321은
$4321=4\times1000+3\times100+2\times10+1$
과 같이 나타낼 수 있고, 10의 거듭제곱을 사용하여 다음과 같이 나타낼 수 있다.
$4321=4\times10^3+3\times10^2+2\times10+1\times1$
이와 같이 십진법으로 나타낸 수를 10의 거듭제곱을 사용하여 나타낸 것을 **십진법의 전개식**이라고 한다.

그렇다면 십의 자리의 숫자가 a이고 일의 자리의 숫자가 b인 수는 어떻게 표현할까?
ab라고 표현하면 이는 a와 b의 곱이 되므로 바른 표현이 아니다.
$34=3\times10+4$와 같이 십의 자리의 숫자가 a이고 일의 자리의 숫자가 b인 수는 $10a+b$로 표현해야 한다.
더 나아가 백의 자리의 숫자가 a, 십의 자리의 숫자가 b, 일의 자리의 숫자가 c인 수는 $10^2a+10b+c=100a+10b+c$로 표현할 수 있다.

예제

십의 자리의 숫자가 일의 자리의 숫자보다 2만큼 작은 두 자리의 자연수가 있다. 이 자연수의 각 자리의 숫자의 합을 4배 하면 이 자연수와 같을 때, 이 자연수를 구하시오.

풀이 십의 자리의 숫자를 x라 하면 일의 자리의 숫자는 $x+2$이다.
각 자리의 숫자의 합을 4배 하면 이 자연수와 같아지므로
$4(x+x+2)=10x+(x+2)$
$4(2x+2)=11x+2$
$8x+8=11x+2$
$-3x=-6$, $x=2$
따라서 이 자연수는 24이다.

5

좌표평면과 그래프

개념 Review 5 좌표평면과 그래프

1 순서쌍과 좌표평면

(1) 수직선 위의 점의 좌표

O P(a)
0 a

① 좌표: 수직선 위의 점이 나타내는 수

② 수직선에서 점 P의 좌표가 a일 때, 기호로 P(a)와 같이 나타낸다.

③ 원점: 좌표가 0인 점 O

(2) 순서쌍: 두 수의 순서를 생각하여 $(a,\ b)$와 같이 두 수를 괄호 안에 짝 지어 나타낸 것

참고 $a \neq b$일 때, 순서쌍 $(a,\ b)$와 순서쌍 $(b,\ a)$는 서로 다르다.

(3) 좌표평면

두 수직선이 점 O에서 서로 수직으로 만날 때

① 가로의 수직선을 x축, 세로의 수직선을 y축이라 하고, x축과 y축을 통틀어 좌표축이라 한다.

② 원점: 두 좌표축이 만나는 점 O

③ 좌표평면: 좌표축이 정해져 있는 평면

y, x좌표, P(a, b), b, y축, 원점, y좌표, O, a, x, 좌표축, x축

(4) 좌표평면 위의 점의 좌표

좌표평면 위의 한 점 P에서 x축, y축에 각각 수선을 내려 이 수선과 x축, y축이 만나는 점이 나타내는 수가 각각 a, b일 때, 순서쌍 $(a,\ b)$를 점 P의 좌표라 하고, 이것을 기호로 P(a, b)와 같이 나타낸다. 이때 a를 점 P의 x좌표, b를 점 P의 y좌표라 한다.

참고 좌표축 위의 점의 좌표

(1) x축 위의 점의 좌표 ➡ (x좌표, 0)

(2) y축 위의 점의 좌표 ➡ (0, y좌표)

2 사분면

(1) 사분면: 오른쪽 그림과 같이 좌표평면은 좌표축에 의하여 네 부분으로 나누어지고, 네 부분을 각각 제1사분면, 제2사분면, 제3사분면, 제4사분면이라 한다.

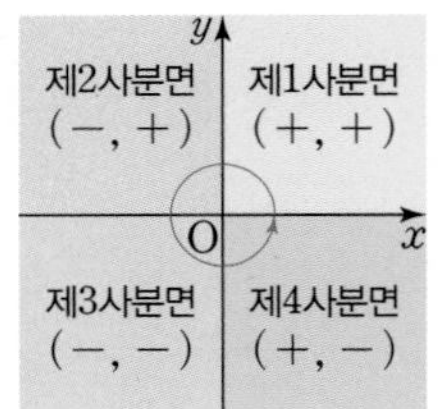

(2) 사분면 위의 점의 좌표의 부호

	제1사분면	제2사분면	제3사분면	제4사분면
x좌표	+	−	−	+
y좌표	+	+	−	−

참고 점 $(a,\ b)$에 대하여

(1) $a>0,\ b>0$ ➡ 제1사분면

(2) $a<0,\ b>0$ ➡ 제2사분면

(3) $a<0,\ b<0$ ➡ 제3사분면

(4) $a>0,\ b<0$ ➡ 제4사분면

Σ NOTE

수직선 위의 두 점 A(a), B(b)에 대하여

① 원점 O와 점 A 사이의 거리 ➡ $|a|$

② 두 점 A, B 사이의 거리 ➡ $|a-b|$

좌표평면 위에서 원점의 좌표는 (0, 0)이다.

좌표축 위의 점은 어느 사분면에도 속하지 않는다.

3 대칭인 점의 좌표

점 $P(a, b)$와

(1) x축에 대하여 대칭인 점

➡ $Q(a, -b)$ ← y좌표의 부호만 바뀐다.

(2) y축에 대하여 대칭인 점

➡ $R(-a, b)$ ← x좌표의 부호만 바뀐다.

(3) 원점에 대하여 대칭인 점

➡ $S(-a, -b)$ ← x좌표, y좌표의 부호가 모두 바뀐다.

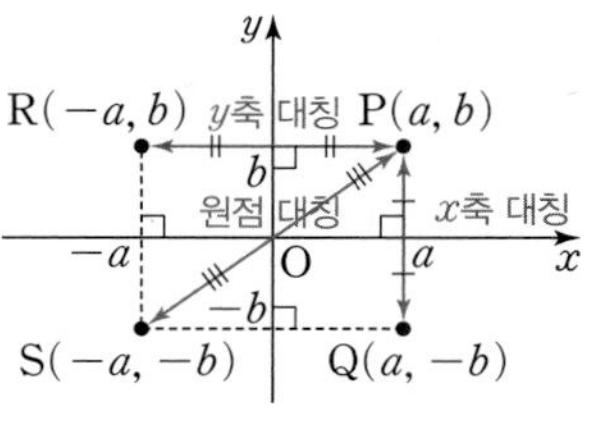

예 점 (3, 2)와

(1) x축에 대하여 대칭인 점 ➡ (3, −2)

(2) y축에 대하여 대칭인 점 ➡ (−3, 2)

(3) 원점에 대하여 대칭인 점 ➡ (−3, −2)

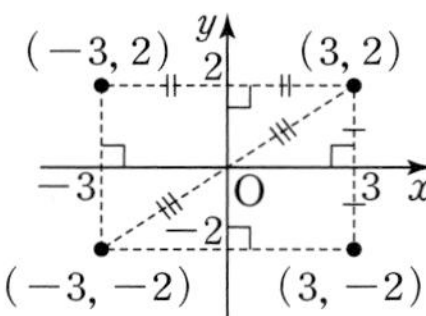

4 그래프

(1) **변수:** x, y와 같이 여러 가지로 변하는 값을 나타내는 문자

(2) **그래프:** 두 변수 사이의 관계를 좌표평면 위에 그림으로 나타낸 것

예 원기둥 모양의 빈 물통에 수면의 높이가 매분 2 cm씩 올라가도록 물을 넣으려고 한다. 물을 넣기 시작한 지 x분 후의 수면의 높이를 y cm라 할 때, 1분, 2분, 3분, 4분, 5분 후의 수면의 높이는 다음 표와 같다.

x	1	2	3	4	5
y	2	4	6	8	10

위의 표를 순서쌍 (x, y)로 나타내면

(1, 2), (2, 4), (3, 6), (4, 8), (5, 10)

이므로 x와 y 사이의 관계를 그래프로 나타내면 오른쪽 그림과 같다.

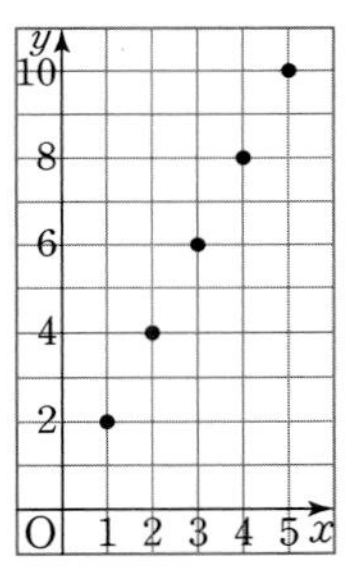

(3) 그래프의 이해

① 두 변수 사이의 증가와 감소 등의 변화를 쉽게 파악할 수 있다.

② 두 변수 사이의 변화의 빠르기를 쉽게 파악할 수 있다.

예 경과 시간 x에 따른 이동 거리를 y라 할 때

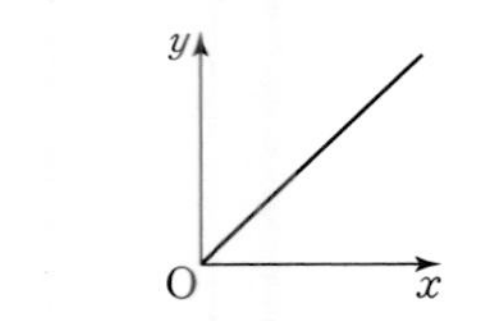	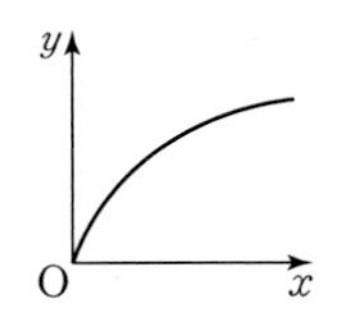	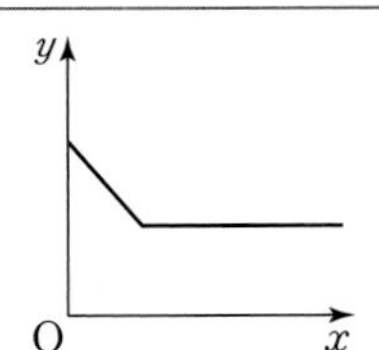
시간에 따라 거리가 일정하게 증가한다.	시간에 따라 거리가 점점 느리게 증가한다.	시간에 따라 거리가 일정하게 감소하다가 어느 순간부터 이동하지 않는다.

Σ NOTE

어떤 점과 원점에 대하여 대칭인 점은 처음 점을 x축으로 한 번, y축으로 한 번 대칭시킨 점과 같다.

변수와 달리 일정한 값을 나타내는 수나 문자를 상수라 한다.

그래프는 점, 직선, 곡선 등으로 나타내어진다.

필수 확인 문제

1 순서쌍과 좌표평면

1 [242006-0349]

두 자연수 a, b에 대하여 $2<a<5$, $1\le b<4$일 때, 순서쌍 (a, b)의 개수는?

① 2 ② 4 ③ 6
④ 8 ⑤ 10

2 [242006-0350]

오른쪽 좌표평면에서 다음 좌표가 나타내는 점에 해당하는 알파벳을 차례로 나열하여 만들어지는 단어를 구하시오.

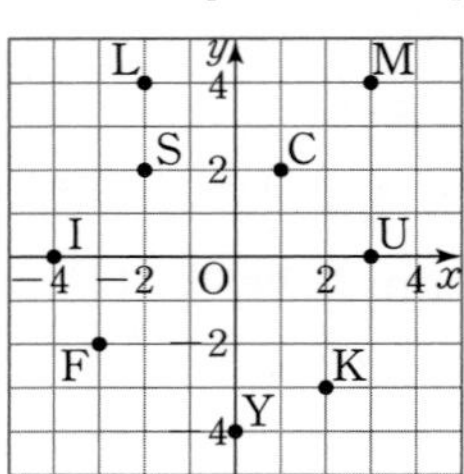

$(-2, 4) \Rightarrow (3, 0)$
$\Rightarrow (1, 2) \Rightarrow (2, -3)$
$\Rightarrow (0, -4)$

3 서술형 [242006-0351]

오른쪽 그림과 같이 직사각형 ABCD가 좌표평면 위에 있을 때, 두 점 B, D의 좌표를 각각 구하시오. (단, 직사각형 ABCD의 네 변은 각각 좌표축에 평행하다.)

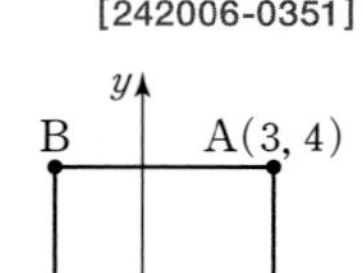

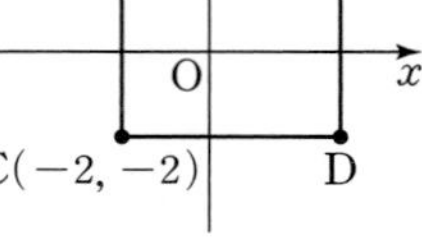

4 [242006-0352]

두 순서쌍 $(3a-4, b-2)$, $(a+4, -2b+4)$가 서로 같을 때, $a+b$의 값은?

① 4 ② 5 ③ 6
④ 7 ⑤ 8

5 [242006-0353]

두 점 $A(2a-1, a-3)$, $B(3b+6, 4-b)$가 각각 x축, y축 위의 점일 때, 점 $P(a, b)$의 좌표를 구하시오.

6 [242006-0354]

좌표평면 위의 세 점 $A(3, 1)$, $B(-5, -1)$, $C(-2, 3)$을 꼭짓점으로 하는 삼각형 ABC의 넓이를 구하시오.

2 사분면

7 [242006-0355]

다음 중에서 점의 좌표와 그 점이 속하는 사분면이 바르게 짝 지어진 것은?

① A$(-2, 1)$ ➡ 제4사분면
② B$(3, 5)$ ➡ 제2사분면
③ C$(0, 4)$ ➡ 제1사분면
④ D$(-5, -2)$ ➡ 제3사분면
⑤ E$(1, -1)$ ➡ 제2사분면

8 [242006-0356]

다음 중에서 옳지 않은 것은?

① 원점은 y축 위의 점이다.
② 점 $(-3, 0)$은 x축 위의 점이다.
③ 점 $(6, -1)$은 제4사분면 위의 점이다.
④ 좌표축 위의 점은 어느 사분면에도 속하지 않는다.
⑤ 제4사분면 위의 점의 x좌표는 음수이다.

9 [242006-0357]

점 (a, b)가 제2사분면 위의 점일 때, 점 $(ab, a-b)$는 제몇 사분면 위의 점인가?

① 제1사분면 ② 제2사분면
③ 제3사분면 ④ 제4사분면
⑤ 어느 사분면에도 속하지 않는다.

10 [242006-0358]

다음 중에서 $a<0$, $b<0$일 때, 점 $\left(\frac{a}{b}, a^2-b\right)$가 될 수 있는 것은?

① $(2, 0)$ ② $(3, 1)$ ③ $(-3, 2)$
④ $(3, -2)$ ⑤ $(-3, -2)$

11 [242006-0359]

두 순서쌍 $\left(2-4a, \frac{2}{5}b\right)$, $(10, b-3)$이 서로 같을 때, 점 $(-a, b)$는 제몇 사분면 위의 점인가?

① 제1사분면 ② 제2사분면
③ 제3사분면 ④ 제4사분면
⑤ 어느 사분면에도 속하지 않는다.

12 [242006-0360]

$x+y<0$, $xy>0$일 때, 다음 중에서 점 $(-x, y)$와 같은 사분면 위의 점인 것은?

① $(0, -2)$ ② $(3, 1)$ ③ $(5, -3)$
④ $(-1, -7)$ ⑤ $(-4, 2)$

필수 확인 문제

13
[242006-0361]

점 $(a-b, ab)$가 제3사분면 위의 점일 때, 다음 중에서 제1사분면 위의 점인 것은?

① (a, b) ② (b, a) ③ $(-a, b)$
④ $(a, -b)$ ⑤ $(-a, -b)$

14
[242006-0362]

점 $(a+b, a^2b)$가 제2사분면 위의 점일 때, 다음 중에서 옳은 것은?

① $a+b>0$ ② $a-b>0$ ③ $\frac{b}{a}>0$
④ $|a|-|b|>0$ ⑤ $ab^2>0$

3 대칭인 점의 좌표

15
[242006-0363]

점 $(-6, a+1)$과 원점에 대하여 대칭인 점이 점 $(2b, 5)$일 때, ab의 값은?

① -18 ② -12 ③ -6
④ 12 ⑤ 18

16
[242006-0364]

두 점 $(5a-2, -2b+3)$, $(2a+4, -2b+1)$이 x축에 대하여 대칭일 때, 점 (a, b)와 원점에 대하여 대칭인 점의 좌표를 구하시오.

17 서술형
[242006-0365]

점 $A(5, -2)$와 x축에 대하여 대칭인 점을 $B(a, b)$라 하고, 점 B와 y축에 대하여 대칭인 점을 $C(c, d)$라 할 때, $a+b+c+d$의 값을 구하시오.

18
[242006-0366]

점 $A(3, 4)$와 y축에 대하여 대칭인 점을 B, 점 A와 원점에 대하여 대칭인 점을 C라 할 때, 삼각형 ABC의 넓이는?

① 12 ② 16 ③ 20
④ 24 ⑤ 28

4 그래프

19

[242006-0367]

아래 그래프는 서현이가 등산로 입구에서 x분 후 올라간 높이 y m를 나타낸 것일 때, 다음 설명 중에서 옳지 않은 것은?

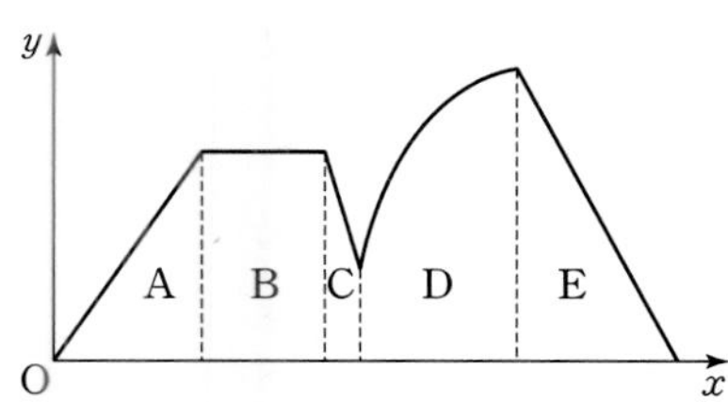

① A: 일정한 속도로 산을 오르고 있다.
② B: 같은 높이에 있다.
③ C: 올라올 때보다 빠르게 내리막길을 가고 있다.
④ D: 속력이 점점 빨라지고 있다.
⑤ E: 일정한 속도로 산을 내려오고 있다.

20 서술형

[242006-0368]

다음 그림과 같은 세 물통 A, B, C가 있다.

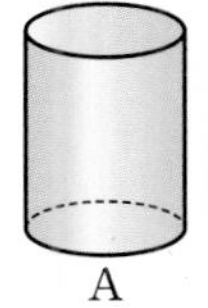
A

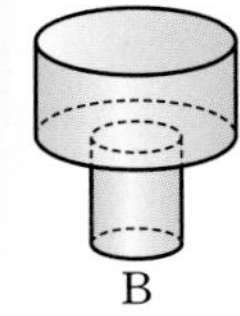
B

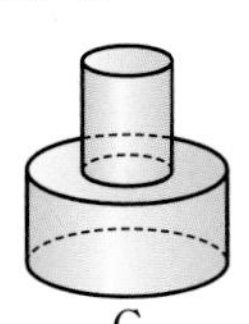
C

아래 그림은 세 물통 A, B, C에 매초 일정한 양의 물을 채울 때, 물을 채우는 시간 x초와 물의 높이 y cm 사이의 관계를 그래프로 나타낸 것이다. 각 물통에 알맞은 그래프를 바르게 짝 지으시오.

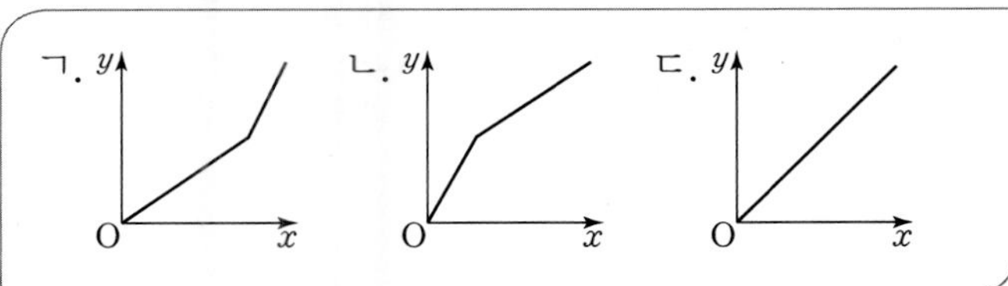

21

[242006-0369]

오른쪽 그래프는 수진이와 동생이 집에서 출발하여 1.1 km 떨어진 학교에 도착할 때까지 x분 후의 집으로부터의 거리를 y km라 할 때, x와 y 사이의 관계를 나타낸 것이다. 다음 중에서 옳지 않은 것은?

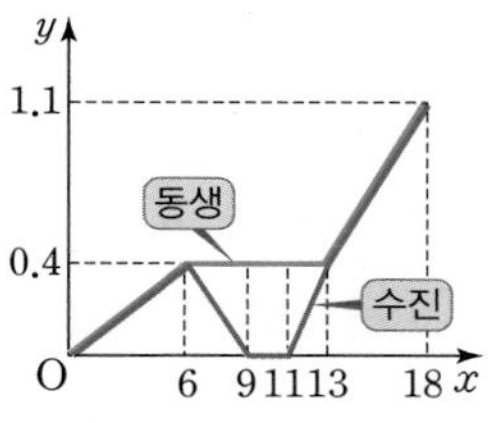

① 수진이와 동생이 처음 6분 동안 간 거리는 0.4 km이다.
② 수진이가 집으로 되돌아가는 데 걸린 시간은 9분이다.
③ 수진이가 집에 머문 시간은 2분이다.
④ 동생은 같은 자리에서 7분간 기다렸다.
⑤ 처음 집을 출발할 때부터 학교에 도착할 때까지 걸린 시간은 18분이다.

22

[242006-0370]

다음 그림은 끓는 물을 실온에 놓아둔 지 x분 후의 물의 온도를 y ℃라 할 때, x와 y 사이의 관계를 그래프로 나타낸 것이다. 보기에서 옳은 것을 있는 대로 고르시오.

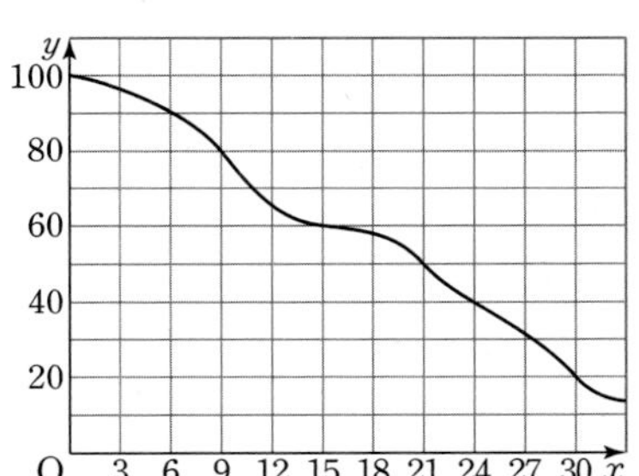

보기

ㄱ. 실온에 놓아둔 지 15분 후의 물의 온도는 50 ℃이다.
ㄴ. 물의 온도가 40 ℃가 되는 것은 실온에 놓아둔 지 24분 후이다.
ㄷ. 실온에 놓아둔 지 9분 후에는 처음보다 온도가 20 ℃ 떨어졌다.
ㄹ. 실온에 놓아둔 지 15분 후일 때와 30분 후일 때의 온도의 차는 30 ℃이다.

고난도 대표 유형

Σ 포인트

개념 ① 좌표평면 위의 점의 좌표 [242006-0371]

1 오른쪽 그림과 같이 점 P$(a,\ b)$가 직사각형 ABCD의 변 위를 움직일 때, $a-b$의 값 중에서 가장 큰 값과 가장 작은 값의 차를 구하시오. (단, 직사각형 ABCD의 네 변은 각각 좌표축에 평행하다.)

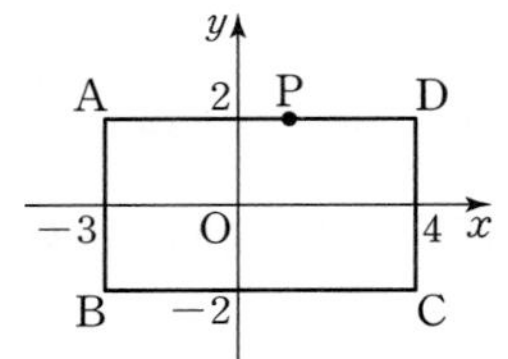

> $a-b$의 값이 최대가 되려면 a의 값은 최대, b의 값은 최소이어야 하고, $a-b$의 값이 최소가 되려면 a의 값은 최소, b의 값은 최대이어야 한다.

개념 ② 순서쌍과 사분면 [242006-0372]

2 두 정수 a, b에 대하여 a의 절댓값은 2보다 작고, b의 절댓값은 3보다 작을 때, 순서쌍 $(a,\ b)$의 개수를 m개, 제2사분면에 속하는 순서쌍의 개수를 n개라 하자. 이때 $m+n$의 값을 구하시오.

> 순서쌍은 두 수의 순서를 생각하여 두 수를 짝 지어 나타낸 것으로 $a\neq b$일 때 순서쌍 $(a,\ b)$와 순서쌍 $(b,\ a)$는 서로 다르다.

개념 ② x축 또는 y축 위의 점의 좌표 [242006-0373]

3 두 점 $\mathrm{A}\left(\frac{1}{3}a+5,\ 2b-6\right)$, $\mathrm{B}(-a+2b,\ 4a-1)$이 각각 x축, y축 위의 점이고, 점 $\mathrm{C}(c+3,\ -1)$은 어느 사분면에도 속하지 않을 때, $a+b+c$의 값을 구하시오.

> • x축 위의 점의 좌표는 (x좌표, 0)이고, y축 위의 점의 좌표는 (0, y좌표)이다.
> • x축, y축 위의 점은 어느 사분면에도 속하지 않는다.

개념 ❷ 좌표평면 위의 도형의 넓이 [242006-0374]

4 좌표평면 위의 세 점 $A(1,\ 5)$, $B(-a+2,\ -3)$, $C(a-2,\ -3)$을 꼭짓점으로 하는 삼각형 ABC의 넓이가 32일 때, a의 값을 구하시오. (단, $a>2$)

> 포인트: 좌표평면 위에 세 점 A, B, C를 각각 나타내어 삼각형 ABC를 그려 본다.

개념 ❷ 사분면 위의 점-수의 부호가 주어진 경우 [242006-0375]

5 오른쪽 그림은 세 수 a, b, c를 수직선 위에 나타낸 것이다. 다음 중에서 점이 속하는 사분면이 다른 하나는?

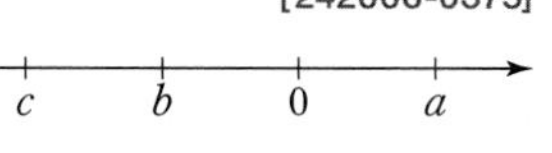

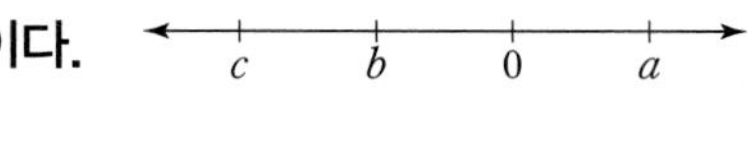

① $(ab,\ -bc)$　② $(b-a,\ c-a)$　③ $\left(b,\ \frac{c}{a}\right)$

④ $(c,\ -a+b)$　⑤ $\left(\frac{a}{c},\ \frac{b}{c}\right)$

> 포인트: 각 점의 좌표에서 x좌표와 y좌표의 부호를 각각 확인한다.

개념 ❷ 사분면 위의 점-점이 속한 사분면이 주어진 경우 (1) [242006-0376]

6 점 $(a,\ b)$는 제2사분면 위의 점이고, 점 $(c,\ d)$는 제3사분면 위의 점일 때, 다음 보기 중에서 항상 옳은 것을 있는 대로 고르시오.

보기

ㄱ. $a^2+b>0$　ㄴ. $ac-bd<0$

ㄷ. $a+b+c<0$　ㄹ. $ad-bc>0$

> 포인트: 사분면 위의 점의 좌표의 부호
> (1) 제1사분면 ➡ $(+,\ +)$
> (2) 제2사분면 ➡ $(-,\ +)$
> (3) 제3사분면 ➡ $(-,\ -)$
> (4) 제4사분면 ➡ $(+,\ -)$

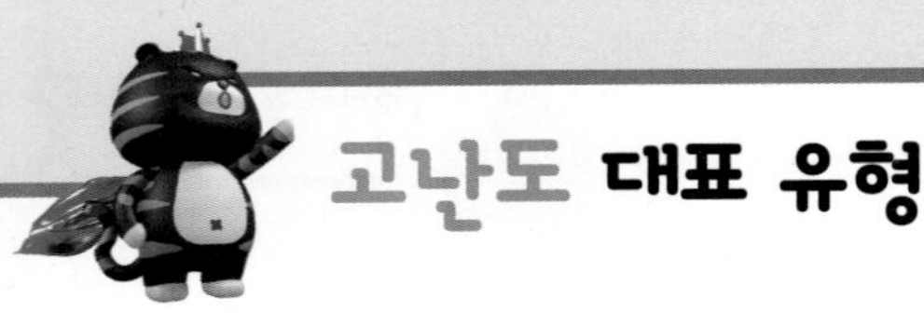

고난도 대표 유형

Σ 포인트

개념 ② 사분면 위의 점 - 점이 속한 사분면이 주어진 경우 (2) [242006-0377]

7 점 $P(ab,\ a+b)$가 제4사분면 위의 점일 때, 점 $Q(a-3,\ 2b-5)$는 제m사분면 위의 점이고 $R(-3b,\ 5-a)$는 제n사분면 위의 점이다. 이때 $m+n$의 값을 구하시오.

> $ab>0$이고 $a+b<0$이면 $a<0$, $b<0$이다.

개념 ③ 대칭인 점의 좌표 [242006-0378]

8 점 $A(2-a,\ 1+3b)$와 원점에 대하여 대칭인 점 P와 $B(3a+2,\ a+b+4)$와 x축에 대하여 대칭인 점 Q가 서로 일치할 때, $a+b$의 값을 구하시오.

> 점(a, b)와
> (1) x축에 대하여 대칭인 점의 좌표 ➡ $(a, -b)$
> (2) y축에 대하여 대칭인 점의 좌표 ➡ $(-a, b)$
> (3) 원점에 대하여 대칭인 점의 좌표 ➡ $(-a, -b)$

개념 ③ 대칭인 점의 좌표 - 도형의 넓이 [242006-0379]

9 제4사분면 위의 점 $A(a,\ b)$와 y축에 대하여 대칭인 점 B가 있다. 두 점 A, B와 다른 한 점 $C(a-2b,\ -b)$를 세 꼭짓점으로 하는 삼각형 ABC의 넓이가 20일 때, 두 정수 a, b에 대하여 순서쌍 $(a,\ b)$의 개수를 구하시오.

> y축에 대하여 대칭인 두 점은 x좌표의 부호만 다르다.

개념 ④ 그래프의 이해 [242006-0380]

10 **다음 중에서 주어진 상황을 가장 잘 나타내는 그래프는?**

> 일정한 속력으로 달리던 기차가 승객을 태우기 위하여 속력을 점점 줄인 후 기차역에 잠시 멈추었다가 출발하여 속력을 점점 높여서 처음과 같은 일정한 속력으로 달렸다.

①
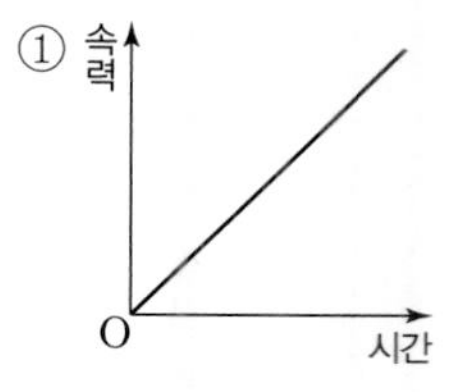

②
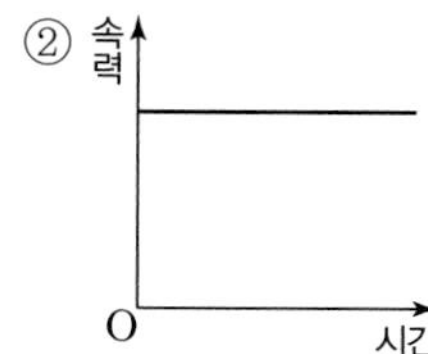

③
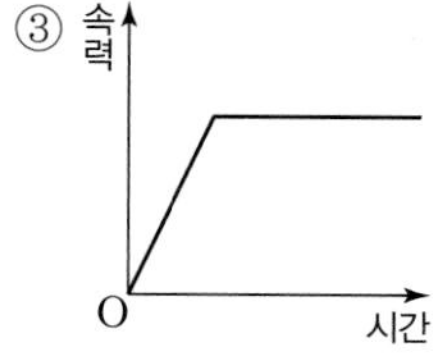

④ 속력, O, 시간

⑤
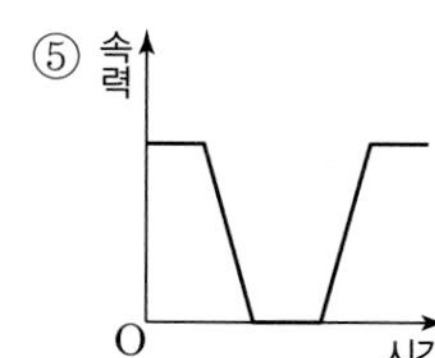

Σ 포인트

기차가 승객을 태우기 위해 기차역에 멈추었을 때의 속력은 0이다.

개념 ④ 그래프의 해석

[242006-0381]

11 **오른쪽 그래프는 부피가 24 m^3인 물통에 처음 10분 동안은 A, B 두 호스로 물을 받다가 그 이후로는 A 호스로만 물을 받을 때, 시간에 따른 물의 양을 나타낸 그래프이다. 물을 받기 시작한 지 x분 후에 물통에 들어간 물의 양을 $y\text{ m}^3$라 할 때, B 호스로만 이 물통을 가득 채우는 데 걸리는 시간은 몇 분인지 구하시오.**

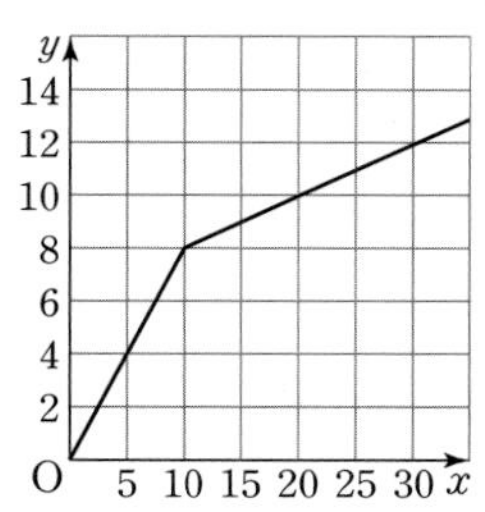

그래프를 보고 A, B 두 호스로 1분 동안 받을 수 있는 물의 양을 각각 구한다.

고난도 실전 문제

1 순서쌍과 좌표평면

01 [242006-0382]

두 개의 주사위를 던져 나온 눈의 수를 각각 a, b라 할 때, $|a-b| \le 2$가 되는 순서쌍 (a, b)의 개수를 구하시오.

02 대표 유형 1 [242006-0383]

$|a|=5$, $|b| \le 3$일 때, 순서쌍 (a, b)로 좌표평면 위에 나타낼 수 있는 점의 개수는? (단, b는 정수)

① 10 ② 12 ③ 14
④ 16 ⑤ 18

03 대표 유형 2 [242006-0384]

오른쪽 그림과 같이 직사각형 ABCD의 둘레 위를 움직이는 점 P(a, b)가 있다. $a-b$의 값이 최소일 때, $3a+b$의 값을 구하시오. (단, 직사각형 ABCD의 네 변은 각각 좌표축에 평행하다.)

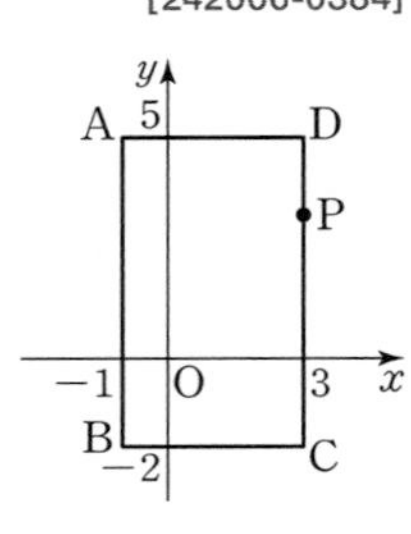

04 [242006-0385]

좌표평면 위의 네 점 A$(5, 1)$, B$(-3, 1)$, C$(a, -4)$, D(b, c)에 대하여 사각형 ABCD가 선분 AB와 선분 BC를 두 변으로 하는 직사각형일 때, $a+b+c$의 값을 구하시오.

05 [242006-0386]

좌표평면 위의 네 점 A$(1, 2)$, B$(-1, 2)$, C$(-3, -4)$, D$(1, -1)$을 꼭짓점으로 하는 사각형 ABCD의 넓이는?

① 10 ② 11 ③ 12
④ 13 ⑤ 14

06 서술형 대표 유형 3 [242006-0387]

점 A$\left(2a-5, \frac{1}{6}a-1\right)$은 x축 위의 점이고,

점 B$\left(4b-12, -4+\frac{2}{3}b\right)$는 y축 위의 점일 때, 삼각형 AOB의 넓이를 구하시오. (단, 점 O는 원점이다.)

07 대표 유형 ④ [242006-0388]

좌표평면 위의 세 점 $O(0, 0)$, $P(a, b)$, $Q(3a, -b)$를 꼭짓점으로 하는 삼각형 OPQ의 넓이가 34일 때, ab의 값을 구하시오. (단, $a>0$, $b>0$)

08 [242006-0389]

두 점 $A(-2, -1)$, $B(3, -1)$과 y축 위의 한 점 C에 대하여 삼각형 ABC의 넓이가 10일 때, 점 C의 좌표가 될 수 있는 것을 모두 구하시오.

2 사분면

09 [242006-0390]

점 $(4-x, 10-x)$가 제2사분면 위에 있도록 하는 자연수 x의 개수를 구하시오.

10 대표 유형 ⑤ [242006-0391]

$a+b<0$, $\dfrac{b}{a}>0$, $|a|<|b|$일 때,

점 $A(b-a, |a|-|b|)$는 제몇 사분면 위의 점인지 구하시오.

11 [242006-0392]

점 $P(ab^2, 3a+2b)$가 제2사분면 위의 점일 때, 다음 중에서 제1사분면 위의 점인 것은?

① $A(a, b)$　　② $B(a-b, b)$

③ $C\left(b^2, \dfrac{a}{b}\right)$　　④ $D(3a-2b, -a)$

⑤ $E(b-a, -ab)$

12 대표 유형 ⑥ [242006-0393]

점 $A(a, b)$는 제2사분면 위의 점이고, 점 $B(c, d)$는 제3사분면 위의 점일 때, 다음 중에서 항상 옳은 것은?

① $a+c>0$　　② $ad<0$　　③ $b-d<0$

④ $\dfrac{c}{a}+b>0$　　⑤ $ab-cd>0$

13 [242006-0394]

점 $P(x-y, xy)$가 제3사분면 위의 점일 때, 다음 중에서 점이 속하는 사분면이 잘못 짝 지어진 것은?

① (y, x) ➡ 제4사분면

② $(xy, y-x)$ ➡ 제2사분면

③ $\left(-\frac{x}{y}, x^2\right)$ ➡ 제1사분면

④ $\left(xy-y, \frac{x}{y}\right)$ ➡ 제3사분면

⑤ $\left(-x, \frac{x-y}{y}\right)$ ➡ 제2사분면

14 대표 유형 7 [242006-0395]

점 $P(a, b)$가 제4사분면 위의 점이고 $|a|>|b|$일 때, 점 $Q(a+b, a-b)$는 제몇 사분면 위의 점인가?

① 제1사분면 ② 제2사분면

③ 제3사분면 ④ 제4사분면

⑤ 어느 사분면에도 속하지 않는다.

15 서술형 [242006-0396]

점 $\left(\frac{6-2a}{5}, 3a-15\right)$가 어느 사분면에도 속하지 않도록 하는 모든 a의 값의 합을 구하시오.

16 [242006-0397]

$ab=0$이고 $b<0$, $c<0$, $d>0$일 때, 다음 중에서 좌표평면 위의 두 점 $A(a, -b)$, $B(b+c, d-c)$의 위치를 차례로 나열한 것은?

① x축, 제1사분면 ② x축, 제3사분면

③ y축, 제2사분면 ④ y축, 제4사분면

⑤ 제1사분면, 제4사분면

17 [242006-0398]

세 점 $A(-4, 3)$, $B(-4, a)$, $C(b, 3)$이 다음 조건을 만족시킬 때, $|a|-|b|$의 값을 구하시오.

(가) 점 B와 C는 각각 점 A와 다른 사분면에 있다.
(나) 선분 AB의 길이는 4이고 선분 AC의 길이는 7이다.

3 대칭인 점의 좌표

18 [242006-0399]

점 $A(a, b)$와 y축에 대하여 대칭인 점 B가 제3사분면에 있다. 두 점 A, B와 한 점 $C(b-a, -2b)$를 세 꼭짓점으로 하는 삼각형 ABC의 넓이가 12일 때, 두 정수 a, b에 대하여 순서쌍 (a, b)의 개수를 구하시오.

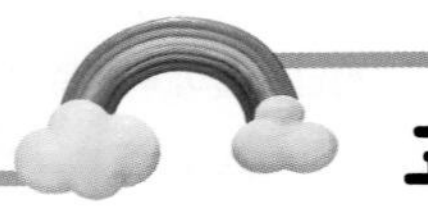

19 대표 유형 8

[242006-0400]

두 점 $(4-a,\ 2b+3)$, $(-1,\ 7)$이 y축에 대하여 대칭일 때, 점 $P(a,\ b)$는 제몇 사분면 위의 점인가?

① 제1사분면　② 제2사분면　③ 제3사분면　④ 제4사분면
⑤ 어느 사분면에도 속하지 않는다.

20 대표 유형 9

[242006-0401]

점 $A\left(a-9,\ \frac{a+1}{2}\right)$은 y축 위의 점이고, 점 B는 점 $(6,\ -2)$와 원점에 대하여 대칭인 점이다. 원점 O에 대하여 삼각형 OAB의 넓이를 구하시오.

21

[242006-0402]

점 $(a,\ b)$가 제2사분면 위의 점일 때, 점 $(-ab,\ b-a)$와 원점에 대하여 대칭인 점은 제몇 사분면 위의 점인지 구하시오.

22

[242006-0403]

좌표평면 위의 네 점 A, B, C, D에 대하여 두 점 A와 C, B와 D는 각각 원점에 대하여 대칭이고 두 점 A와 B는 y축에 대하여 대칭이다. 네 점 A, B, C, D를 꼭짓점으로 하는 사각형의 둘레의 길이가 52일 때, 다음 중에서 점 A의 좌표가 될 수 없는 것은?

① $(3,\ 10)$　② $(-4,\ 9)$　③ $(-5,\ -8)$　④ $(4,\ -8)$　⑤ $(6,\ -7)$

23

[242006-0404]

점 $P(a+b,\ ab)$와 x축에 대하여 대칭인 점 Q의 좌표가 $Q(-7,\ -12)$이고 a, b가 모두 정수일 때, $|b-a|$의 값은?

① 1　② 2　③ 3　④ 4　⑤ 5

24

[242006-0405]

점 $A(-2,\ 3)$에 대하여 다음과 같은 과정으로 대칭인 점을 정할 때, (1) → (2) → (3) → (1) → (2) → (3) → ⋯의 순서로 400번 이동한 점의 좌표를 $(a,\ b)$, 800번 이동한 점의 좌표를 $(c,\ d)$라 한다. 점 $P(ac,\ bd)$의 좌표를 구하시오.

(1) x축에 대하여 대칭이동
(2) y축에 대하여 대칭이동
(3) 원점에 대하여 대칭이동

4 그래프

25

[242006-0406]

다음 그림과 같은 물통 (가), (나)에 물을 넣을 때, 시간 x에 따른 높이 y를 가장 잘 나타낸 그래프를 각각 짝 지으시오.

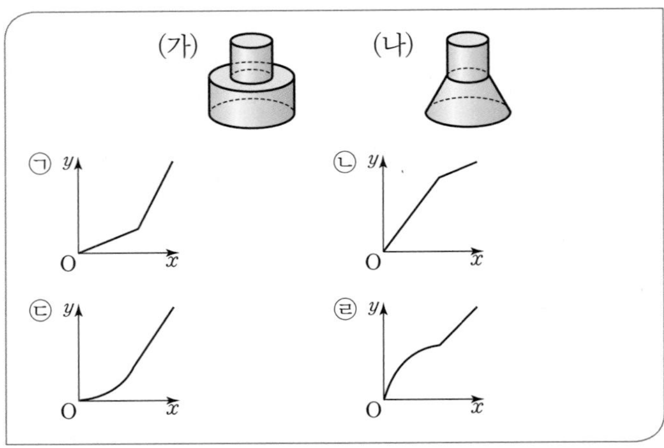

26

[242006-0407]

오른쪽 그림과 같이 좌표평면 위의 점 $\mathrm{A}(p, q)$에서 x축, y축에 수선을 그어 x축, y축과 만나는 점을 각각 B, C라 하자. 직사각형 ABOC의 넓이를 일정하게 유지하면서 점 A가 제4사분면 위를 움직일 때, 다음 중에서 p와 q 사이의 관계를 나타낸 그래프로 알맞은 것은?

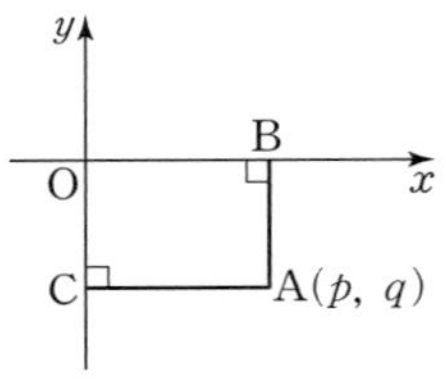

① 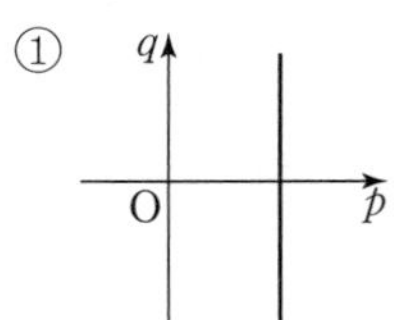

② 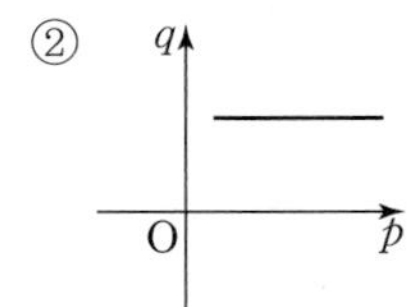

③ 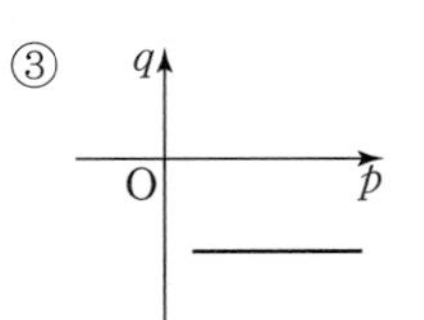

④ 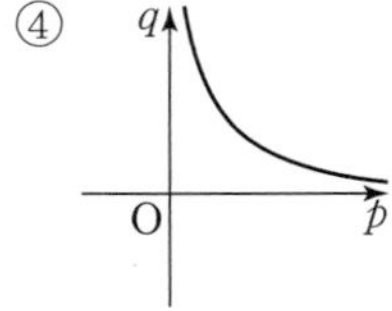

⑤ 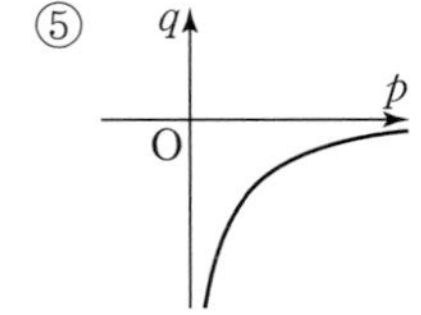

27 대표 유형 ⑩

[242006-0408]

다음 그래프는 서진이가 집에서 친구 집까지 걸어갈 때, 경과 시간 x에 따른 집으로부터 떨어진 거리 y를 나타낸 것이다. 다음 각 구간에 대한 설명으로 옳지 않은 것은?

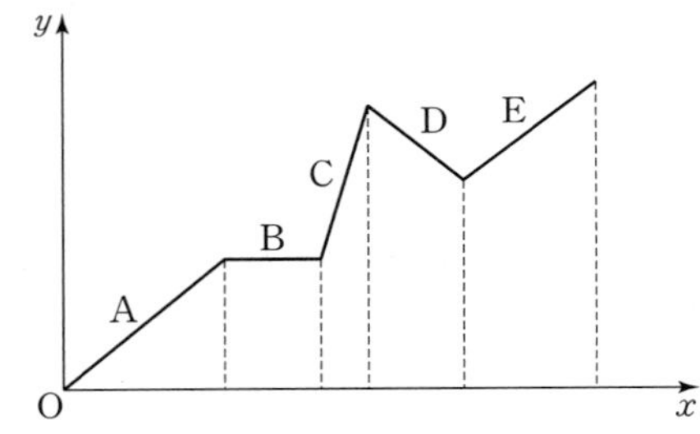

① A: 일정한 속도로 걷고 있다.

② B: 함께 갈 다른 친구를 기다리고 있다.

③ C: 오르막길이라 천천히 걷고 있다.

④ D: 골목을 잘못 들어서서 온 길을 되돌아 가고 있다.

⑤ E: 다시 길을 찾아서 친구 집에 가고 있다.

28

[242006-0409]

A, B, C 세 선수가 400 m 달리기 시합을 했다. 출발한 지 x초 후의 출발점으로부터 떨어진 거리를 y m라 할 때, x와 y 사이의 관계를 그래프로 나타내면 다음 그림과 같다. 물음에 답하시오.

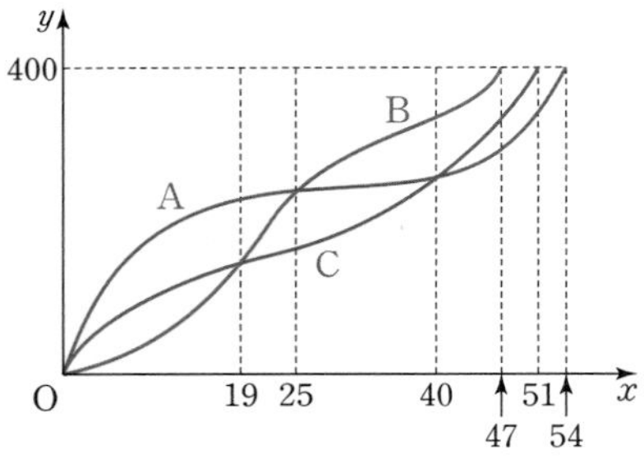

(1) 처음으로 순위의 변화가 생긴 것은 출발한 지 몇 초 후인지 구하시오.

(2) 결승점에 도착한 순서를 말하시오.

29 서술형

[242006-0410]

서준이는 직선 도로를 따라 자전거를 탔다. 오른쪽 그림은 집에서 출발한 지 x시간 후의 집으로부터의 거리를 y km라 할 때, x와 y 사이의 관계를 그래프로 나타낸 것이다. 다음을 구하시오.

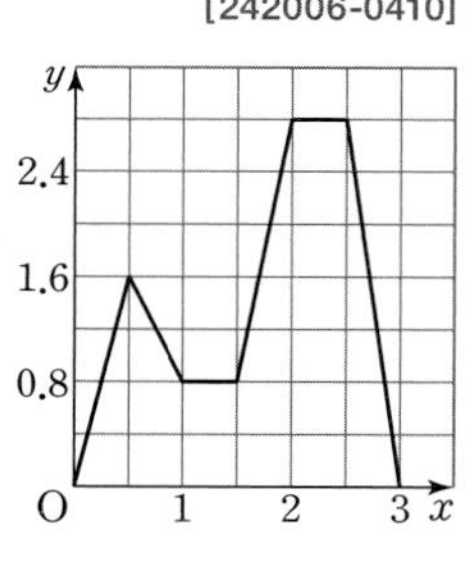

(1) 서준이가 집에서 출발하여 다시 집으로 올 때까지 움직인 거리

(2) 서준이가 집에서 출발하여 다시 집으로 올 때까지의 평균 속력

30 대표 유형 ⑪

[242006-0411]

어느 보드 게임방에서는 이용 요금을 기본 요금과 추가 요금으로 구성한다. x분 이용할 때의 요금을 y원이라 할 때, x와 y 사이의 관계를 그래프로 나타내면 오른쪽 그림과 같다. 이 보드 게임방을 3시간 10분 이용했을 때, 내야 할 금액은?

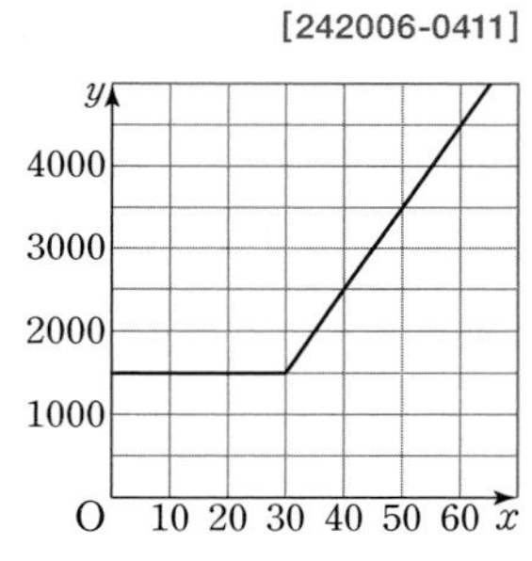

① 17000원 ② 17500원 ③ 18000원
④ 18500원 ⑤ 19000원

31

[242006-0412]

다음 그림은 유현이가 대관람차를 타고 x분 후 지면으로부터의 높이를 y m라 할 때, x와 y 사이의 관계를 나타낸 그래프이다. 다음 물음에 답하시오.

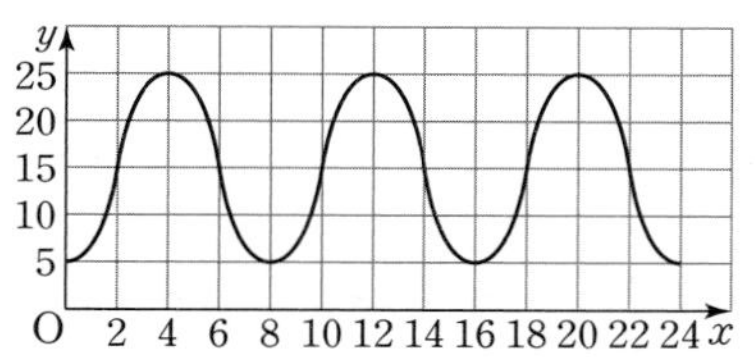

(1) 대관람차가 한 바퀴 도는 데 걸리는 시간이 몇 분인지 구하시오.

(2) 유현이가 세 번째로 15 m의 높이에 있게 된 것은 출발한 지 a분 후이고 가장 높은 높이에 두 번째로 있게 된 것은 출발한 지 b분 후일 때, $a+b$의 값을 구하시오.

32

[242006-0413]

다음 그림은 어떤 자동차의 시각(x시)에 따른 속력(y km/시)의 변화를 나타낸 그래프이다. 다음 설명 중에서 옳지 않은 것을 모두 고르면? (정답 2개)

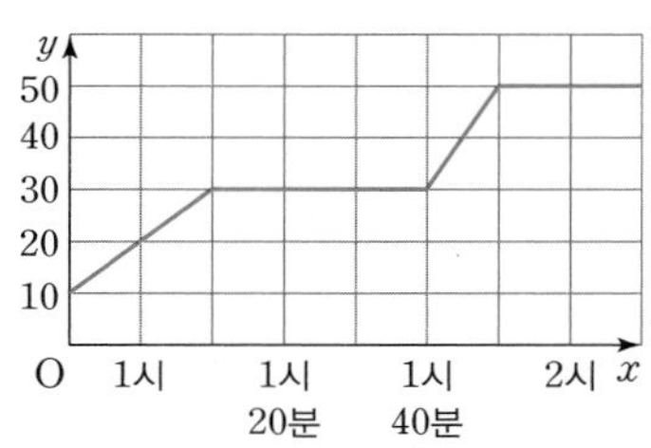

① 자동차의 최고 속력은 50 km/시이다.

② 자동차는 속력을 올리다 일정한 속력으로 이동하고, 다시 속력을 올리다 일정한 속력으로 이동했다.

③ 1시 10분부터 1시 40분까지 자동차의 속력은 일정하다.

④ 시속 30 km로 이동한 총 거리는 30 km이다.

⑤ 1시 50분 이후 자동차는 정지해 있다.

다양한 대칭이동을 알아보자.

Σ NOTE

좌표평면 위에서 점은 다양하게 이동할 수 있다.
대표적으로 점이나 직선에 대하여 대칭이동을 할 수 있고, 평행이동을 할 수 있고, 어떤 점을 중심으로 하여 회전이동도 할 수 있다.
이번 단원에서 우리는 좌표평면 위의 한 점을 x축, y축이라는 직선과 원점이라는 점에 대하여 대칭이동을 하면 다음과 같음을 배웠다.

x축	y축	원점
(x, y) → $(x, -y)$	(x, y) → $(-x, y)$	(x, y) → $(-x, -y)$
$(x, -y)$	$(-x, y)$	$(-x, -y)$

좌표평면 위의 점 $\mathrm{P}(x, y)$를 한 점 $\mathrm{A}(a, b)$에 대하여 대칭이동하면 어떤 점이 될까?

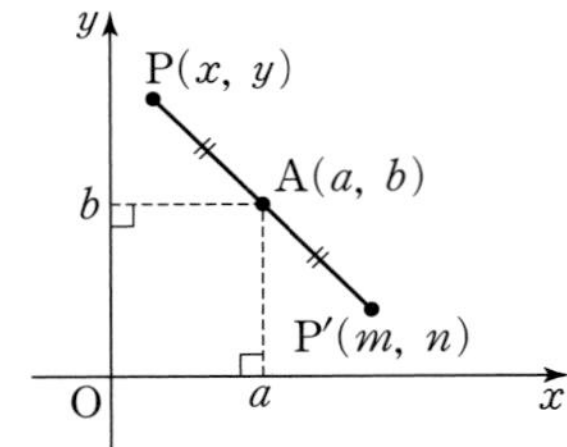

오른쪽 그림과 같이 $\mathrm{P}(x, y)$를 한 점 $\mathrm{A}(a, b)$에 대하여 대칭이동한 점을 $\mathrm{P'}(m, n)$이라 하면 $\mathrm{A}(a, b)$는 두 점 P와 P′의 가운데에 있는 점이므로
$\frac{x+m}{2}=a$, $\frac{y+n}{2}=b$에서
$m=2a-x$, $n=2b-y$가 된다.
따라서 점 $\mathrm{P'}(m, n)$의 좌표는 $\mathrm{P'}(2a-x, 2b-y)$이다.

특히, 한 점 $\mathrm{A}(a, b)$가 원점인 경우 $a=0$, $b=0$이므로 대칭이동한 점은 $\mathrm{P'}(-x, -y)$이다.

예제

점 $\mathrm{P}(4, -3)$을 한 점 $\mathrm{A}(3, 1)$에 대하여 대칭이동한 점의 좌표를 구하시오.

풀이 대칭이동한 점의 좌표를 $\mathrm{Q}(x, y)$라 하면 점 A는 선분 PQ의 중점이므로
$\frac{4+x}{2}=3$, $\frac{-3+y}{2}=1$에서 $x=2$, $y=5$
따라서 대칭이동한 점의 좌표는 $(2, 5)$이다.

6

정비례와 반비례

개념 Review 

정비례와 반비례

① 정비례

(1) 정비례: 두 변수 x, y에 대하여 x의 값이 2배, 3배, 4배, …로 변함에 따라 y의 값도 2배, 3배, 4배, …로 변하는 관계가 있을 때, y는 x에 정비례한다고 한다.

(2) 정비례 관계식: y가 x에 정비례하면 $y=ax(a\neq0)$로 나타낼 수 있다.

예 한 자루에 500원인 볼펜 x자루의 값을 y원이라 할 때, x와 y 사이의 관계를 표로 나타내면 다음과 같다.

x(자루)	1	2	3	4	…
y(원)	500	1000	1500	2000	…

(2배, 3배, 4배)

(1) x의 값이 2배, 3배, 4배, …가 될 때, y의 값도 2배, 3배, 4배, …가 되므로 y는 x에 정비례한다.

(2) x와 y 사이의 관계를 식으로 나타내면 $y=500x$이다.

> **Σ NOTE**
> y가 x에 정비례할 때, x에 대한 y의 비율 $\frac{y}{x}$는 일정하다.
> 즉, $\frac{y}{x}=a$

② 정비례 관계 $y=ax(a\neq0)$의 그래프

x의 값의 범위가 수 전체일 때, 정비례 관계 $y=ax(a\neq0)$의 그래프는 원점을 지나는 직선이다.

	$a>0$일 때	$a<0$일 때
그래프	($y=ax$, O, a, 1, x, y)	($y=ax$, O, a, 1, x, y)
그래프의 모양	원점을 지나고 오른쪽 위로 향하는 직선	원점을 지나고 오른쪽 아래로 향하는 직선
지나는 사분면	제1사분면, 제3사분면	제2사분면, 제4사분면
증가 · 감소	x의 값이 증가하면 y의 값도 증가	x의 값이 증가하면 y의 값은 감소

참고 정비례 관계 $y=ax(a\neq0)$의 그래프는 a의 절댓값이 클수록 y축에 가깝다.

> y가 x에 정비례할 때, x의 값의 범위가 주어지지 않으면 x의 값의 범위는 수 전체로 생각한다.

> 정비례 관계 $y=ax(a\neq0)$의 그래프를 그릴 때는 원점 O와 그래프가 지나는 다른 한 점을 찾아 직선으로 연결하면 쉽게 그릴 수 있다.

③ 정비례 관계의 활용

① 변화하는 두 양을 x와 y로 놓는다.
② 두 변수 x와 y 사이에 정비례 관계가 성립하면 $y=ax(a\neq0)$로 나타낸다.
③ 주어진 조건이나 그래프를 이용하여 필요한 값을 구한다.
④ 구한 값이 문제의 조건에 맞는지 확인한다.

4 반비례

(1) 반비례: 두 변수 x, y에 대하여 x의 값이 2배, 3배, 4배, …로 변함에 따라 y의 값은 $\frac{1}{2}$배, $\frac{1}{3}$배, $\frac{1}{4}$배, …로 변하는 관계가 있을 때, y는 x에 반비례한다고 한다.

(2) 반비례 관계식: y가 x에 반비례하면 $y=\frac{a}{x}(a\neq0)$로 나타낼 수 있다.

예 넓이가 36 cm^2인 직사각형의 가로의 길이를 x cm, 세로의 길이를 y cm라 할 때, x와 y 사이의 관계를 표로 나타내면 다음과 같다.

2배, 3배, 4배

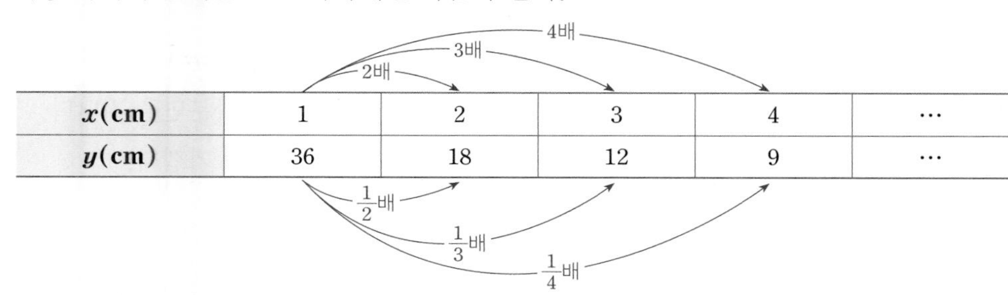

x(cm)	1	2	3	4	…
y(cm)	36	18	12	9	…

$\frac{1}{2}$배, $\frac{1}{3}$배, $\frac{1}{4}$배

(1) x의 값이 2배, 3배, 4배, …가 될 때, y의 값은 $\frac{1}{2}$배, $\frac{1}{3}$배, $\frac{1}{4}$배, …가 되므로 y는 x에 반비례한다.

(2) x와 y 사이의 관계를 식으로 나타내면 $y=\frac{36}{x}$이다.

5 반비례 관계 $y=\frac{a}{x}(a\neq0)$의 그래프

x의 값의 범위가 0이 아닌 수 전체일 때, 반비례 관계 $y=\frac{a}{x}(a\neq0)$의 그래프는 좌표축에 점점 가까워지면서 한없이 뻗어 나가는 한 쌍의 매끄러운 곡선이다.

	$a>0$일 때	$a<0$일 때
그래프	y, $y=\frac{a}{x}$, a, $(1, a)$, O, 1, x	$y=\frac{a}{x}$, y, 1, x, O, a, $(1, a)$
지나는 사분면	제1사분면, 제3사분면	제2사분면, 제4사분면
증가 · 감소	각 사분면에서 x의 값이 증가하면 y의 값은 감소	각 사분면에서 x의 값이 증가하면 y의 값도 증가

참고 반비례 관계 $y=\frac{a}{x}(a\neq0)$의 그래프는 a의 절댓값이 클수록 원점에서 멀리 떨어져 있다.

6 반비례 관계의 활용

① 변화하는 두 양을 x와 y로 놓는다.

② 두 변수 x와 y 사이에 반비례 관계가 성립하면 $y=\frac{a}{x}(a\neq0)$로 나타낸다.

③ 주어진 조건이나 그래프를 이용하여 필요한 값을 구한다.

④ 구한 값이 문제의 조건에 맞는지 확인한다.

Σ NOTE

- y가 x에 반비례할 때, x와 y의 곱 xy는 일정하다. 즉, $xy=a$
- y가 x에 반비례할 때, x의 값의 범위가 주어지지 않으면 x의 값의 범위는 0을 제외한 수 전체로 생각한다.
- 반비례 관계 $y=\frac{a}{x}(a\neq0)$의 그래프를 그릴 때는 그래프가 지나는 점 중에서 x, y의 값이 모두 정수가 되는 점을 찾은 후 이 점들을 매끄러운 곡선으로 연결하면 쉽게 그릴 수 있다.

필수 확인 문제

1 정비례

1 [242006-0414]

다음 중에서 y가 x에 정비례하는 것을 모두 고르면? (정답 2개)

① 한 개의 무게가 80 g인 복숭아 x개의 무게는 y g이다.

② 한 변의 길이가 x cm인 정사각형의 넓이는 y cm^{2}이다.

③ 하루 중 낮의 길이가 x시간일 때, 밤의 길이는 y시간이다.

④ 시속 x km로 4시간을 달려서 간 거리는 y km이다.

⑤ 물 300 g에 소금 x g을 넣어 만든 소금물의 농도는 y % 이다.

2 [242006-0415]

y가 x에 정비례할 때, 다음 표에서 $A+B+C$의 값을 구하시오.

x	-2	-3	B	C
y	6	A	-3	-9

3 [242006-0416]

1분에 5장을 인쇄할 수 있는 프린터로 x분 동안 y장을 인쇄할 수 있다고 할 때, 다음 보기 중에서 옳은 것을 있는 대로 고르시오.

보기

ㄱ. y는 x에 정비례한다.

ㄴ. x와 y 사이의 관계를 식으로 나타내면 $y=\frac{1}{5}x$이다.

ㄷ. x의 값이 3배가 되면 y의 값은 $\frac{1}{3}$배가 된다.

ㄹ. $\frac{y}{x}$의 값은 항상 5로 일정하다.

2 정비례 관계 $y=ax(a\neq0)$의 그래프

4 [242006-0417]

다음 중에서 정비례 관계 $y=ax(a\neq0)$의 그래프에 대한 설명으로 옳은 것을 모두 고르면? (정답 2개)

① a의 값에 관계없이 항상 원점을 지난다.

② 점 $(a, 1)$을 지난다.

③ $a>0$일 때, x의 값이 증가하면 y의 값은 감소한다.

④ $a<0$일 때, 제1사분면과 제3사분면을 지난다.

⑤ a의 절댓값이 클수록 y축에 더 가깝다.

5 [242006-0418]

점 P$(a+4, a-6)$가 정비례 관계 $y=-\frac{2}{3}x$의 그래프 위의 점일 때, a의 값을 구하시오.

6 [242006-0419]

정비례 관계 $y=\frac{5}{4}x$의 그래프가 세 점 $(a, 10)$, $(b, 4)$, $(-4, c)$를 지날 때, $a+5b+c$의 값을 구하시오.

7

[242006-0420]

오른쪽 그림과 같은 정비례 관계 $y=ax$의 그래프가 점 $(-5,\ 6)$, $(b,\ 2)$를 지날 때, $a+b$의 값을 구하시오. (단, a는 상수)

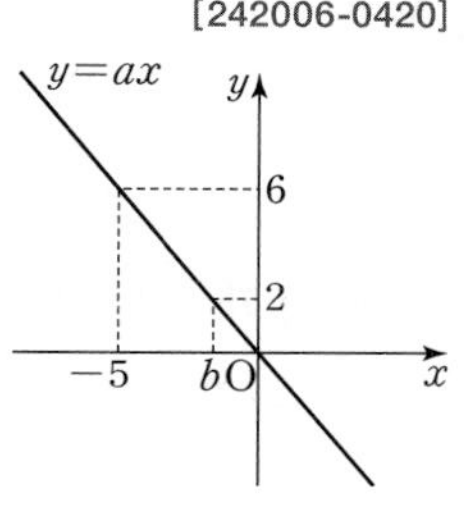

8 서술형

[242006-0421]

오른쪽 그림과 같이 두 점 A, B가 각각 정비례 관계 $y=2x$, $y=-\frac{3}{4}x$의 그래프 위의 점이고 두 점의 y좌표가 모두 -6일 때, 삼각형 OAB의 넓이를 구하시오.

(단, 점 O는 원점이다.)

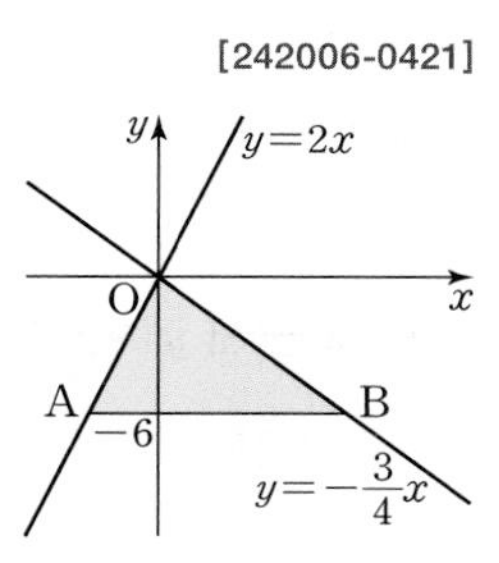

9

[242006-0422]

오른쪽 그림에서 제1사분면 위의 두 점 A, C는 각각 정비례 관계 $y=3x$, $y=\frac{1}{3}x$의 그래프 위의 점이다. 사각형 ABCD는 한 변의 길이가 4인 정사각형일 때, 점 A의 좌표를 구하시오.

(단, 정사각형 ABCD의 네 변은 각각 좌표축에 평행하다.)

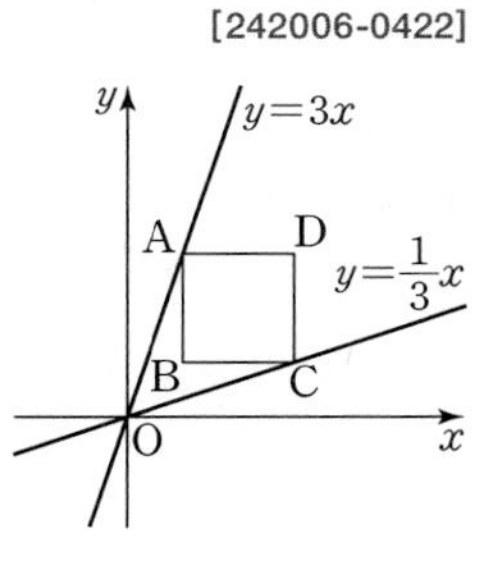

3 정비례 관계의 활용

10

[242006-0423]

40 g짜리 추를 용수철에 매달았더니 용수철의 길이가 12 cm 늘어났다고 한다. 이 용수철에 55 g짜리 추를 매달았을 때, 늘어나는 용수철의 길이는?

(단, 용수철의 늘어난 길이는 추의 무게에 정비례한다.)

① 15 cm ② 15.5 cm ③ 16 cm
④ 16.5 cm ⑤ 17 cm

11

[242006-0424]

어떤 전선줄 5 m의 무게는 400 g이고, 전선줄 100 g 당 가격은 3000원이다. 이 전선줄 x m의 가격을 y원이라 할 때, 물음에 답하시오.

(1) x와 y의 관계식을 구하시오.
(2) 4800원으로 살 수 있는 전선줄의 길이를 구하시오.

12

[242006-0425]

4 L의 휘발유로 64 km를 갈 수 있는 자동차가 x L의 휘발유로 y km를 갈 수 있다고 할 때, 다음 보기 중에서 옳은 것을 있는 대로 고른 것은?

보기
ㄱ. y는 x에 정비례한다.
ㄴ. 6 L의 휘발유로 96 km를 갈 수 있다.
ㄷ. 384 km를 가려면 23 L의 휘발유가 필요하다.

① ㄱ ② ㄴ ③ ㄷ
④ ㄱ, ㄴ ⑤ ㄱ, ㄷ

필수 확인 문제

4 반비례

13
[242006-0426]

x의 값이 2배, 3배, 4배, $\cdots$가 됨에 따라 y의 값은 $\frac{1}{2}$배, $\frac{1}{3}$배, $\frac{1}{4}$배, $\cdots$가 되고 $x=6$일 때 $y=20$이다. $y=24$일 때, x의 값을 구하시오.

14
[242006-0427]

다음 보기 중에서 y가 x에 반비례하는 것은 모두 몇 개인지 구하시오.

보기

ㄱ. 5자루에 4000원인 연필 x자루의 값 y원
ㄴ. 넓이가 50 cm^2인 직사각형의 가로의 길이가 x cm일 때, 세로의 길이 y cm
ㄷ. 2 km의 거리를 x시간 동안 걸었을 때의 속력 시속 y km
ㄹ. 농도가 3 %인 소금물 x g에 들어 있는 소금의 양 y g
ㅁ. 3명이 5일 동안 하면 완성할 수 있는 일을 x명이 완성하는 데 걸리는 기간 y일

5 반비례 관계 $y=\frac{a}{x}(a\neq0)$의 그래프

15
[242006-0428]

반비례 관계 $y=\frac{20}{x}$의 그래프가 두 점 $(a, 5)$, $(-8, b)$를 지날 때, ab의 값을 구하시오.

16
[242006-0429]

점 $\mathrm{P}(-6, -4)$가 반비례 관계 $y=\frac{a}{x}$의 그래프 위의 점일 때, 이 그래프 위의 점 중에서 x좌표와 y좌표가 모두 정수인 점의 개수를 구하시오. (단, a는 상수)

17 서술형
[242006-0430]

정비례 관계 $y=ax$의 그래프는 점 $(-3, 12)$를 지나고, 반비례 관계 $y=\frac{a}{x}$의 그래프는 점 $(b, -1)$을 지날 때, $a+b$의 값을 구하시오. (단, a는 상수)

18
[242006-0431]

점 $(-3, 8)$을 지나는 반비례 관계 $y=\frac{a}{x}$의 그래프 위에 x좌표가 각각 -6, 6인 두 점 A와 C가 있다. 사각형 ABCD가 직사각형일 때, 그 둘레의 길이를 구하시오. (단, a는 상수이고, 직사각형의 네 변은 각각 좌표축에 평행하다.)

19

[242006-0432]

오른쪽 그림과 같이 반비례 관계 $y=\frac{a}{x}$의 그래프 위에 두 점 $A(b, -4)$, $B(8, 2)$가 있을 때, $a+b$의 값을 구하시오. (단, a는 상수)

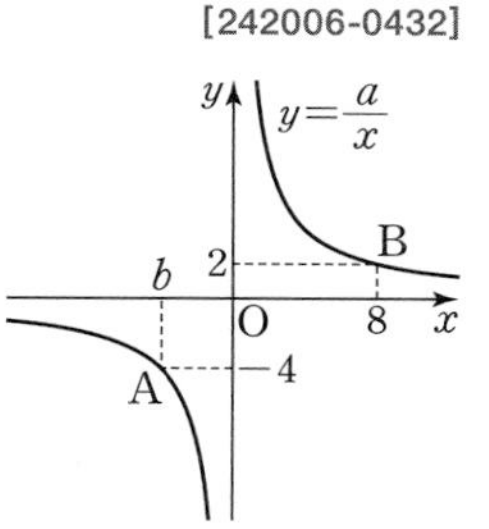

20

[242006-0433]

오른쪽 그림과 같이 정비례 관계 $y=4x$와 반비례 관계 $y=\frac{a}{x}$의 그래프가 만나는 점의 x좌표가 3이고, $y=\frac{a}{x}$의 그래프 위에 점 $P(6, b)$가 있을 때, $a-b$의 값을 구하시오. (단, a는 상수)

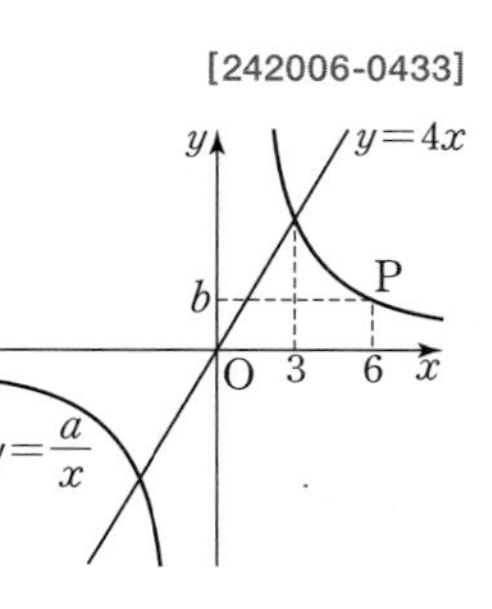

21

[242006-0434]

오른쪽 그림과 같이 점 $(-6, -2)$를 지나는 반비례 관계의 그래프 위에 두 점 A, B가 있다. 두 점 A, B가 원점에 대하여 대칭일 때, 직각삼각형 ABC의 넓이를 구하시오.

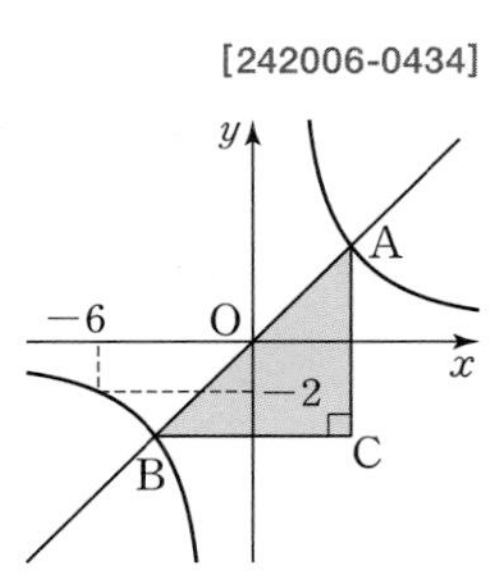

6 반비례 관계의 활용

22

[242006-0435]

국제 안과학회에서는 오른쪽 그림과 같이 빈틈의 폭이 1.5 mm인 고리를 5 m의 거리에서 보았을 때, 그 틈이 판별 가능하면 시력이 1.0이라 정하였다. 5 m 떨어진 지점에서 시력을 측정할 때, 판별이 가능한 고리의 빈틈의 폭 x mm와 시력 y는 반비례한다. 빈틈의 폭이 2 mm인 고리까지 판별할 수 있는 사람의 시력을 구하시오.

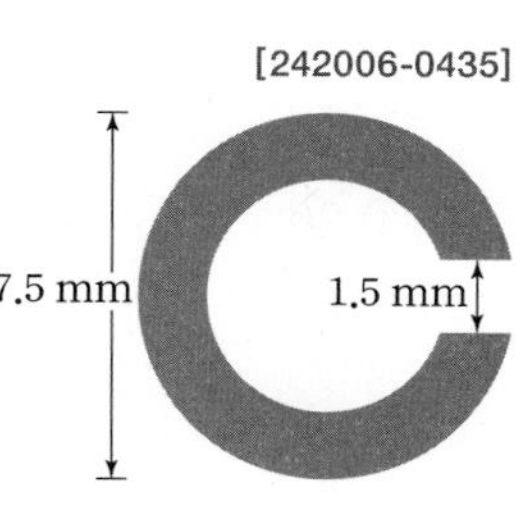

23

[242006-0436]

1분에 5 mL씩 주사하면 모두 맞는 데 2시간이 걸리는 링거가 한 병 있다. 1분에 8 mL씩 주사할 때, 이 링거 한 병을 다 맞는 데 몇 분이 걸리는가?

① 65분 ② 70분 ③ 75분
④ 80분 ⑤ 85분

24 서술형

[242006-0437]

톱니가 각각 35개, x개인 두 톱니바퀴 A, B가 서로 맞물려 돌아가고 있다. 톱니바퀴 A가 15초에 4바퀴 회전할 때, 톱니바퀴 B는 1분에 y바퀴 회전한다. 톱니바퀴 B의 톱니가 28개일 때, 톱니바퀴 B는 1분에 몇 바퀴 회전하는지 구하시오.

포인트

개념 ❶ 정비례 관계식 구하기 [242006-0438]

1 $5y$가 $2x$에 정비례하고, $x=10$일 때 $y=-2$이다. $y=-3$일 때 x의 값은?

① 5 ② 10 ③ 15
④ 20 ⑤ 25

y가 x에 정비례하고, $x=m$일 때 $y=n$이다.
➡ x와 y 사이의 관계식을 $y=ax(a\neq0)$로 놓고 $x=m$, $y=n$을 대입하여 a의 값을 구한다.

개념 ❷ 정비례 관계 $y=ax(a\neq0)$의 그래프 [242006-0439]

2 오른쪽 그림과 같이 정비례 관계 $y=ax$의 그래프가 두 점 $A(-2, 4)$, $B(-4, 2)$를 이은 선분 AB와 만나기 위한 a의 값의 범위가 $m\le a\le n$일 때, mn의 값을 구하시오. (단, a는 상수)

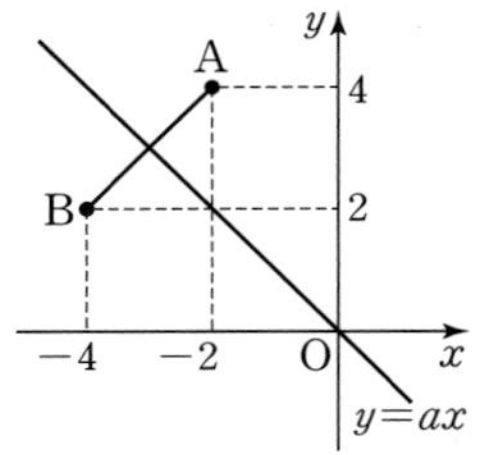

정비례 관계 $y=ax(a\neq0)$의 그래프는 a의 절댓값이 클수록 y축에 가깝다.

개념 ❷ 정비례 관계의 그래프와 도형의 넓이 [242006-0440]

3 오른쪽 그림과 같이 네 점 $A(2, 0)$, $B(8, 0)$, $C(0, 2)$, $D(0, 6)$에 대하여 정비례 관계 $y=ax$의 그래프가 제1사분면 위의 점 P를 지나고, 삼각형 PAB의 넓이와 삼각형 PDC의 넓이가 같을 때, 상수 a의 값을 구하시오.

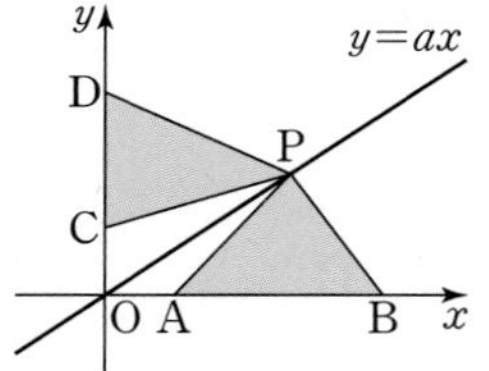

점 P가 정비례 관계 $y=ax$의 그래프 위의 점임을 이용한다.

포인트

개념 ② 도형의 넓이를 이등분하는 직선 [242006-0441]

4 오른쪽 그림과 같이 정비례 관계 $y=\frac{5}{3}x$의 그래프 위의 y좌표가 10인 점 A에서 x축에 수직인 직선을 그어 x축과 만나는 점을 B라 하자. 정비례 관계 $y=ax$의 그래프가 점 $(12, b)$를 지나고 삼각형 AOB의 넓이를 이등분할 때, $a+b$의 값을 구하시오. (단, a는 상수)

$y=ax$의 그래프가 선분 AB와 만나는 점을 P라 하면 (삼각형 POB의 넓이) $=\frac{1}{2}\times$(삼각형 AOB의 넓이)임을 이용한다.

개념 ③ 정비례 관계의 활용 – 실생활 [242006-0442]

5 길이가 10 m인 줄의 무게는 200 g이고, 100 g 당 가격은 20000원이다. 이 줄 x m의 가격을 y원이라 할 때, x와 y 사이의 관계식이 $y=ax$이고 12000원으로 살 수 있는 줄의 길이가 b m일 때, $a+b$의 값을 구하시오. (단, a는 상수)

줄 1 m의 가격을 구하여 x와 y 사이의 관계식을 구한다.

개념 ③ 정비례 관계의 활용 – 도형의 넓이 [242006-0443]

6 오른쪽 그림과 같은 직각삼각형 ABC에서 점 P는 점 B를 출발하여 점 C까지 초속 2 cm로 변 BC 위를 움직인다. 점 P가 점 B를 출발한 지 x초 후의 삼각형 ABP의 넓이를 y cm²라 할 때, 삼각형 ABP의 넓이가 216 cm²가 되는 것은 점 P가 점 B를 출발한 지 몇 초 후인가? (단, $0<x\le 18$)

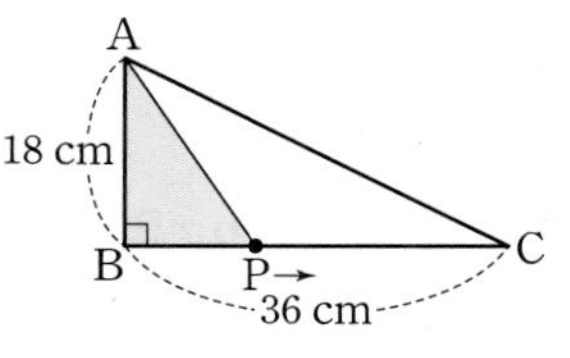

① 10초 후 ② 11초 후 ③ 12초 후
④ 13초 후 ⑤ 14초 후

x초 후의 선분 BP의 길이를 x를 사용한 식으로 나타내어 본다.

고난도 대표 유형

Σ 포인트

개념 ③ 두 정비례 관계의 그래프의 활용 [242006-0444]

7 학교에서 2 km 떨어진 도서관까지 주원이는 일정한 속력으로 뛰어가고 지수는 일정한 속력으로 걸어갔다. 오른쪽 그림은 두 사람이 학교에서 동시에 출발하여 x분 동안 간 거리를 y m라 할 때, x와 y 사이의 관계를 그래프로 나타낸 것이다. 주원이가 도서관에 도착한 지 몇 분 후에 지수가 도착했는지 구하시오.

◉ 먼저 두 정비례 관계의 그래프가 나타내는 x와 y 사이의 관계식을 각각 구한다.

개념 ⑤ 반비례 관계의 그래프 위의 좌표가 정수인 점 [242006-0445]

8 오른쪽 그림은 반비례 관계 $y=\frac{a}{x}$의 그래프이다. 색칠한 부분에 있는 점 중에서 x좌표와 y좌표가 모두 0이 아닌 정수인 점은 모두 몇 개인지 구하시오. (단, a는 상수이고, 곡선 위의 점은 포함시킨다.)

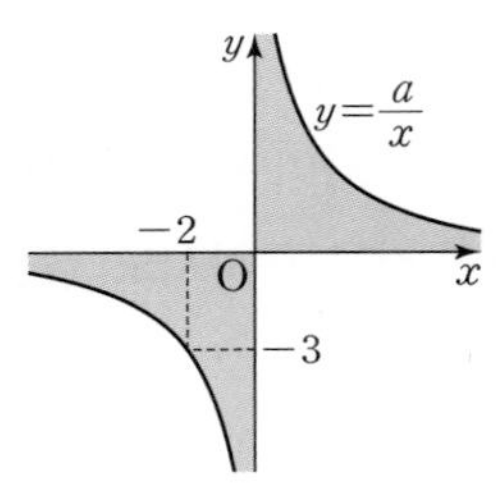

◉ 먼저 주어진 그래프가 지나는 점을 이용하여 그래프가 나타내는 x와 y 사이의 관계식을 구한다.

개념 ⑤ 반비례 관계의 그래프와 도형의 넓이 [242006-0446]

9 오른쪽 그림과 같이 정비례 관계 $y=ax$의 그래프와 반비례 관계 $y=\frac{b}{x}$의 그래프가 x좌표가 4인 점에서 만나고 있다. 반비례 관계 $y=\frac{b}{x}$의 그래프 위의 한 점 A에 대하여 직사각형 ABOC의 넓이가 20일 때, 상수 a, b에 대하여 ab의 값을 구하시오.

(단, B는 y축 위의 점, C는 x축 위의 점이고 O는 원점이다.)

◉ 두 점 A, B는 y좌표가 같고, 두 점 A, C는 x좌표가 같음을 이용한다.

포인트

개념 ⑤ 정비례 관계의 그래프와 반비례 관계의 그래프가 만나는 점

[242006-0447]

10 오른쪽 그림과 같이 정비례 관계 $y=ax$의 그래프와 반비례 관계 $y=\dfrac{b}{x}$의 그래프가 두 점 A, B에서 만난다. 점 A와 x축 위의 점 C의 x좌표가 5, 점 B의 x좌표가 -5이고 삼각형 ABC의 넓이가 50일 때, ab의 값을 구하시오. (단, a, b는 상수)

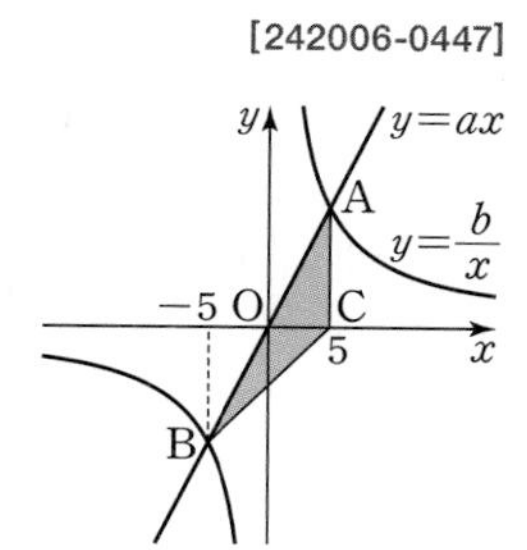

먼저 삼각형 ABC의 넓이를 이용하여 a의 값을 구한다.

개념 ⑥ 반비례 관계의 활용

[242006-0448]

11 오른쪽 그림과 같이 15 kg짜리 추가 중심 P로부터 16 cm 떨어진 지점에 매달려 있는 양팔저울이 있다. 반대쪽에 무게가 20 kg인 물체 A를 매달아 수평을 이루도록 하였을 때, 물체 A는 중심 P로부터 몇 cm 떨어진 지점에 매달려 있는가?

① 8 cm ② 9 cm ③ 10 cm
④ 11 cm ⑤ 12 cm

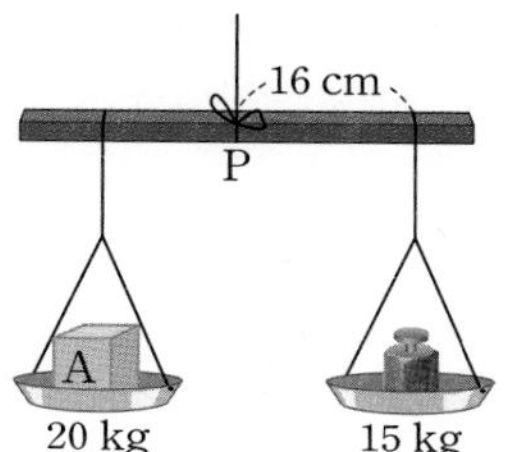

물체의 무게와 중심 P로부터의 거리는 반비례 관계임을 이용한다.

개념 ⑥ 반비례 관계의 그래프의 활용

[242006-0449]

12 어느 회사의 초콜릿 1개의 가격이 x원일 때의 예상 판매 개수를 y라 할 때, x와 y 사이의 관계를 그래프로 나타내면 오른쪽 그림과 같다. 예상 판매 개수가 40이 되려면 초콜릿 가격을 3000원에서 몇 % 할인해야 하는가?

① 20 % ② 25 % ③ 30 %
④ 35 % ⑤ 40 %

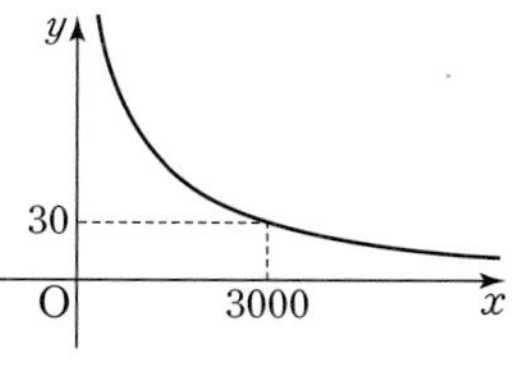

주어진 그래프를 이용하여 x와 y 사이의 관계식을 구한다.

고난도 실전 문제

1 정비례

01 대표 유형 1

[242006-0450]

다음 조건을 모두 만족시키는 x, y에 대하여 $y=-\frac{1}{3}$일 때, x의 값은?

(가) $6y$가 x에 정비례한다.
(나) $x=-9$일 때, $y=2$이다.

① $-\frac{3}{2}$　② $-\frac{1}{2}$　③ 0
④ $\frac{1}{2}$　⑤ $\frac{3}{2}$

02

[242006-0451]

다음 표에서 y가 x에 정비례할 때, a의 값은?

x	2	3	4
y	m	$m+2$	a

① 2　② 4　③ 6
④ 8　⑤ 10

2 정비례 관계 $y=ax(a\neq0)$의 그래프

03

[242006-0452]

다음 중에서 오른쪽 그래프에 대한 설명으로 옳지 않은 것을 모두 고르면? (정답 2개)

① x와 y 사이의 관계식은 $y=-\frac{5}{2}x$이다.
② 점 $(6,\ -15)$를 지난다.
③ $y=5x$의 그래프보다 y축에 더 가깝다.
④ $x>0$일 때, 제4사분면을 지난다.
⑤ $y=-5$일 때, $x=1$이다.

04

[242006-0453]

원점이 아닌 두 점 $A(2a-8,\ -a+4)$, $B(12b,\ 9)$가 모두 정비례 관계 $y=kx$의 그래프 위의 점일 때, $k+b$의 값을 구하시오. (단, k는 상수)

05

[242006-0454]

정비례 관계 $y=ax$의 그래프가 세 점 A(4, 8), B(6, 2), C(2, 1)을 꼭짓점으로 하는 삼각형 ABC와 만나도록 하는 상수 a의 최댓값을 M, 최솟값을 m이라 할 때, $M-m$의 값을 구하시오.

06 대표 유형 2

[242006-0455]

다음 그림과 같이 정비례 관계 $y=4x$의 그래프 위의 한 점 A를 지나면서 x축, y축에 평행한 직선이 정비례 관계 $y=\frac{1}{4}x$의 그래프와 만나는 점을 각각 B, C라 하자. 선분 AC의 길이가 $\frac{15}{2}$일 때, 선분 AB의 길이는?

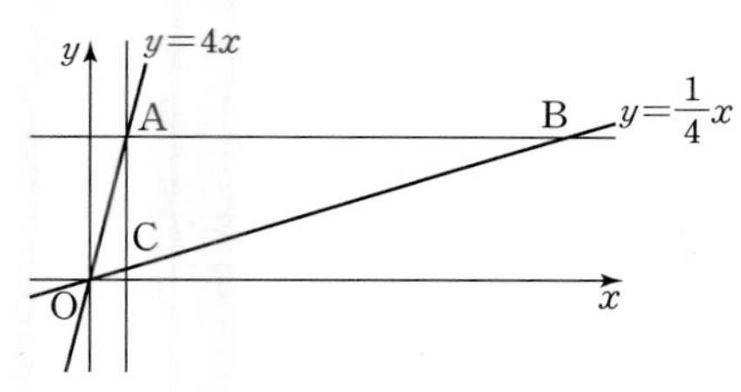

① 15 ② 20 ③ 25
④ 30 ⑤ 35

07 서술형

[242006-0456]

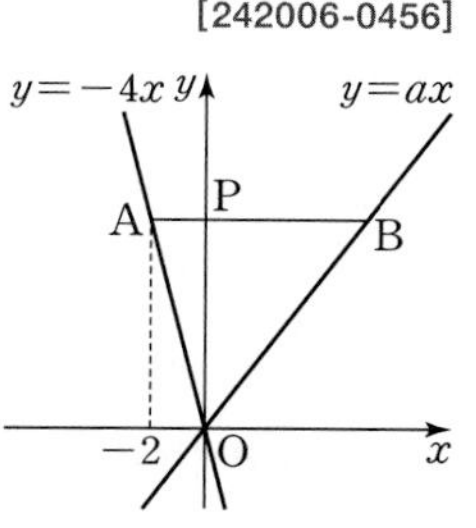

오른쪽 그림과 같이 정비례 관계 $y=-4x$의 그래프 위의 x좌표가 -2인 점 A와 정비례 관계 $y=ax$의 그래프 위의 점 B를 이은 선분 AB가 x축에 평행할 때, 선분 AB와 y축이 만나는 점을 P라 하자. 선분 BP의 길이가 선분 AP의 길이의 3배일 때, 상수 a의 값을 구하시오.

08

[242006-0457]

세 점 O(0, 0), A(4, 0), B(4, 12)를 꼭짓점으로 하는 삼각형 OAB의 넓이를 정비례 관계 $y=ax$의 그래프가 이등분할 때, 상수 a의 값은?

① $\frac{1}{3}$ ② $\frac{2}{3}$ ③ $\frac{3}{2}$
④ $\frac{5}{3}$ ⑤ $\frac{5}{2}$

09

[242006-0458]

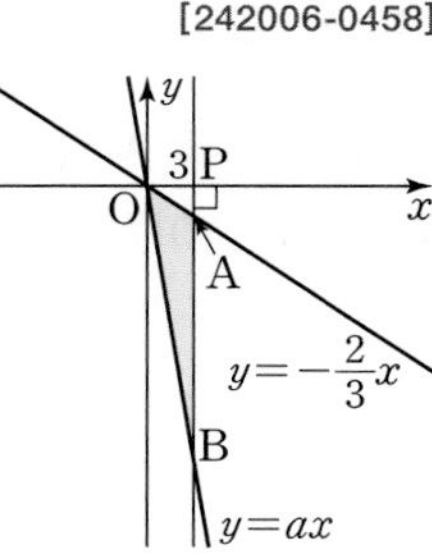

오른쪽 그림과 같이 점 P(3, 0)을 지나고 y축에 평행한 직선이 두 정비례 관계 $y=-\frac{2}{3}x$, $y=ax$의 그래프와 만나는 점을 각각 A, B라 하자. 삼각형 AOB의 넓이가 24일 때, 상수 a의 값은? (단, 점 O는 원점이다.)

① -6 ② -5 ③ -4
④ -3 ⑤ -2

10 대표 유형 ③

[242006-0459]

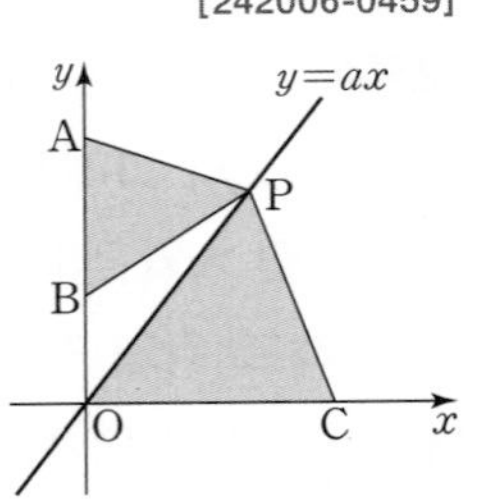

오른쪽 그림과 같이 좌표평면 위의 세 점 A(0, 10), B(0, 4), C(9, 0)에 대하여 정비례 관계 $y=ax$의 그래프가 제1사분면 위의 점 P를 지나고, 삼각형 POC의 넓이가 삼각형 PAB의 넓이의 2배일 때, 상수 a의 값을 구하시오.

(단, 점 O는 원점이다.)

11

[242006-0460]

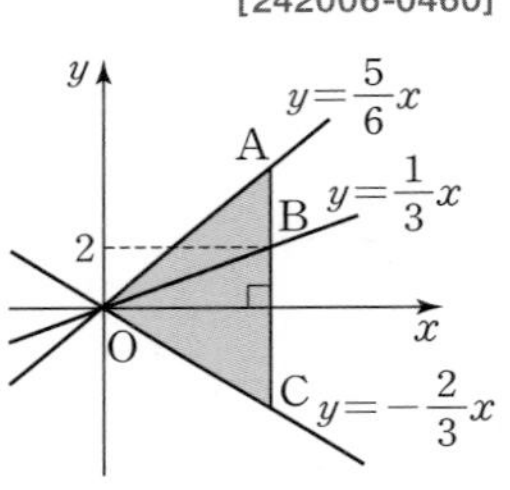

오른쪽 그림과 같이 정비례 관계 $y=\frac{5}{6}x$의 그래프 위의 점 A에서 x축에 수직인 직선을 그었을 때, 정비례 관계 $y=\frac{1}{3}x$의 그래프와 만나는 점의 좌표를 B, 정비례 관계 $y=-\frac{2}{3}x$의 그래프와 만나는 점을 C라 하자. 점 B의 y좌표가 2일 때, 삼각형 AOC의 넓이를 구하시오. (단, 점 O는 원점이다.)

12 대표 유형 ④

[242006-0461]

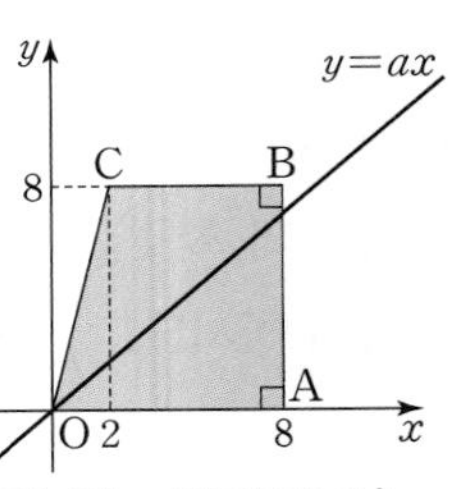

오른쪽 그림과 같이 좌표평면 위의 세 점 A(8, 0), B(8, 8), C(2, 8)에 대하여 정비례 관계 $y=ax$의 그래프가 선분 AB 위의 한 점을 지나고 사다리꼴 OABC의 넓이를 이등분할 때, 상수 a의 값을 구하시오. (단, 점 O는 원점이다.)

13

[242006-0462]

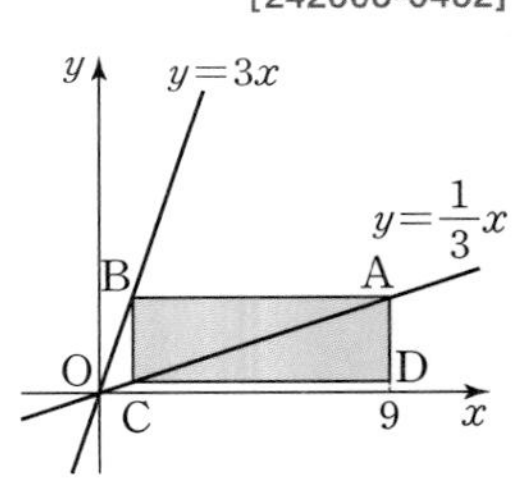

오른쪽 그림에서 두 점 A, C는 정비례 관계 $y=\frac{1}{3}x$의 그래프 위의 점이고, 점 B는 정비례 관계 $y=3x$의 그래프 위의 점이다. 직사각형 ABCD의 네 변이 각각 좌표축에 평행할 때, 점 D의 좌표를 구하시오.

(단, 점 A의 x좌표는 9이다.)

 정비례 관계의 활용

14 서술형 대표 유형 5 [242006-0463]

매분 6 L씩 물이 나오는 호스로 물탱크에 물을 넣을 때, x분 동안 늘어난 물의 양을 y L라 하자. 물이 든 물탱크에 1시부터 이 호스로 물을 더 넣기 시작하여 1시 35분에 물탱크의 물의 양이 365 L이었을 때, 1시에 들어 있던 물탱크의 물의 양을 구하시오.

15 [242006-0464]

오른쪽 그림은 A, B 두 기계로 각각 x분 동안 만들어 낸 휴대전화 케이스의 개수 y의 관계를 나타낸 그래프이다. A 기계로 a분 동안 만든 후 두 기계를 모두 가동하여 150분 동안 만들어 낸 휴대전화 케이스의 개수가 총 615일 때, a의 값을 구하시오.

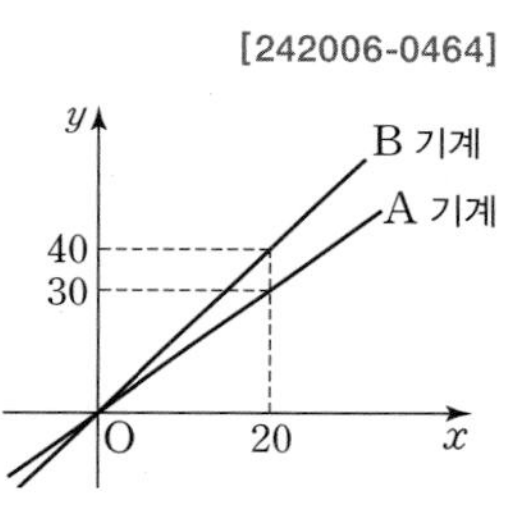

16 대표 유형 6 [242006-0465]

오른쪽 그림과 같은 직사각형 ABCD에서 점 P는 점 B에서 출발하여 점 C까지 변 BC 위를 매초 3 cm씩, 점 Q는 점 A에서 출발하여 점 D까지 변 AD 위를 매초 2 cm씩 움직인다. 사각형 ABPQ의 넓이가 250 cm^2가 되는 것은 두 점 P, Q가 동시에 출발한 지 몇 초 후인지 구하시오.

(단, $0<x\leq16$)

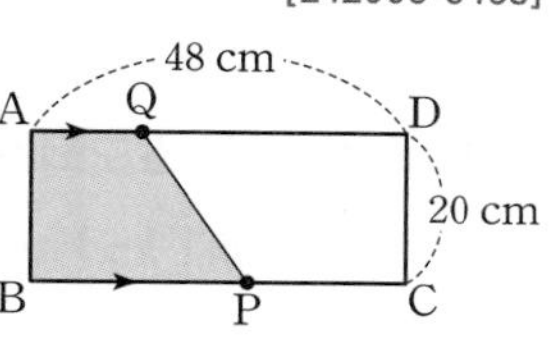

17 [242006-0466]

오른쪽 그림과 같이 톱니가 각각 24개, 42개, 12개, 16개인 톱니바퀴 A, B, C, D가 있다. A와 B, C와 D가 서로 맞물려 돌아가고 A가 x바퀴 회전하는 동안 D는 y바퀴 회전한다고 할 때, x와 y 사이의 관계식을 구하시오.

(단, B와 C의 회전 수는 같다.)

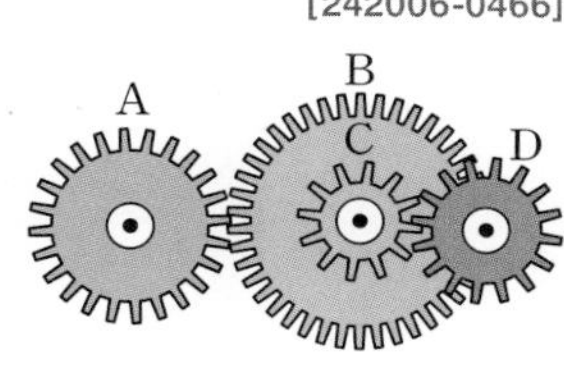

18 [242006-0467]

A, B 두 개의 수문이 있는 댐이 있다. 오른쪽 그림은 A, B 수문을 각각 열 때, x시간 동안 흘려보내는 물의 양 y만 톤을 나타낸 그래프이다. A, B 두 개의 수문을 동시에 열어 120만 톤의 물을 흘려보내는 데 걸리는 시간을 구하시오.

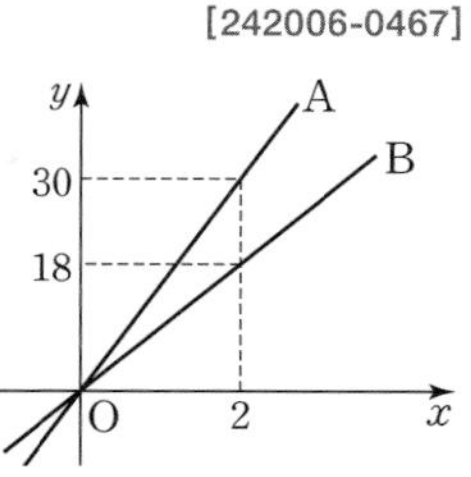

19 대표 유형 ⑦

[242006-0468]

오른쪽 그림은 수영과 줄넘기를 각각 x분 동안 할 때의 소모되는 열량을 y kcal라 할 때, x와 y 사이의 관계를 그래프로 나타낸 것이다. 수영과 줄넘기를 각각 1시간씩 할 때, 소모되는 열량의 차를 구하시오.

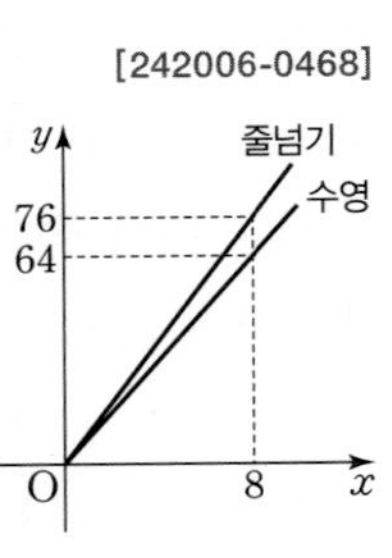

4 반비례

20 서술형

[242006-0469]

y가 x에 반비례할 때, 다음 표에서 $A+B+CD$의 값을 구하시오.

x	-5	$-\frac{5}{3}$	B	C
y	A	18	-15	D

21

[242006-0470]

다음 두 조건을 모두 만족시키는 x, y에 대하여 $x=8$일 때, y의 값을 구하시오.

(가) xy의 값은 일정한 음수이다.
(나) $x=4$일 때의 y의 값과 $x=6$일 때의 y의 값의 차가 4이다.

5 반비례 관계 $y=\frac{a}{x}(a\neq0)$의 그래프

22

[242006-0471]

다음 중에서 오른쪽 그래프에 대한 설명으로 옳지 않은 것을 모두 고르면? (정답 2개)

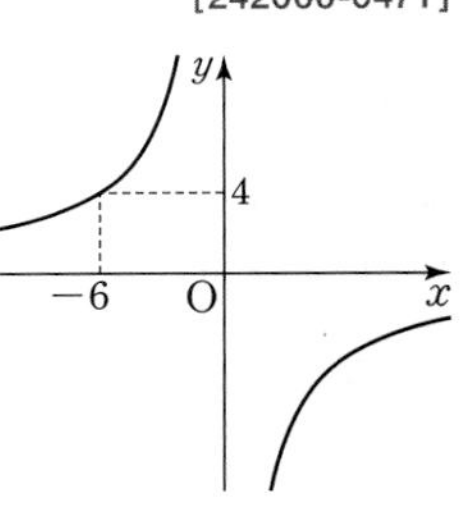

① xy의 값은 일정하다.
② x와 y 사이의 관계식은 $y=-\frac{24}{x}$이다.
③ 점 $(3,\ -8)$을 지난다.
④ $y=-\frac{1}{24x}$의 그래프보다 원점에 더 가깝다.
⑤ x좌표는 정수, y좌표는 자연수인 점은 모두 16개이다.

23

[242006-0472]

오른쪽 그림은 반비례 관계 $y=\frac{a}{x}$의 그래프의 일부를 나타낸 것이다. 그래프 위의 두 점 P, Q의 y좌표는 각각 -4, -2이고 x좌표의 차가 3일 때, 점 Q의 x좌표를 구하시오. (단, a는 상수)

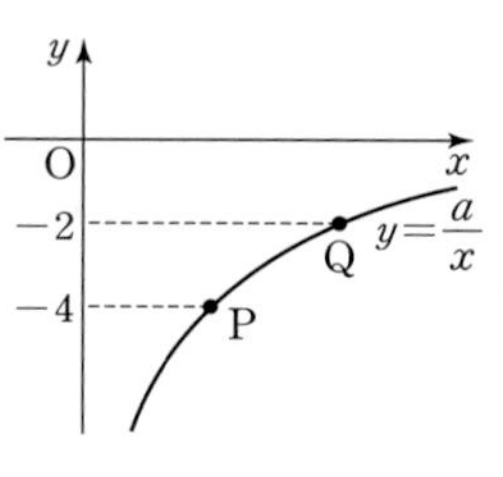

24 대표 유형 8

[242006-0473]

점 $\left(2a-5,\ \frac{1}{3}a+6\right)$이 x축 위에 있을 때, 반비례 관계 $y=\frac{a}{x}$의 그래프 위에 있는 점 중에서 x좌표와 y좌표가 모두 정수인 점의 개수를 구하시오.

25

[242006-0474]

오른쪽 그림은 반비례 관계 $y=\frac{a}{x}$의 그래프의 일부를 나타낸 것이다. 두 점 A, C는 $y=\frac{a}{x}$의 그래프 위의 점이고 직사각형 ABCD의 넓이가 27일 때, 상수 a의 값을 구하시오.

(단, 직사각형의 네 변은 각각 좌표축에 평행하다.)

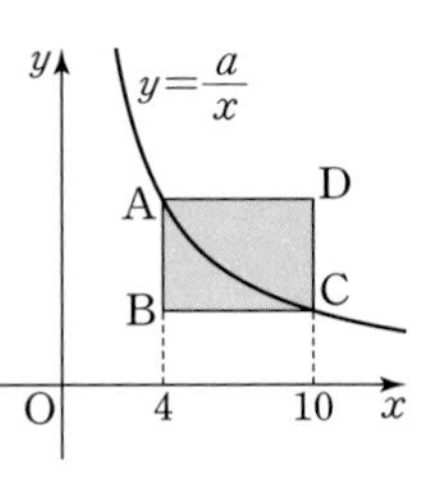

26 대표 유형 9

[242006-0475]

오른쪽 그림과 같이 반비례 관계 $y=-\frac{6}{x}$의 그래프 위의 두 점 A, C에서 x축에 수직인 직선을 그어 x축과 만나는 점을 각각 B, D라 하자. B$(-k,\ 0)$, D$(k,\ 0)$일 때, 사각형 ABCD의 넓이를 구하시오. (단, $k>0$)

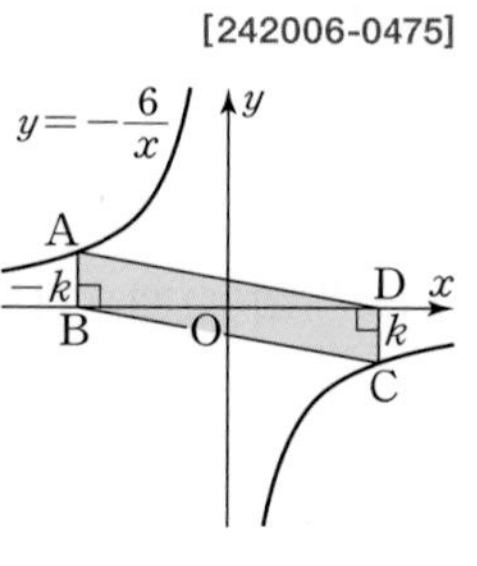

27 대표 유형 10

[242006-0476]

오른쪽 그림과 같이 정비례 관계 $y=ax$의 그래프와 반비례 관계 $y=\frac{b}{x}$의 그래프가 만나는 두 점을 각각 A, B라 할 때, 직사각형 ACBD의 넓이는 96이다. 두 점 A, D의 x좌표가 모두 3일 때, 상수 a, b의 값을 각각 구하시오.

(단, 직사각형의 네 변은 각각 좌표축에 평행하다.)

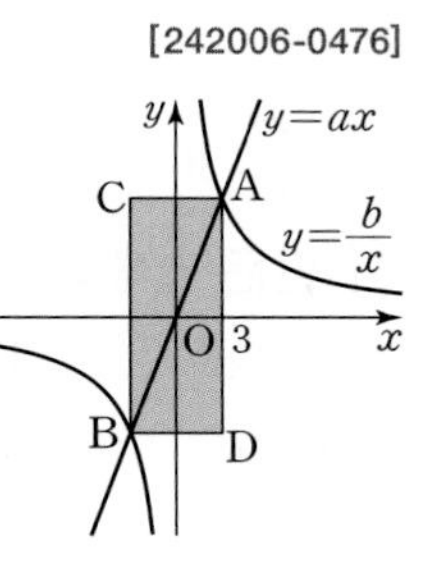

28

[242006-0477]

오른쪽 그림과 같이 정비례 관계 $y=2x$의 그래프와 반비례 관계 $y=\frac{a}{x}$의 그래프가 y좌표가 -6인 점 P에서 만난다. $y=\frac{a}{x}$의 그래프가 Q$(4,\ b)$를 지날 때, ab의 값을 구하시오. (단, a는 상수)

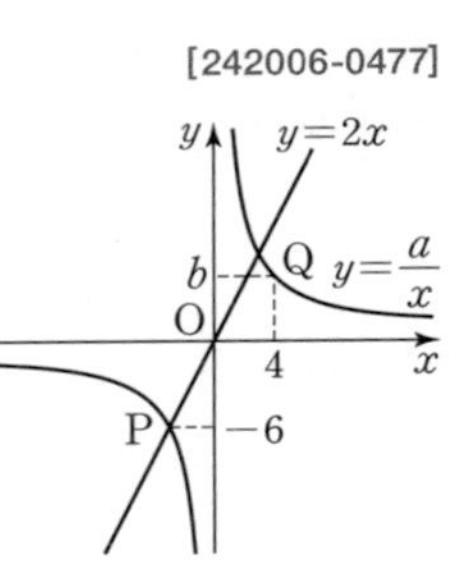

29

[242006-0478]

오른쪽 그림과 같이 두 반비례 관계 $y=\frac{a}{x}$, $y=\frac{b}{x}$의 그래프 위의 점에서 만든 4개의 직사각형의 넓이의 합이 72이고, 점 D의 좌표가 $(3,\ 4)$일 때, $a-b$의 값은?

(단, a, b는 상수)

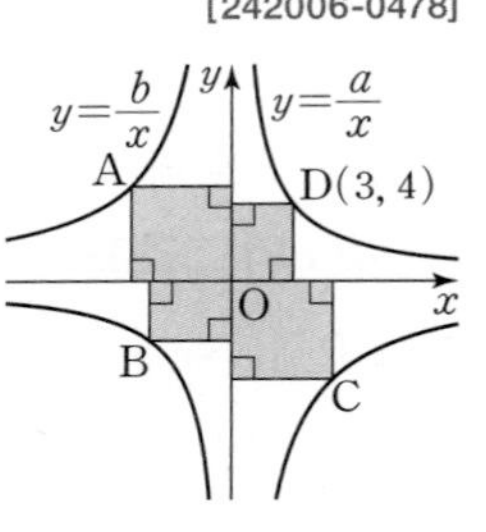

① 24 ② 30 ③ 36 ④ 42 ⑤ 48

30

[242006-0479]

오른쪽 그림과 같이 자연수 n에 대하여 점 $A_n(n,\ 0)$을 지나면서 y축에 평행한 직선이 반비례 관계 $y=\frac{3}{x}(x>0)$의 그래프와 만나는 점을 B_n이라 하자. 직사각형 $OA_nB_nC_n$의 넓이를 S_n이라 할 때, $S_1+S_2+S_3+\cdots+S_{200}$의 값을 구하시오. (단, 점 O는 원점이다.)

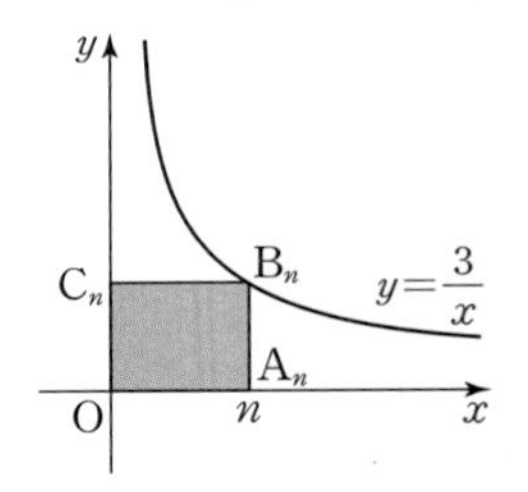

31

[242006-0480]

오른쪽 그림과 같이 정비례 관계 $y=ax$의 그래프와 반비례 관계 $y=\frac{24}{x}$의 그래프가 점 A에서 만나고 점 A의 x좌표는 4이다. $y=ax$ 위의 점 B의 y좌표는 -9이고 점 C의 좌표는 $(4,\ 0)$일 때, 삼각형 ABC의 넓이를 구하시오.

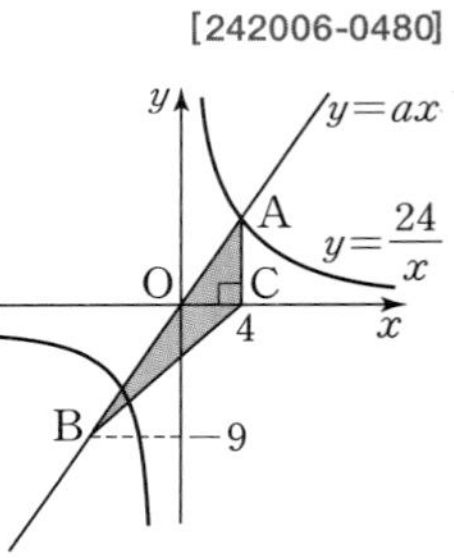

6 반비례 관계의 활용

32

[242006-0481]

1시간당 15 L의 물을 넣으면 2시간 40분 만에 물이 가득 차는 물통이 있다. 이 물통에 2시간 만에 물을 가득 채우려고 할 때, 1시간당 넣어야 할 물의 양은?

① 20 L ② 22 L ③ 24 L
④ 26 L ⑤ 28 L

33 대표 유형 ⑪

[242006-0482]

다음 그림과 같이 시소의 받침대에서 왼쪽으로 24 cm 떨어진 곳에 무게가 40 g인 추를 올려 놓고, 오른쪽으로 y cm 떨어진 곳에 무게가 x g인 사과를 올려 놓으면 평형을 이룬다고 한다. 사과의 무게가 192 g일 때, 받침대에서 사과까지의 거리를 구하시오.

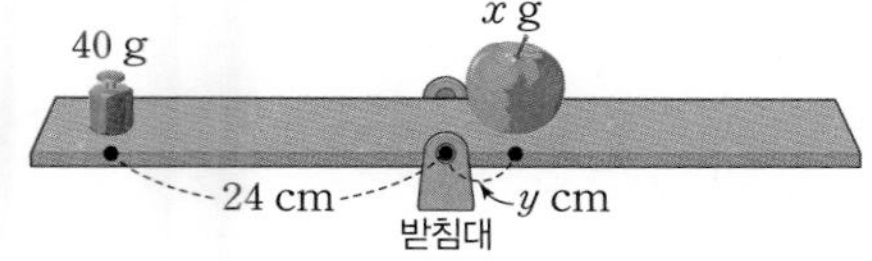

34 서술형

[242006-0483]

넓이가 9 m^2인 꽃밭에 꽃을 심는 데 드는 비용은 54000원이고 꽃을 심는 데 드는 비용은 꽃밭의 넓이에 정비례한다고 한다. 126000원의 비용으로 만들 수 있는 꽃밭의 넓이는 A m^2이고, 이 꽃밭은 가로, 세로의 길이가 각각 x m, y m인 직사각형 모양이라 할 때, A의 값을 구하고 x와 y 사이의 관계식을 구하시오.

35 대표 유형 ⑫

[242006-0484]

오른쪽 그림은 일정한 양의 설탕에 대하여 서로 다른 양의 물을 섞어서 설탕물을 만들 때, 설탕물의 양 x g과 농도 y % 사이의 관계를 그래프로 나타낸 것이다. 이때 $a+b$의 값은?

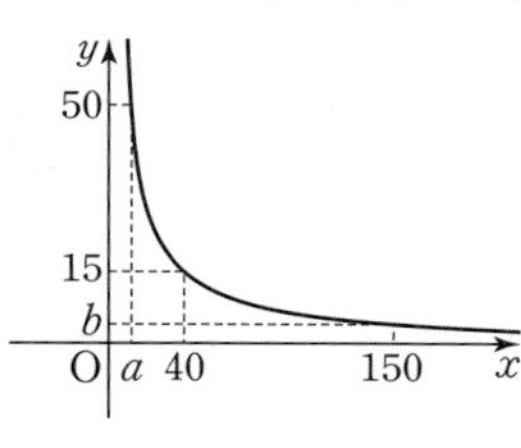

① 13 ② 14 ③ 15
④ 16 ⑤ 17

36

[242006-0485]

오른쪽 그래프는 어떤 열차가 터널을 지나가는 데 걸리는 시간 x초와 속력 y m/초 사이의 관계를 나타낸 것이다. 터널의 길이가 a m, 열차의 속력이 50 m/초일 때, 터널을 지나가는 시간이 b초이다. 이때 $a+b$의 값을 구하시오.

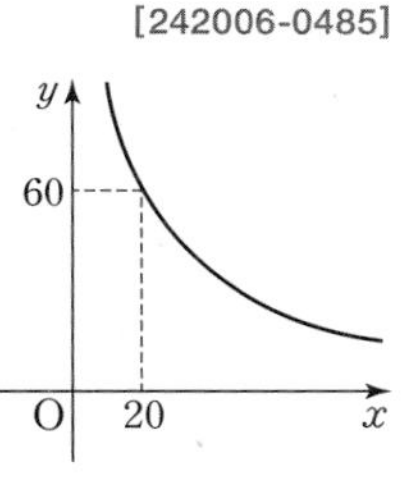

고득점 Σ 특강

Σ NOTE

반비례 관계 그래프에서 직사각형의 넓이를 구해 보자.

반비례 관계 $y=\frac{a}{x}(a>0)$의 그래프 위의 점 $\mathrm{P}(p, q)$에 대하여

$q=\frac{a}{p}$이므로 $pq=a$

즉, x좌표와 y좌표의 값의 곱은 항상 일정하다.

그래프에서 p와 q의 곱은
선분 OA의 길이와 선분 OB의 길이의 곱과 같으므로 결국 직사각형 OAPB의 넓이가 된다.

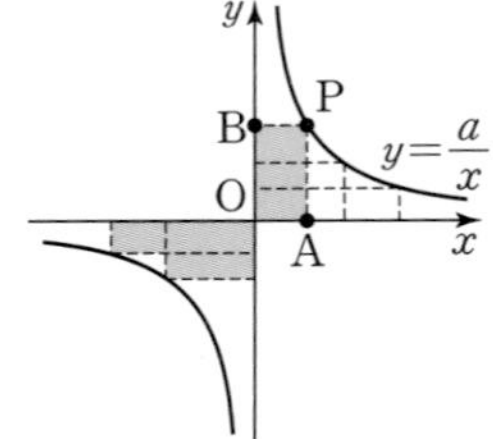

따라서 점 P에서 x축과 y축에 평행한 직선을 그어 생기는 직사각형의 넓이는 항상 a로 일정함을 알 수 있다.

예를 들어 $y=\frac{6}{x}$의 그래프 위의 모든 점에서 x축과 y축에 평행한 직선을 그어 생기는 직사각형의 넓이는 항상 6이 됨을 알 수 있다.

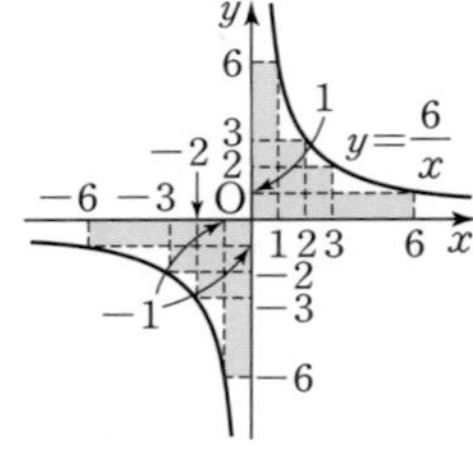

이러한 성질을 이용하면 직사각형의 넓이 구하는 문제를 쉽게 풀 수 있다.

예제

오른쪽 그래프에서 점 A와 점 C는 반비례 관계 $y=\frac{a}{x}$의 그래프 위의 점이다. 두 점 A, D의 x좌표가 2, 두 점 A, B의 y좌표가 9, 두 점 C, D의 y좌표가 -6일 때, 직사각형 ABCD의 넓이를 구하시오. (단, 직사각형의 네 변은 각각 좌표축에 평행하다.)

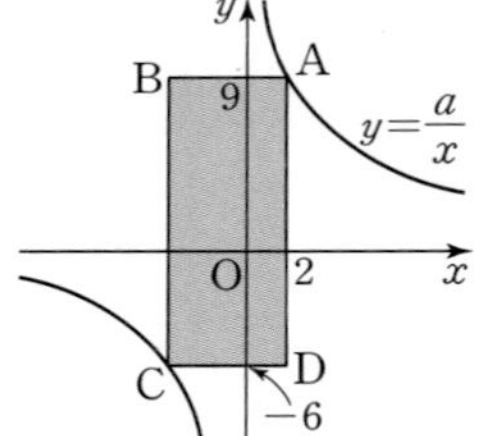

풀이 선분 AD와 BC가 x축과 만나는 점을 각각 P, Q,
선분 AB와 CD가 y축과 만나는 점을 각각 R, S라 하면
(직사각형 AROP의 넓이)$=9\times2=18$
이때 직사각형 OQCS의 넓이도 18이므로
점 Q의 x좌표는 -3이다.
즉, $\mathrm{Q}(-3, -6)$
따라서 직사각형 ABCD의 넓이는
$\overline{\mathrm{AB}}\times\overline{\mathrm{AD}}=\{2-(-3)\}\times\{9-(-6)\}=5\times15=75$

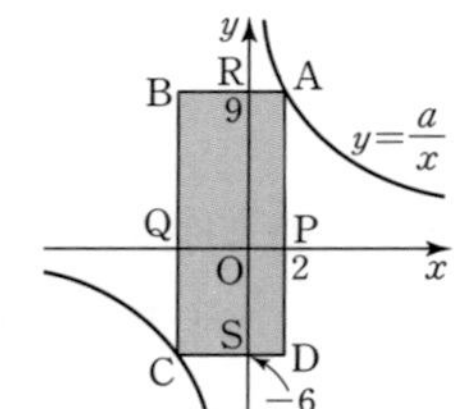

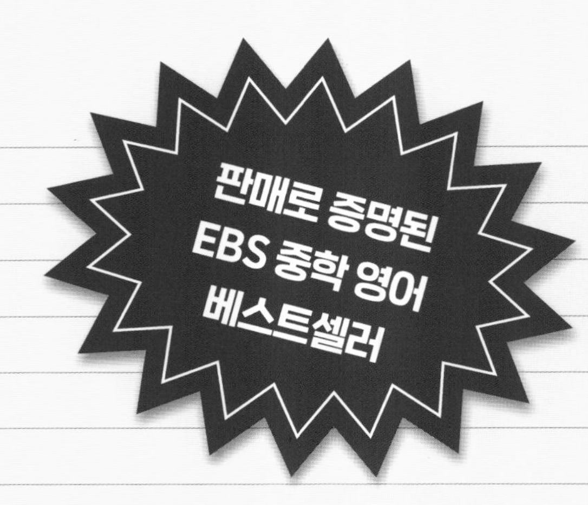

EBS

새 교육과정 반영

중 | 학 | 도 | 역 | 시 EBS

수학 마스터

중학 수학 **내신 만점 실력서**

고난도 시그마 Σ

'빠른 정답' 보기
& **정답과 풀이** 다운로드

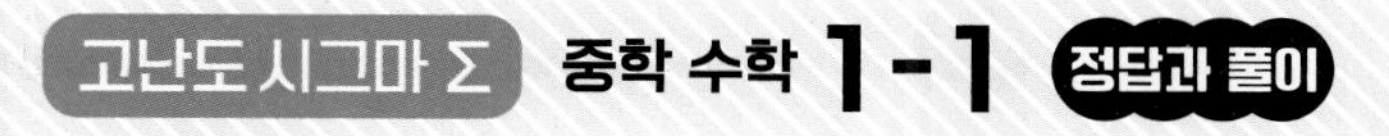

정답과 풀이

중학 수학

1-1

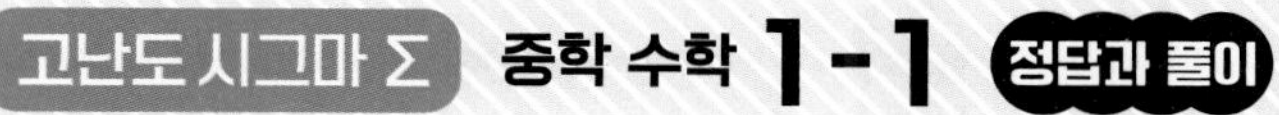

이 책의 차례

빠른 정답

1. 소인수분해

필수 확인 문제 (8~11쪽)

1 ③, ⑤	2 ①	3 ④	4 ⑤	5 ⑤
6 24	7 ③	8 16	9 28	10 ④
11 ③	12 ④, ⑤	13 ⑤	14 ⑤	15 150
16 ①	17 6	18 ①	19 ①	20 9
21 23	22 ④	23 126	24 72	

고난도 대표 유형 (12~15쪽)

1 4개	2 18	3 21	4 13	5 ①
6 12	7 ⑤	8 ②	9 12, 36	10 80
11 ⑤	12 $\frac{200}{9}$			

고난도 실전 문제 (16~21쪽)

1 ⑤	2 4, 8, 16	3 1351	4 ③	5 ①
6 15	7 ⑤	8 10	9 ③, ④	10 ⑤
11 7	12 4개	13 168	14 ③	15 4
16 1354	17 6	18 648	19 9개	20 65
21 48, 96	22 ④	23 3개	24 6개	25 207
26 29	27 ④	28 83	29 64	30 ④
31 7	32 24, 120	33 20	34 64	35 ④
36 231				

2. 정수와 유리수

필수 확인 문제 (26~31쪽)

1 ⑤	2 ③	3 ⑤	4 ②	5 5
6 4	7 ④	8 −17, 17	9 ③, ④	10 ③
11 ②	12 ⑤	13 ②	14 5	15 7개
16 ⑤	17 2.5	18 $-\frac{11}{5}$	19 −5	20 15
21 $+\frac{13}{6}$	22 ⑤	23 −1	24 $+\frac{7}{4}$	25 −15
26 ③	27 ⑤	28 ③, ⑤	29 ②	30 ③
31 ①	32 $\frac{1}{2}$	33 $\frac{12}{5}$	34 ③	35 −13
36 7				

고난도 대표 유형 (32~37쪽)

1 10개	2 $\frac{1}{6}$	3 $c<a<b$	4 −2.9	5 b, a, d, c
6 −3, 1	7 50	8 $-\frac{2}{3}$	9 $\frac{43}{20}$	10 $\frac{7}{30}$
11 $-\frac{1}{100}$	12 $\frac{25}{12}$	13 $a>0$, $b<0$, $c<0$		14 ⑤
15 −18	16 −3	17 3	18 16	

고난도 실전 문제 (38~45쪽)

1 ③, ⑤	2 −2190 m	3 ①	4 6	5 −3
6 −289	7 9	8 $\frac{23}{8}$	9 $-\frac{7}{3}$	10 −25, 9
11 ④	12 48	13 ④	14 ③, ⑤	15 $a<c<b$
16 5717 m	17 $-\frac{7}{3}$	18 2	19 ③	20 −1
21 −, −, +		22 −1	23 ③	24 $-\frac{17}{4}$
25 −50	26 5개	27 $\frac{10}{11}$	28 ③	29 ⑤
30 ②, ④	31 −5	32 50개	33 216	34 $-\frac{16}{5}$
35 $-\frac{11}{2}$	36 ②	37 $\frac{6}{7}$	38 $-\frac{1}{6}$	39 ㄴ, ㄹ
40 $-\frac{3}{5}$	41 10 : 7	42 ①	43 1	44 ④
45 59	46 24 cm	47 −5	48 1	

3. 문자의 사용과 식

필수 확인 문제 50~53쪽

1 ③ 2 ㄴ, ㄷ 3 ⑤ 4 ④
5 $(40000+400a)$원 6 ② 7 ⑤ 8 -2
9 (1) $S=\frac{1}{2}(a+b)h$ (2) 16 10 9 11 ④, ⑤
12 ㄴ, ㄹ 13 ④ 14 ⑤ 15 8 16 ①, ④
17 ② 18 2 19 ② 20 $3x+9$ 21 ⑤
22 $\frac{2}{3}x+1$ 23 ④ 24 10

고난도 대표 유형 54~57쪽

1 $\frac{2}{5}a$원 2 $\left(\frac{6}{5}x+\frac{3}{2}y\right)$mg 3 $-\frac{2}{3}$ 4 692 m
5 (1) $(420-38a)$cm (2) 344 cm 6 11 7 B 마트
8 6 9 (1) $2x-2$ (2) $-2x+2$ 10 31 11 ④
12 ②

고난도 실전 문제 58~63쪽

1 ③, ④ 2 ② 3 ① 4 ② 5 ⑤
6 ③ 7 ① 8 -16 9 500 10 28
11 -11 12 (1) $\left(\frac{9}{5}a+32\right)$°F (2) 68 °F
13 3.2 kg을 늘려야 한다. 14 (1) $1+3x$ (2) 82
15 (1) $(9x-9)$cm (2) 81 cm 16 ④ 17 -4
18 -2 19 ①
20 A가게: $\frac{18}{25}x$원, B가게: $\frac{18}{25}x$원, C가게: $\frac{7}{10}x$원
21 1 22 2 23 ④ 24 ③ 25 1
26 $x+2y$ 27 ① 28 23 29 $-9x+26$
30 $-4x$ 31 5 32 $l+m-n$, 27 33 ②
34 ⑤ 35 $(6x-9)\text{m}^2$ 36 44000

4. 일차방정식

필수 확인 문제 68~73쪽

1 ⑤ 2 ④ 3 2개 4 -4 5 6
6 ②, ④ 7 ⑤ 8 4, 5, 6 9 ③ 10 -12
11 $a=2$, $b\neq5$ 12 ⑤ 13 ④ 14 $x=1$
15 $x=-2$ 16 ④ 17 ⑤ 18 30 19 ①
20 1 21 10 22 $\frac{1}{2}$ 23 14 24 ③
25 ③ 26 28 27 ③ 28 28명 29 2000초
30 4000원 31 14 32 16 33 ③ 34 5 km
35 ④ 36 200 g

고난도 대표 유형 74~79쪽

1 ③ 2 40 g 3 $x=-1$ 4 2 5 6
6 -5 7 -10 8 ③ 9 -2 10 29
11 현주, 희주: 14살, 은애: 16살, 정민: 19살 12 22
13 3 14 ④ 15 4일 16 8분 후 17 40 m
18 ③

고난도 실전 문제 80~89쪽

1 ②, ③ 2 ④ 3 7 4 -16 5 8
6 ③, ⑤ 7 15 8 ④ 9 2, 4, 6 10 ⑤
11 ④ 12 ③ 13 ③ 14 1 15 ②
16 $x=7$ 17 ③ 18 5 19 ④ 20 ②
21 ④ 22 -7 23 ② 24 3, 6, 9, 12
25 -1 26 2 27 ㉠: 8, ㉡: 12, ㉢: -1
28 23일 29 ① 30 33 31 92.5점 32 525
33 120송이 34 갑: 16냥, 을: 14냥 35 ② 36 ①
37 ⑤ 38 160 cm^2 39 $\frac{5}{3}$
40 의자의 개수: 14, 관객의 수: 74 41 ②
42 2시간 24분 43 4.2 km 44 ④ 45 6시간
46 초속 35 m 47 ② 48 130 g

5. 좌표평면과 그래프

필수 확인 문제 94~97쪽

1 ③ 2 LUCKY 3 B$(-2, 4)$, D$(3, -2)$ 4 ③
5 P$(3, -2)$ 6 13 7 ④ 8 ⑤ 9 ③
10 ② 11 ① 12 ③ 13 ③ 14 ④
15 ① 16 $(-2, -1)$ 17 4 18 ④
19 ④ 20 A－ㄷ, B－ㄴ, C－ㄱ 21 ② 22 ㄴ, ㄷ

고난도 대표 유형 98~101쪽

1 11 2 17 3 6 4 6 5 ⑤
6 ㄱ, ㄹ 7 4 8 $-\frac{3}{2}$ 9 4 10 ⑤
11 40분

고난도 실전 문제 102~107쪽

1 24 2 ③ 3 2 4 -2 5 ③
6 7 7 17 8 C$(0, 3)$ 또는 C$(0, -5)$
9 5 10 제3사분면 11 ⑤ 12 ④
13 ⑤ 14 ① 15 8 16 ③ 17 -2
18 3 19 ① 20 15 21 제3사분면 22 ④
23 ① 24 P$(-4, 9)$ 25 (가)－㉠, (나)－㉢
26 ⑤ 27 ③ 28 (1) 19초 후 (2) B, C, A
29 (1) 7.2 km (2) 시속 2.4 km 30 ②
31 (1) 8분 (2) 22 32 ④, ⑤

6. 정비례와 반비례

필수 확인 문제 112~115쪽

1 ①, ④ 2 13 3 ㄱ, ㄹ 4 ①, ⑤ 5 2
6 19 7 $-\frac{43}{15}$ 8 33 9 A$(2, 6)$ 10 ④
11 (1) $y=2400x$ (2) 2 m 12 ④ 13 $\frac{1}{2}$ 14 3개
15 -10 16 16 17 0 18 40 19 12
20 30 21 24 22 0.75 23 ③ 24 20바퀴

고난도 대표 유형 116~119쪽

1 ③ 2 1 3 $\frac{2}{3}$ 4 $\frac{65}{6}$ 5 4003
6 ③ 7 9분 후 8 28개 9 25 10 100
11 ⑤ 12 ②

고난도 실전 문제 120~127쪽

1 ⑤ 2 ④ 3 ③, ⑤ 4 -2 5 $\frac{5}{3}$
6 ④ 7 $\frac{4}{3}$ 8 ③ 9 ① 10 $\frac{4}{3}$
11 27 12 $\frac{7}{8}$ 13 D$\left(9, \frac{1}{3}\right)$ 14 155 L 15 60
16 5초 후 17 $y=\frac{3}{7}x$ 18 5시간 19 90 kcal 20 -22
21 -6 22 ④, ⑤ 23 6 24 12 25 30
26 12 27 $a=\frac{8}{3}$, $b=24$ 28 81 29 ③
30 600 31 30 32 ① 33 5 cm
34 $A=21$, $y=\frac{21}{x}$ 35 ④ 36 1224

정답과 풀이

1. 소인수분해

필수 확인 문제 8~11쪽

1 ③, ⑤	2 ①	3 ④	4 ⑤	5 ⑤
6 24	7 ③	8 16	9 28	10 ④
11 ③	12 ④, ⑤	13 ⑤	14 ⑤	15 150
16 ①	17 6	18 ①	19 ①	20 9
21 23	22 ④	23 126	24 72	

1 ③ 합성수는 약수가 3개 이상이다.
⑤ 15와 같은 홀수는 1, 3, 5, 15로 4개의 약수를 가지므로 소수가 아니다.
따라서 옳지 않은 것은 ③, ⑤이다.

2 소수는 11, 17, 31, 37, 41, 47의 6개이다.
합성수는 21, 27, 51, 57의 4개이다.
따라서 $a=6$, $b=4$이므로 $a-b=6-4=2$

3 소수는 2, 3, 5, 7, 11, 13, 17, 19, …이다.
따라서 자연수 a보다 작은 소수가 7개일 때, a의 값이 될 수 있는 자연수는 18, 19이다.

4 ① $2^4=16$
② $5+5+5+5=5\times4$
③ $7\times7\times7\times7\times7=7^5$
④ $3\times3\times11\times11\times11=3^2\times11^3$
따라서 옳은 것은 ⑤이다.

5 $7\times5\times5\times17\times7\times5=5^3\times7^2\times17$이므로
$a=3$, $b=2$, $c=17$
따라서 $a+b+c=3+2+17=22$

6 $64=2^6$이므로 $a=6$ …… ❶
$\frac{1}{81}=\left(\frac{1}{3}\right)^4$이므로 $b=4$ …… ❷
따라서 $a\times b=6\times4=24$ …… ❸

채점 기준	비율
❶ a의 값 구하기	40 %
❷ b의 값 구하기	40 %
❸ $a\times b$의 값 구하기	20 %

7 $132=2^2\times3\times11$이므로 소인수는 2, 3, 11이다.
따라서 소인수의 합은
$2+3+11=16$

8 $234=2\times3^2\times13$이므로
$a=1$, $b=2$, $c=13$
따라서 $a+b+c=1+2+13=16$

9 252를 소인수분해하면 $252=2^2\times3^2\times7$ …… ❶
이때 252에 자연수를 곱하여 어떤 자연수의 제곱이 되게 하려면 $7\times(\text{자연수})^2$을 곱해야 한다. …… ❷
따라서 곱해야 할 자연수는 7×1^2, 7×2^2, 7×3^2, …이므로 이 중에서 가장 작은 두 자리 자연수는 7×2^2, 즉 28이다. …… ❸

채점 기준	비율
❶ 252를 소인수분해하기	30 %
❷ 곱해야 할 자연수의 조건 알기	30 %
❸ 곱해야 할 가장 작은 두 자리 자연수 구하기	40 %

10 $4^2\times5^3$을 소인수분해하면 $4^2\times5^3=2^4\times5^3$이므로
$a=(4+1)\times(3+1)=20$
343을 소인수분해하면 $343=7^3$이므로
$b=3+1=4$
따라서 $a-b=20-4=16$

11 $2^2\times5\times7^a$의 약수의 개수는
$(2+1)\times(1+1)\times(a+1)=6\times(a+1)$
이때 $6\times(a+1)=24$이므로
$a+1=4$, $a=3$

12 분수 $\frac{825}{n}$가 자연수가 되도록 하려면 자연수 n은 825의 약수이어야 한다.
825를 소인수분해하면 $825=3\times5^2\times11$
따라서 자연수 n의 값이 될 수 있는 것은 ④, ⑤이다.

13 ① 최대공약수가 1인 두 자연수를 서로소라 한다.
② 15와 14는 서로소인데 둘 다 합성수이다.
③ 공약수는 최대공약수의 약수이므로 공약수는 모두 $(3+1)\times(2+1)=12$(개)
④ 18과 45는 공약수로 최대공약수 9의 약수인 1, 3, 9를 가지므로 서로소가 아니다.
⑤ 두 짝수는 항상 1 이외에 공약수 2를 가지므로 서로소가 아니다.
따라서 옳은 것은 ⑤이다.

14 ① 80의 배수가 160의 배수이면 두 수의 최대공약수는 160이 된다.
② $80=2^4\times5$이므로 공약수의 개수는 $(4+1)\times(1+1)=10$
③ $a=880$이면 주어진 조건을 만족시키지만 11과 a의 공약수는 11이 되어 서로소가 아니다.
④ a는 80의 배수이다.
⑤ 80의 배수 중 가장 작은 수는 80이므로 a가 될 수 있는 가장 작은 수는 80이다.
따라서 옳은 것은 ⑤이다.

15 $12=2^2\times3$과 서로소이므로 2의 배수도 3의 배수도 아니어야 한다.
30보다 작거나 같은 수 중 12와 서로소인 수는 1, 5, 7, 11, 13, 17, 19, 23, 25, 29이므로 그 합은
$1+5+7+11+13+17+19+23+25+29=30\times5=150$

16 세 수 $2^2\times3^4\times7^3$, $2^3\times3^a\times7^4$, $3^3\times5^3\times b^2$의 최대공약수가

$3^2 \times 7^c$이므로

$a=2$, $b=7$, $c=2$

따라서 $a+b+c=2+7+2=11$

17 두 분수 $\frac{54}{n}$, $\frac{78}{n}$을 모두 자연수로 만드는 자연수 n의 값은 54와 78의 공약수이고 이 중에서 가장 큰 수는 54와 78의 최대공약수이다.

따라서 n의 값 중에서 가장 큰 수는 6이다.

$54= \quad 2\times 3^3$

$78= \quad 2\times 3 \times 13$

최대공약수 : $2\times 3 \quad =6$

18 두 자연수 A, B의 공배수는 최소공배수인 21의 배수이므로 21, 42, 63, 84, 105, 126, …이다.

따라서 A, B의 공배수 중에서 가장 작은 세 자리 자연수는 105이다.

19 28을 소인수분해하면 $28=2^2\times 7$

즉, 두 자연수 A, $2^2\times 7$의 최소공배수가 $2^2\times 3^2\times 7$이므로 A는 $2^2\times 3^2\times 7$의 약수이면서 3^2의 배수이어야 한다.

따라서 A의 값이 될 수 없는 것은 ①이다.

20 756을 소인수분해하면

$756=2^2\times 3^3\times 7$ …… ❶

세 수 $2^a\times 3^2$, $2\times 3^2\times b$, $3^c\times 7$의 최소공배수가 $2^2\times 3^3\times 7$이므로

$a=2$, $b=7$, $c=3$ …… ❷

따라서 세 수 $2^2\times 3^2$, $2\times 3^2\times 7$, $3^3\times 7$의 최대공약수는

$3^2=9$ …… ❸

채점 기준	비율
❶ 756을 소인수분해하기	30 %
❷ a, b, c의 값 구하기	40 %
❸ 주어진 세 수의 최대공약수 구하기	30 %

21 (구하는 수)+1은 2, 3, 4, 8의 배수가 되므로 가장 작은 자연수는 2, 3, 4, 8의 최소공배수보다 1만큼 작은 수이다.

2, 3, 2^2, 2^3의 최소공배수는 $2^3\times 3=24$이므로 구하는 수는 23이다.

22 (두 자연수의 곱)=(최대공약수)×(최소공배수)이므로

$3^5\times 7^3\times 11^2=3^2\times 7\times 11\times$(최소공배수)

따라서 (최소공배수)$=3^3\times 7^2\times 11$

23 세 자연수 18, 54, A의 최대공약수가 18이므로 자연수 a에 대하여 $A=a\times 18$이라 하자.

세 자연수 $18=2\times 3^2$, $54=2\times 3^3$, $A=a\times 2\times 3^2$의 최소공배수가 $378=2\times 3^3\times 7$이므로

$a=7$ 또는 $a=3\times 7=21$

(i) $a=7$일 때, $A=7\times 18=126$

(ii) $a=21$일 때, $A=21\times 18=378$

(i), (ii)에 의하여 200보다 작은 자연수 A의 값은 126이다.

24 두 자연수 A, B의 최대공약수가 8이므로

$A=a\times 8$, $B=b\times 8$(a, b는 서로소)이라 하자.

최대공약수와 최소공배수의 곱은 두 수의 곱과 같으므로

$8\times 112=a\times 8\times b\times 8$에서 $a\times b=14$

$a=1$, $b=14$ 또는 $a=2$, $b=7$ 또는 $a=7$, $b=2$ 또는 $a=14$, $b=1$이므로

$A=8$, $B=112$ 또는 $A=16$, $B=56$ 또는 $A=56$, $B=16$ 또는 $A=112$, $B=8$

따라서 $A+B$의 값이 될 수 있는 수는 $8+112=120$, $16+56=72$이므로 가장 작은 수는 72이다.

고난도 대표 유형 12~15쪽

1 4개	2 18	3 21	4 13	5 ①
6 12	7 ⑤	8 ②	9 12, 36	10 80
11 ⑤	12 $\frac{200}{9}$			

1 조건 (가)에 의하여 자연수 n의 약수는 1과 n이므로 n은 소수이다.

조건 (나)에 의하여 자연수 n은 20보다 크고 40보다 작은 소수이다.

따라서 n의 값이 될 수 있는 수는 23, 29, 31, 37의 4개이다.

2 $3^1=3$, $3^2=9$, $3^3=27$, $3^4=81$, $3^5=243$, …이므로

3의 거듭제곱의 일의 자리의 숫자는 3, 9, 7, 1이 반복되어 나타난다.

이때 $70=4\times 17+2$이므로 3^{70}의 일의 자리의 숫자는 9이다.

$7^1=7$, $7^2=49$, $7^3=343$, $7^4=2401$, $7^5=16807$, …이므로

7의 거듭제곱의 일의 자리의 숫자는 7, 9, 3, 1이 반복되어 나타난다.

이때 $30=4\times 7+2$이므로 7^{30}의 일의 자리의 숫자는 9이다.

따라서 $a=9$, $b=9$이므로 $a+b=9+9=18$

3 $1\times 2\times 3\times 4\times 5\times 6\times 7\times 8\times 9\times 10$

$=1\times 2\times 3\times 2^2\times 5\times (2\times 3)\times 7\times 2^3\times 3^2\times (2\times 5)$

$=2^8\times 3^4\times 5^2\times 7$

따라서 $a=8$, $b=4$, $c=2$, $d=7$이므로

$a+b+c+d=8+4+2+7=21$

4 $20\times a=56\times b=c^2$에서

$2^2\times 5\times a=2^3\times 7\times b=c^2$

$a\times b\times c$가 가장 작기 위해서는 a, b, c 각각이 가장 작은 자연수이어야 하므로

$a=2^2\times 5\times 7^2$, $b=2\times 5^2\times 7$, $c=2^2\times 5\times 7$

따라서 $a\times b\times c=2^5\times 5^4\times 7^4$이므로 지수의 합은

$5+4+4=13$

5 $312=2^3\times 3\times 13$이므로 312의 약수 중에서 13의 배수는

$13\times(2^3\times3$의 약수$)$이다.

$2^3\times3$의 약수의 개수는 $(3+1)\times(1+1)=8$

따라서 구하는 수는 모두 8개이다.

6 $121=11^2$이므로 $n(121)=3$, $128=2^7$이므로 $n(128)=8$

이때 $3\times8\times n(x)=144$에서 $n(x)=6$

(i) $x=k^m$ (k는 소수, m은 자연수) 꼴일 때

$m+1=6$이므로 $m=5$

따라서 가장 작은 자연수 x의 값은 $2^5=32$

(ii) $x=k^m\times l^n$(k, l은 서로 다른 소수, m, n은 자연수) 꼴일 때

$(m+1)\times(n+1)=6$이므로

$m=2$, $n=1$ 또는 $m=1$, $n=2$

따라서 가장 작은 자연수 x의 값은 $2^2\times3^1=12$

(i), (ii)에서 가장 작은 자연수는 12이다.

7 약수의 개수가 홀수인 수는 $($자연수$)^2$의 꼴이어야 한다.

$1^2=1$ ➡ 1개, $2^2=4$ ➡ 3개, $3^2=9$ ➡ 3개,

$4^2=2^4=16$ ➡ 5개, $5^2=25$ ➡ 3개, $6^2=2^2\times3^2$ ➡ 9개,

$7^2=49$ ➡ 3개, $8^2=2^6$ ➡ 7개, $9^2=3^4=81$ ➡ 5개,

$10^2=2^2\times5^2=100$ ➡ 9개, $11^2=121$ ➡ 3개,

$12^2=2^4\times3^2=144$ ➡ 15개, $13^2=169$ ➡ 3개,

$14^2=2^2\times7^2=196$ ➡ 9개

따라서 구하는 수는 모두 14개이다.

8 $28\odot a=1$이므로 a는 28과 서로소이다.

$28=2^2\times7$이므로 a는 2, 7의 배수가 아니어야 한다.

50 이하의 자연수 중에서 2의 배수는 25개, 7의 배수는 7개, 2와 7 모두의 배수인 14의 배수는 14, 28, 42의 3개는 중복되어 세어지므로 2 또는 7의 배수는

$25+7-3=29$(개)

따라서 28과 서로소인 자연수의 개수는

$50-29=21$

9 두 자연수 A, B의 최대공약수가 6이므로

$A=a\times6$, $B=b\times6$ (a, b는 서로소)이라 하자.

A, B의 합이 48이므로

$a\times6+b\times6=48$에서 $a+b=8$

$A<B$에서 $a<b$이므로 서로소인 a와 b의 값은

$a=1$, $b=7$ 또는 $a=3$, $b=5$

$a=1$, $b=7$일 때, $A=6$, $B=42$이므로

$B-A=36$

$a=3$, $b=5$일 때 $A=18$, $B=30$이므로

$B-A=12$

10 세 자연수를 $2\times a$, $3\times a$, $4\times a$라 하면

세 자연수의 최소공배수는 $2^2\times3\times a$이다.

최소공배수가 240이므로

$2^2\times3\times a=240$에서 $a=20$

따라서 가장 큰 수는 $4\times20=80$

11 최대공약수가 $2\times3^2\times7$이므로

$N=2\times3^2\times7\times a$($a$는 자연수)

최소공배수가 $2^2\times3^3\times7\times11$이므로

a의 값은 $2\times3\times11$의 약수이다.

따라서 a의 값이 될 수 있는 수의 개수는

$(1+1)\times(1+1)\times(1+1)=8$

12 세 분수 $\frac{18}{25}$, $\frac{27}{10}$, $\frac{81}{40}$의 어느 것에 곱하여도 그 결과가 자연수가 되게 하는 분수 중에서 가장 작은 기약분수는

$\frac{(25,\ 10,\ 40\text{의 최소공배수})}{(18,\ 27,\ 81\text{의 최대공약수})}$이므로

$\frac{(5^2,\ 2\times5,\ 2^3\times5\text{의 최소공배수})}{(2\times3^2,\ 3^3,\ 3^4\text{의 최대공약수})}=\frac{2^3\times5^2}{3^2}=\frac{200}{9}$

고난도 실전 문제

16~21쪽

1 ⑤	2 4, 8, 16	3 1351	4 ③	5 ①
6 15	7 ⑤	8 10	9 ③, ④	10 ⑤
11 7	12 4개	13 168	14 ③	15 4
16 1354	17 6	18 648	19 9개	20 65
21 48, 96	22 ④	23 3개	24 6개	25 207
26 29	27 ④	28 83	29 64	30 ④
31 7	32 24, 120	33 20	34 64	35 ④
36 231				

1 만들 수 있는 두 자리 자연수는 12, 13, 14, 15, 21, 23, 24, 25, 31, 32, 34, 35, 41, 42, 43, 45, 51, 52, 53, 54의 20개이고, 이 중에서 소수는 13, 23, 31, 41, 43, 53의 6개이다.

이때 약수가 3개 이상인 수는 합성수이므로 구하는 수의 개수는

$20-6=14$

2 조건 (가)에 의하여 두 자연수는 1과 $($소수$)^3$ 또는 둘 다 소수이다.

조건 (나)에 의하여 두 자연수의 합이 30이므로 한 자연수가 1일 때, 다른 자연수는 29가 되어 1과 $($소수$)^3$은 될 수가 없다.

합이 30인 두 소수는 7과 23, 11과 19, 13과 17이다.

따라서 두 자연수의 차는 16, 8, 4이다.

3 $a^2+b=1357$에서 b는 홀수이므로 a^2은 짝수이다.

a는 짝수인 소수이므로 $a=2$ …… ❶

$2^2+b=1357$에서 $4+b=1357$, $b=1353$ …… ❷

따라서 $b-a=1353-2=1351$ …… ❸

채점 기준	비율
❶ a의 값 구하기	50 %
❷ b의 값 구하기	30 %
❸ $b-a$의 값 구하기	20 %

4 $240=2^4\times3\times5$에 자연수 a를 곱하면 자연수 b의 거듭제곱이 되므로 $a=3\times5\times c^2$일 때,

$240 \times a = 2^4 \times 3^2 \times 5^2 \times c^2 = b^2$
$c=1$일 때, a와 b의 값이 가장 작으므로
$a = 3 \times 5 = 15$이면
$240 \times a = 2^4 \times 3^2 \times 5^2 = 3600 = 60^2$
따라서 $a+b$의 값 중에서 가장 작은 값은
$15+60=75$

5 7의 거듭제곱의 일의 자리의 숫자는 7, 9, 3, 1이 반복되어 나타난다.
$2024 = 4 \times 506$이므로 7^{2024}의 일의 자리의 숫자는 1이다.

6 $8 \times 8 \times 8 = (2 \times 2 \times 2) \times (2 \times 2 \times 2) \times (2 \times 2 \times 2) = 2^9$
이므로 $a=9$

$$0.25 \times 0.25 \times 0.25 = \frac{1}{4} \times \frac{1}{4} \times \frac{1}{4} = \left(\frac{1}{2} \times \frac{1}{2}\right) \times \left(\frac{1}{2} \times \frac{1}{2}\right) \times \left(\frac{1}{2} \times \frac{1}{2}\right) = \frac{1}{2^6}$$

이므로 $b=6$
따라서 $a+b=9+6=15$

7 1시간 후의 세균의 개수는 2
2시간 후의 세균의 개수는 $4=2^2$
3시간 후의 세균의 개수는 $8=2^3$
⋮
x시간 후의 세균의 개수는 2^x
x시간 후부터 세균이 2000개 이상이 된다고 하면
$2^x \geq 2000$
이때 $2^{10}=1024$, $2^{11}=2048$이므로 x의 값 중에서 가장 작은 수는 11이다.
따라서 세균이 2000개 이상이 되는 것은 적어도 11시간 후부터이다.

8 234를 소인수분해하면 $234 = 2 \times 3^2 \times 13$이므로
$P(234)=13$
105를 소인수분해하면 $105 = 3 \times 5 \times 7$이므로
$Q(105)=3$
따라서 $P(234)-Q(105)=13-3=10$

9 주어진 수를 각각 소인수분해하면 다음과 같다.
① $24=2^3 \times 3$ ② $60=2^2 \times 3 \times 5$
③ $132=2^2 \times 3 \times 11$ ④ $315=3^2 \times 5 \times 7$
⑤ $750=2 \times 3 \times 5^3$
따라서 만들 수 없는 것은 ③, ④이다.

10 $2700=2^2 \times 3^2 \times 5^2 \times 3$이므로
이 수를 자연수 a로 나누어 어떤 자연수의 제곱이 되게 하는 a는 3, $2^2 \times 3$, $3^2 \times 3$, $5^2 \times 3$, $2^2 \times 3^2 \times 3$, $3^2 \times 5^2 \times 3$, $2^2 \times 5^2 \times 3$, $2^2 \times 3^2 \times 5^2 \times 3$의 8개이다.

11 $1 \times 2 \times 3 \times \cdots \times 30$이 5^k으로 나누어떨어지므로 자연수 k의 값 중에서 가장 큰 수는 $1 \times 2 \times 3 \times \cdots \times 30$을 소인수분해한 결과에서 5의 지수와 같다.
1에서 30까지의 자연수 중에서 5를 소인수로 갖는 자연수를 모두 구하면
5, $10=2 \times 5$, $15=3 \times 5$, $20=2^2 \times 5$, $25=5^2$, $30=2 \times 3 \times 5$
따라서 $1 \times 2 \times 3 \times \cdots \times 30$을 소인수분해한 결과에서 5의 지수는 7이므로 자연수 k의 값 중에서 가장 큰 수는 7이다.

12 $\langle\!\langle x \rangle\!\rangle=3$을 만족시키는 자연수 x는 3^3, 즉 27의 배수 중에서 3^4을 인수로 갖지 않는 수이다.
따라서 $\langle\!\langle x \rangle\!\rangle=3$을 만족시키는 150 이하의 자연수 x는 27, 54, 108, 135의 4개이다.

13 441을 소인수분해하면 $441=3^2 \times 7^2$ …… ❶
이때 441에 자연수를 곱하여 어떤 자연수의 세제곱이 되게 하려면 $3 \times 7 \times (\text{자연수})^3$을 곱해야 한다. …… ❷
따라서 곱해야 할 자연수는 $3 \times 7 \times 1^3$, $3 \times 7 \times 2^3$, $3 \times 7 \times 3^3$, ⋯이므로 이 중에서 두 번째로 작은 자연수는 $3 \times 7 \times 2^3$, 즉 168이다. …… ❸

채점 기준	비율
❶ 441을 소인수분해하기	30 %
❷ 곱해야 할 자연수의 조건 알기	30 %
❸ 곱해야 할 자연수 중에서 두 번째로 작은 자연수 구하기	40 %

14 $2^3 \times 3^4 \times 7^2$의 약수가 홀수이려면 2를 인수로 갖지 않아야 한다.
따라서 $2^3 \times 3^4 \times 7^2$의 약수 중에서 홀수인 것은 $3^4 \times 7^2$의 약수와 같으므로 그 개수는
$(4+1) \times (2+1)=15$

15 $125=5^3$이므로 $3^a \times 125 = 3^a \times 5^3$의 약수의 개수는
$(a+1) \times (3+1)=20$에서
$a+1=5$, $a=4$

16 약수가 5개인 자연수는 $(\text{소수})^4$ 꼴이므로
$2^4=16$, $3^4=81$, $5^4=625$, $7^4=2401$, ⋯
이 중에서 세 자리 자연수는 625이므로
$a=625$
또, 약수가 7개인 자연수는 $(\text{소수})^6$ 꼴이므로
$2^6=64$, $3^6=729$, $5^6=15625$, ⋯
이 중에서 세 자리 자연수는 729이므로
$b=729$
따라서 $a+b=625+729=1354$

17 20을 소인수분해하면 $20=2^2 \times 5$이므로
$f(20)=(2+1) \times (1+1)=6$
25를 소인수분해하면 $25=5^2$이므로
$f(25)=2+1=3$
즉, $f(20) \times f(x) \times f(25)=72$이므로
$6 \times f(x) \times 3 = 72$, $f(x)=4$ …… ❶
(i) x가 a^m(a는 소수, m은 자연수)의 꼴일 때

$m+1=4$에서 $m=3$
이를 만족시키는 가장 작은 자연수 x의 값은
$2^3=8$ ······ ❷
(ii) x가 $a^m \times b^n$(a, b는 서로 다른 소수, m, n은 자연수)의 꼴일 때
$(m+1)\times(n+1)=4$에서 $m=1$, $n=1$
이를 만족시키는 가장 작은 자연수 x의 값은
$2\times3=6$ ······ ❸
(i), (ii)에 의하여 구하는 가장 작은 자연수 x의 값은 6이다.
······ ❹

채점 기준	비율
❶ $f(x)$의 값 구하기	30 %
❷ x가 a^m의 꼴일 때, 가장 작은 자연수 x의 값 구하기	30 %
❸ x가 $a^m \times b^n$의 꼴일 때, 가장 작은 자연수 x의 값 구하기	30 %
❹ 조건을 만족시키는 가장 작은 자연수 x의 값 구하기	10 %

18 조건 (가)에 의하여 $\frac{54}{n}$, $\frac{612}{n}$가 자연수이고 $\frac{m}{n}$이 가장 작은 자연수이므로 n은 54와 612의 최대공약수이다.
$54=2\times3^3$, $612=2^2\times3^2\times17$이므로 $n=2\times3^2$
조건 (나)에 의하여 $\frac{2\times3^2\times2\times17}{2\times3^2}<\frac{m}{2\times3^2}$이고 $\frac{m}{n}$이 가장 작은 자연수이므로 $m=2\times3^2\times35$
따라서 $m+n=2\times3^2\times35+2\times3^2=630+18=648$

19 $84⊙x=1$을 만족시키는 x의 값은 84와의 공약수의 개수가 1인 자연수, 즉 84와 서로소인 수이다.
84를 소인수분해하면 $84=2^2\times3\times7$
이때 x의 값이 될 수 있는 30 미만인 자연수는 1, 5, 11, 13, 17, 19, 23, 25, 29의 9개이다.

20 두 자연수 A, B의 최대공약수가 5이므로
$A=a\times5$, $B=b\times5$ (a, b는 서로소, $a>b$)라 하면
두 수의 곱이 350이므로
$(a\times5)\times(b\times5)=350$, $a\times b=14$
이때 a, b는 서로소이고 $a>b$이므로
$a=7$, $b=2$ 또는 $a=14$, $b=1$
(i) $a=7$, $b=2$일 때
$A=a\times5=7\times5=35$, $B=b\times5=2\times5=10$
즉, $A-B=35-10=25$
(ii) $a=14$, $b=1$일 때
$A=a\times5=14\times5=70$, $B=b\times5=1\times5=5$
즉, $A-B=70-5=65$
(i), (ii)에 의하여 $A-B$의 값 중에서 가장 큰 수는 65이다.

21 두 자연수 A와 B의 최대공약수가 12이므로
$A=a\times12$, $B=b\times12$ (a, b는 서로소, $a<b$)라 하자.
$A+B=120$이므로 $a\times12+b\times12=120$에서 $a+b=10$
이때 a, b는 서로소이고 $a<b$이므로
$a=1$, $b=9$ 또는 $a=3$, $b=7$
(i) $a=1$, $b=9$일 때
$A=1\times12=12$, $B=9\times12=108$
즉, $B-A=108-12=96$
(ii) $a=3$, $b=7$일 때
$A=3\times12=36$, $B=7\times12=84$
즉, $B-A=84-36=48$
따라서 $B-A$의 값이 될 수 있는 수는 48, 96이다.

22 최대공약수가 5이므로 $A=a\times5$, $B=b\times5$ (a, b는 서로소)라 하면
두 자연수 A, B의 곱이 525이므로 $AB=525$에서
$(a\times5)\times(b\times5)=3\times5\times5\times7$
즉, $a=3$, $b=7$ 또는 $a=7$, $b=3$
따라서 $A+B=3\times5+7\times5=50$

23 어떤 자연수는 $111-3=108$, $93-3=90$, $39-3=36$의 공약수 중 3보다 큰 수이다.
$108=2^2\times3^3$, $90=2\times3^2\times5$, $36=2^2\times3^2$에서 최대공약수는 $2\times3^2=18$
따라서 어떤 자연수가 될 수 있는 수는 18의 약수 중 3보다 큰 수인 6, 9, 18의 3개이다.

24 $50=2\times5^2$, $35=5\times7$, N의 최소공배수가 $700=2^2\times5^2\times7$이므로 N은 $2^2\times A$의 꼴이다.
이때 A는 $5^2\times7$의 약수이어야 한다.
따라서 N의 개수는 A의 개수와 같으므로
$(2+1)\times(1+1)=6$

25 $a=6\times x$, $b=8\times x$, $c=9\times x$라 하면
$a=6\times x=2\times3\times x$, $b=8\times x=2^3\times x$, $c=9\times x=3^2\times x$
a, b, c의 최소공배수는 $2^3\times3^2\times x=72\times x$
즉, $72\times x=648$이므로 $x=9$
따라서 $a=6\times9=54$, $b=8\times9=72$, $c=9\times9=81$이므로
$a+b+c=54+72+81=207$

26 조건 (가)에 의하여 두 수 A, B의 최소공배수는 $A\times B$이다.
조건 (나)에 의하여 980을 소인수분해하면 $980=2^2\times5\times7^2$이므로 $A\times B=2^2\times5\times7^2$
이때 A, B는 서로소이고 $A>B$인 두 자리 자연수이므로
$A=7^2=49$, $B=2^2\times5=20$
따라서 $A-B=49-20=29$

27 700을 소인수분해하면 $700=2^2\times5^2\times7$
20을 소인수분해하면 $20=2^2\times5$
즉, $2^2\times5^2\times7$과 $2^3\times a\times13^2$의 최대공약수가 $2^2\times5$이므로 a의 값이 될 수 있는 수는 5의 배수 중에서 5^2, 7을 인수로 갖지 않는 수이다.
따라서 a의 값이 될 수 있는 두 번째로 작은 수는 10이고
$2^2\times5^2\times7$과 $2^4\times5\times13^2$의 최소공배수는 $2^4\times5^2\times7\times13^2$이다.

28 세 분수 $\frac{n}{48}$, $\frac{n}{60}$, $\frac{n}{84}$을 모두 자연수로 만드는 자연수 n의 값이 가장 작은 수가 되려면 n의 값은 48, 60, 84의 최소공배수이어야 한다. …… ❶

즉, n의 값 중에서 가장 작은 수는 1680이다.

$48=2^4\times3$
$60=2^2\times3\times5$
$84=2^2\times3\quad\times7$
최소공배수 : $2^4\times3\times5\times7=1680$

…… ❷

따라서

$$\frac{n}{48}+\frac{n}{60}+\frac{n}{84}=\frac{1680}{48}+\frac{1680}{60}+\frac{1680}{84}$$
$$=35+28+20=83$$ …… ❸

채점 기준	비율
❶ n의 값이 가장 작은 수일 때, n의 조건 알기	30 %
❷ n의 값 중에서 가장 작은 수 구하기	30 %
❸ $\frac{n}{48}+\frac{n}{60}+\frac{n}{84}$의 값 구하기	40 %

29 세 자연수 10, 12, 15의 어느 것으로 나누어도 4가 남는 자연수를 x라 하면 $x-4$는 10, 12, 15의 공배수이고 이 중에서 가장 작은 수는 10, 12, 15의 최소공배수이다.

이때 10, 12, 15의 최소공배수는 60이므로 구하는 가장 작은 수는

$60+4=64$

$10=2\quad\times5$
$12=2^2\times3$
$15=\quad3\times5$
최소공배수 : $2^2\times3\times5=60$

30 최소공배수가 $3^2\times5^2\times7$이므로 M은 3^2의 배수 중에서 $3^2\times5^2\times7$의 약수이다.

① $9=3^2$ ② $45=3^2\times5$ ③ $63=3^2\times7$
④ $75=3\times5^2$ ⑤ $225=3^2\times5^2$

따라서 M의 값이 될 수 없는 수는 ④이다.

31 두 자연수의 곱은 최대공약수와 최소공배수의 곱과 같으므로
$2^3\times3^5\times A=(2^2\times3^3)\times(2^3\times3^5\times5^2)$에서
$A=2^2\times3^3\times5^2$
따라서 $a=2$, $b=3$, $c=2$이므로
$a+b+c=2+3+2=7$

32 두 자연수 A, B의 최대공약수가 6이므로 $A=a\times6$, $B=b\times6$ (a, b는 서로소, $a<b$)이라 하면
A, B의 곱은 최대공약수와 최소공배수의 곱과 같으므로
$(a\times6)\times(b\times6)=6\times126$
한편, $6\times126=6\times6\times3\times7$이므로
$a=1$, $b=3\times7$ 또는 $a=3$, $b=7$
따라서 $A=1\times6=6$, $B=3\times7\times6=126$
또는 $A=3\times6=18$, $B=7\times6=42$이므로 두 수 A, B의 차는
$B-A=126-6=120$ 또는 $B-A=42-18=24$

33 두 자연수 A, B의 최대공약수가 G이고 최소공배수가 L일 때, $A=a\times G$, $B=b\times G$ (a, b는 서로소, $a>b$)라 하면
$L=a\times b\times G$, $\frac{L}{G}=\frac{a\times b\times G}{G}=a\times b=6$이므로
$a=6$, $b=1$ 또는 $a=3$, $b=2$
(i) $a=6$, $b=1$일 때
$A+B=28$이므로 $6\times G+G=28$에서 $G=4$
(ii) $a=3$, $b=2$일 때
$A+B=28$이므로 $3\times G+2\times G=28$을 만족시키는 자연수 G는 존재하지 않는다.
따라서 $A=6\times4=24$, $B=1\times4=4$이므로
A, B의 차는 $A-B=24-4=20$

34 세 자연수 A, 32, 40의 최대공약수가 8이므로 $A=a\times8$이라 하자.
세 자연수 $A=a\times2^3$, $32=2^5$, $40=2^3\times5$의 최소공배수가 $160=2^5\times5$이므로 a의 값이 될 수 있는 수는 1, 2, 2^2, 5, 2×5, $2^2\times5$이다.
이때 자연수 A의 값 중에서 두 번째로 큰 수는 $a=2\times5$일 때이므로 $A=2^4\times5=80$
두 번째로 작은 수는 $a=2$일 때이므로 $A=2^4=16$
따라서 구하는 차는 $80-16=64$

35 ①, ②, ③ 두 자연수 A, B의 최대공약수를 G, 최소공배수를 L이라 하면
조건 (가)에 의하여
$A=7\times G$, $B=15\times G$, $L=7\times15\times G=105\times G$
조건 (나)에 의하여
$G+L=530$이므로 $G+105\times G=530$, $G=5$
즉, $A=7\times5=35$, $B=15\times5=75$
④ $L=105\times5=525$이므로 $L-G=525-5=520$
⑤ $G\times L=5\times525=2625$
따라서 옳지 않은 것은 ④이다.

36 두 자연수 A, B의 최대공약수가 21이므로 $A=a\times21$, $B=b\times21$ (a, b는 서로소)이라 하면
두 수의 최소공배수는 $a\times b\times21$이다.
즉, $a\times b\times21=588$이므로 $a\times b=28$ …… ㉠
또, $A-B=63$이므로
$a\times21-b\times21=63$, $a-b=3$ …… ㉡
㉠, ㉡을 만족시키고 서로소인 두 자연수 a, b의 값은
$a=7$, $b=4$
따라서 $A=7\times21=147$, $B=4\times21=84$이므로
$A+B=147+84=231$

2. 정수와 유리수

필수 확인 문제 26~31쪽

1 ⑤	**2** ③	**3** ⑤	**4** ②	**5** 5
6 4	**7** ④	**8** -17, 17	**9** ③, ④	**10** ③
11 ②	**12** ⑤	**13** ②	**14** 5	**15** 7개
16 ⑤	**17** 2.5	**18** $-\frac{11}{5}$	**19** -5	**20** 15
21 $+\frac{13}{6}$	**22** ⑤	**23** -1	**24** $+\frac{7}{4}$	**25** -15
26 ③	**27** ⑤	**28** ③, ⑤	**29** ②	**30** ③
31 ①	**32** $\frac{1}{2}$	**33** $\frac{12}{5}$	**34** ③	**35** -13
36 7				

1 ① -15점 ② $+22\ \%$
③ -3000원 ④ $+45$분
따라서 옳은 것은 ⑤이다.

2 $\frac{1}{7}$, $-\frac{6}{3}=-2$, 0, 0.9, $+3$, -4.7에서
① 자연수가 아닌 정수는 $-\frac{6}{3}$, 0의 2개이다.
② 음수는 $-\frac{6}{3}$, -4.7의 2개이다.
③ 정수가 아닌 유리수는 $\frac{1}{7}$, 0.9, -4.7의 3개이다.
④ 양수는 $\frac{1}{7}$, 0.9, $+3$의 3개이다.
⑤ 정수는 $-\frac{6}{3}$, 0, $+3$의 3개이다.
따라서 옳지 않은 것은 ③이다.

3 ⑤ -1과 -2 사이에는 정수가 없다.
따라서 옳지 않은 것은 ⑤이다.

4 ① 점 E는 원점으로부터 가장 멀리 떨어져 있으므로 절댓값이 가장 큰 수에 대응하는 점이다.
② 점 A에 대응하는 수는 -3.5이므로 그 절댓값은 3.5이다.
③ 점 B는 점 C보다 원점에서 멀리 떨어져 있다.
④ 점 D는 원점에 가장 가까우므로 점 D에 대응하는 수의 절댓값이 가장 작다.
⑤ 점 E는 점 D보다 원점에서 멀리 떨어져 있다.
따라서 옳지 않은 것은 ②이다.

5 수직선 위에서 $-\frac{8}{3}$에 가장 가까운 정수는 -3이므로
$a=-3$
$\frac{9}{5}$에 가장 가까운 정수는 2이므로
$b=2$
따라서 $|a|+|b|=|-3|+|2|=3+2=5$

6 $|a|=11$을 만족시키는 두 수는 -11, 11이므로 이 중에서 양수는 11이다.
즉, $a=11$ …… ❶
-7의 절댓값은 7이므로 $b=7$ …… ❷
따라서 $a-b=11-7=4$ …… ❸

채점 기준	비율
❶ a의 값 구하기	40 %
❷ b의 값 구하기	40 %
❸ $a-b$의 값 구하기	20 %

7 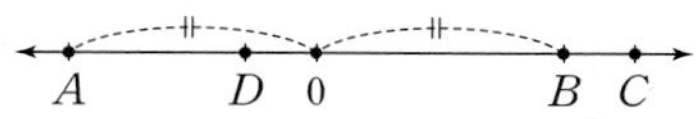

조건 (가), (다)에 의하여 $A<0<B$
조건 (나)에 의하여 $B<C$
조건 (라)에 의하여 $A<D<0$
따라서 옳지 않은 것은 ④이다.

8 절댓값이 같고 부호가 반대인 두 수를 수직선 위에 나타내었을 때, 두 수를 나타내는 두 점 사이의 거리가 34이므로 원점에서 두 점에 이르는 거리는 각각 $34\div2=17$ …… ❶
따라서 구하는 두 수는 -17, 17이다. …… ❷

채점 기준	비율
❶ 원점에서 두 점에 이르는 거리 구하기	50 %
❷ 조건을 만족시키는 두 수 구하기	50 %

9 ① 절댓값이 가장 작은 수는 0이다.
② -1, 1은 절댓값이 1로 같지만 서로 다른 수이다.
⑤ b가 음수이면 $|b|=-b$이다.
따라서 옳은 것은 ③, ④이다.

10 $-\frac{5}{7}=-0.71\cdots$이므로 $-\frac{5}{7}<-0.7$에서
$-4<-\frac{5}{7}<-0.7<2.4<+3<\frac{14}{3}$
③ 수직선 위에 나타내었을 때, 왼쪽에서 두 번째에 위치하는 수는 $-\frac{5}{7}$이다.
④ $|-0.7|=0.7$, $\left|-\frac{5}{7}\right|=\frac{5}{7}=0.71\cdots$이고 $0.7<0.71\cdots$이므로 절댓값이 가장 작은 수는 -0.7이다.
⑤ $\left|\frac{14}{3}\right|=\frac{14}{3}$, $|-4|=4$이고 $\frac{14}{3}>4$이므로 절댓값이 가장 큰 수는 $\frac{14}{3}$이다.
따라서 옳지 않은 것은 ③이다.

11 주어진 수를 작은 수부터 차례로 나열하면
$-\frac{3}{2}$, -1, -0.9, $+\frac{5}{6}$, $+\frac{7}{8}$
따라서 왼쪽에서 네 번째에 위치하는 것은 ②이다.

12 주어진 보기를 각각 부등호를 사용하여 나타내면 다음과 같다.

ㄱ. $-5 \le x \le 9$ ㄴ. $-5 < x < 9$

ㄷ. $-5 \le x < 9$ ㄹ. $-5 \le x < 9$

따라서 $-5 \le x < 9$를 나타내는 것은 ㄷ, ㄹ이다.

13 두 유리수 $-\frac{40}{7}$과 $\frac{14}{3}$ 사이에 있는 정수는 $-5, -4, -3, \cdots, 4$이다.

따라서 이 중에서 절댓값이 가장 큰 수는 -5이다.

14 -2.9보다 크거나 같은 음의 정수는 $-2, -1$의 2개이므로

$a=2$ …… ❶

$\frac{4}{5}$ 이상이고 3보다 작거나 같은 자연수는 1, 2, 3의 3개이므로

$b=3$ …… ❷

따라서 $a+b=2+3=5$ …… ❸

채점 기준	비율
❶ a의 값 구하기	40 %
❷ b의 값 구하기	40 %
❸ $a+b$의 값 구하기	20 %

15 조건 (가)를 만족시키는 정수 x는 $-7, -6, \cdots, 2$이다.

$\frac{34}{7}=4.8\cdots$이므로 조건 (나)를 만족시키는 정수 x는 $-4, -3, -2, \cdots, 4$이다.

따라서 정수 x는 $-4, -3, -2, -1, 0, 1, 2$의 7개이다.

16 ① $(+8)+(-3)=+5$

② $(-4)-(+11)=(-4)+(-11)=-15$

③ $(-5)-(-12)=(-5)+(+12)=+7$

④ $(+2.9)+(-7.9)=-5$

⑤ $\left(+\frac{19}{2}\right)-\left(+\frac{1}{2}\right)=\left(+\frac{19}{2}\right)+\left(-\frac{1}{2}\right)=+\frac{18}{2}=+9$

따라서 계산 결과가 가장 큰 것은 ⑤이다.

17 주어진 수를 작은 수부터 차례로 나열하면

$-3.8, -0.2, \frac{5}{3}, +\frac{11}{5}, 6.5$

절댓값이 가장 큰 수는 6.5이므로 $a=6.5$

절댓값이 가장 작은 수는 -0.2이므로 $b=-0.2$

가장 작은 수는 -3.8이므로 $c=-3.8$

따라서

$a+b+c=6.5+(-0.2)+(-3.8)$

$=6.5+(-4)$

$=2.5$

18 $A=\left(-\frac{9}{5}\right)-\left(+\frac{11}{5}\right)-\left(-\frac{4}{5}\right)$

$=\left(-\frac{9}{5}\right)+\left(-\frac{11}{5}\right)+\left(+\frac{4}{5}\right)$

$=-\frac{16}{5}$

$B=\left(+\frac{5}{6}\right)-\left(-\frac{2}{3}\right)-\left(+\frac{1}{2}\right)$

$=\left(+\frac{5}{6}\right)+\left(+\frac{2}{3}\right)+\left(-\frac{1}{2}\right)$

$=\left(+\frac{5}{6}\right)+\left(+\frac{4}{6}\right)+\left(-\frac{3}{6}\right)$

$=+\frac{6}{6}=+1$

따라서

$A+B=\left(-\frac{16}{5}\right)+(+1)$

$=\left(-\frac{16}{5}\right)+\left(+\frac{5}{5}\right)$

$=-\frac{11}{5}$

19 $A=(-4)-\left(-\frac{1}{4}\right)=(-4)+\left(+\frac{1}{4}\right)$

$=\left(-\frac{16}{4}\right)+\left(+\frac{1}{4}\right)=-\frac{15}{4}$

$B=\left(-\frac{1}{6}\right)+\left(+\frac{5}{3}\right)=\left(-\frac{1}{6}\right)+\left(+\frac{10}{6}\right)$

$=+\frac{9}{6}=+\frac{3}{2}$

따라서 $-\frac{15}{4}<x<+\frac{3}{2}$을 만족시키는 정수 x는

$-3, -2, -1, 0, 1$이므로 그 합은

$(-3)+(-2)+(-1)+0+(+1)=-5$

20 $|a-2|=5$에서 $a-2=5$ 또는 $a-2=-5$이므로

$a=-3$ 또는 $a=7$

$|3-b|=11$에서 $3-b=11$ 또는 $3-b=-11$이므로

$b=-8$ 또는 $b=14$

$a-b$의 값이 가장 크기 위해서는 a는 가장 크고, b는 가장 작아야 한다.

따라서 $a-b$의 값 중 가장 큰 값은

$7-(-8)=7+(+8)=15$

21 어떤 수를 a라 하면

$\left(+\frac{7}{4}\right)+a=+\frac{4}{3}$이므로

$a=\left(+\frac{4}{3}\right)-\left(+\frac{7}{4}\right)=\left(+\frac{4}{3}\right)+\left(-\frac{7}{4}\right)$

$=\left(+\frac{16}{12}\right)+\left(-\frac{21}{12}\right)=-\frac{5}{12}$ …… ❶

따라서 바르게 계산하면

$\left(+\frac{7}{4}\right)-\left(-\frac{5}{12}\right)=\left(+\frac{7}{4}\right)+\left(+\frac{5}{12}\right)$

$=\left(+\frac{21}{12}\right)+\left(+\frac{5}{12}\right)$

$=+\frac{26}{12}=+\frac{13}{6}$ …… ❷

채점 기준	비율
❶ 어떤 수 구하기	50 %
❷ 바르게 계산한 결과 구하기	50 %

22 ① $(+2)+(+4)-(-3)$

$=(+2)+(+4)+(+3)=+9$

② $(-7)-(+6)-(-9)$
$=(-7)+(-6)+(+9)=-4$
③ $(-0.3)+(+0.5)+(-0.8)=-0.6$
④ $(+5.9)-(+1.3)+(-0.4)$
$=(+5.9)+(-1.3)+(-0.4)$
$=+4.2$
⑤ $(+1)+\left(+\frac{1}{2}\right)-\left(-\frac{1}{4}\right)$
$=(+1)+\left(+\frac{1}{2}\right)+\left(+\frac{1}{4}\right)$
$=\left(+\frac{4}{4}\right)+\left(+\frac{2}{4}\right)+\left(+\frac{1}{4}\right)=+\frac{7}{4}$
따라서 계산 결과가 옳은 것은 ⑤이다.

23 $(-1)+\left(-\frac{3}{2}\right)+1=-\frac{3}{2}$이므로

c	a	d
b	e	$-\frac{5}{2}$
-1	$-\frac{3}{2}$	1

$d+\left(-\frac{5}{2}\right)+1=-\frac{3}{2}$에서 $d=0$
$(-1)+e+0=-\frac{3}{2}$에서 $e=-\frac{1}{2}$
$c+\left(-\frac{1}{2}\right)+1=-\frac{3}{2}$에서 $c=-2$
$(-2)+a+0=-\frac{3}{2}$에서 $a=\frac{1}{2}$
$(-2)+b+(-1)=-\frac{3}{2}$에서 $b=\frac{3}{2}$
따라서 $a-b=\frac{1}{2}-\frac{3}{2}=-1$

24 $\left(+\frac{5}{4}\right)-\left(+\frac{4}{3}\right)-\left(+\frac{3}{2}\right)+(\square)=+\frac{1}{6}$에서
$\left(+\frac{5}{4}\right)+\left(-\frac{4}{3}\right)+\left(-\frac{3}{2}\right)+(\square)=+\frac{1}{6}$
$\left(+\frac{15}{12}\right)+\left(-\frac{16}{12}\right)+\left(-\frac{18}{12}\right)+(\square)=+\frac{1}{6}$
$\left(-\frac{19}{12}\right)+(\square)=+\frac{1}{6}$
따라서
$\square=\left(+\frac{1}{6}\right)-\left(-\frac{19}{12}\right)$
$=\left(+\frac{2}{12}\right)+\left(+\frac{19}{12}\right)$
$=+\frac{21}{12}=+\frac{7}{4}$

25 음수를 한 개만 포함한 세 수의 곱은 음수가 된다.
가장 큰 수는 (음수)×(음수)×(양수)일 때이므로
$a=(-5)\times(-1)\times3=15$
가장 작은 수는 (음수)×(양수)×(양수)일 때이므로
$b=(-5)\times2\times3=-30$
따라서 $a+b=15+(-30)=-15$

26 $14\times(-0.7)+36\times(-0.7)=(14+36)\times(-0.7)$
$=50\times(-0.7)=-35$
따라서 $a=50$, $b=-35$

27 ①, ②, ③, ④ -1 ⑤ 1
따라서 계산 결과가 나머지 넷과 다른 하나는 ⑤이다.

28 ① $a+b$의 부호는 알 수 없다.
② (양수)−(음수)=(양수)이므로
$a-b>0$
③ (음수)−(양수)=(음수)이므로
$b-a<0$
④, ⑤ a와 b가 서로 다른 부호이므로
$a\times b<0$, $b\times a<0$
따라서 옳은 것은 ③, ⑤이다.

29 $0.6=\frac{3}{5}$의 역수는 $\frac{5}{3}$이므로 $a=\frac{5}{3}$
$-\frac{12}{5}$의 역수는 $-\frac{5}{12}$이므로 $b=-\frac{5}{12}$
따라서 $a\div b=\frac{5}{3}\div\left(-\frac{5}{12}\right)=\frac{5}{3}\times\left(-\frac{12}{5}\right)=-4$

30 ③ $(+7)\div\left(-\frac{14}{3}\right)=(+7)\times\left(-\frac{3}{14}\right)=-\frac{3}{2}$
④ $\left(-\frac{16}{5}\right)\div(+8)=\left(-\frac{16}{5}\right)\times\left(+\frac{1}{8}\right)=-\frac{2}{5}$
⑤ $\left(-\frac{20}{9}\right)\div\left(-\frac{4}{27}\right)=\left(-\frac{20}{9}\right)\times\left(-\frac{27}{4}\right)=15$
따라서 계산 결과가 옳지 않은 것은 ③이다.

31 $\left(-\frac{22}{21}\right)\div\left(-\frac{16}{27}\right)\div\left(-\frac{33}{14}\right)\div\left(+\frac{9}{16}\right)$
$=\left(-\frac{22}{21}\right)\times\left(-\frac{27}{16}\right)\times\left(-\frac{14}{33}\right)\times\left(+\frac{16}{9}\right)$
$=-\frac{4}{3}$

32 $a\div\left(-\frac{1}{8}\right)=\frac{8}{5}$이므로
$a=\frac{8}{5}\times\left(-\frac{1}{8}\right)=-\frac{1}{5}$ …… ❶
$b\div\frac{1}{4}=-10$이므로
$b=-10\times\frac{1}{4}=-\frac{5}{2}$ …… ❷
따라서 $a\times b=\left(-\frac{1}{5}\right)\times\left(-\frac{5}{2}\right)=\frac{1}{2}$ …… ❸

채점 기준	비율
❶ a의 값 구하기	40 %
❷ b의 값 구하기	40 %
❸ $a\times b$의 값 구하기	20 %

33 $a\div\left(-\frac{9}{8}\right)=-\frac{4}{9}$이므로

$a=-\frac{4}{9}\times\left(-\frac{9}{8}\right)=\frac{1}{2}$

따라서

$a\div\left(-\frac{7}{16}\right)\times(-2.1)=\frac{1}{2}\times\left(-\frac{16}{7}\right)\times\left(-\frac{21}{10}\right)=\frac{12}{5}$

34 $\frac{7}{16}\times(-2)^3-\left(+\frac{11}{2}\right)\div(-1)^9$

$=\frac{7}{16}\times(-8)-\left(+\frac{11}{2}\right)\div(-1)$

$=-\frac{7}{2}-\left(-\frac{11}{2}\right)=-\frac{7}{2}+\left(+\frac{11}{2}\right)$

$=\frac{4}{2}=2$

35 $A=-3^2\times\left\{2-\frac{1}{6}\times\left(1-\frac{1}{2}\right)\div\frac{5}{2^5}\right\}$

$=-9\times\left\{2-\frac{1}{6}\times\left(1-\frac{1}{2}\right)\div\frac{5}{32}\right\}$

$=-9\times\left(2-\frac{1}{6}\times\frac{1}{2}\div\frac{5}{32}\right)$

$=-9\times\left(2-\frac{1}{6}\times\frac{1}{2}\times\frac{32}{5}\right)$

$=-9\times\left(2-\frac{8}{15}\right)$

$=-9\times\frac{22}{15}$

$=-\frac{66}{5}=-13.2$ …… ❶

따라서 A에 가장 가까운 정수는 -13이다. …… ❷

채점 기준	비율
❶ A의 값 구하기	70 %
❷ A에 가장 가까운 정수 구하기	30 %

36 $120=2^3\times3\times5$

세 정수의 절댓값이 모두 3보다 크므로 세 정수의 절댓값은 2×2, 2×3, 5이다.

$a>b>c$이고 $a\times b\times c$의 값이 음수이므로 $a+b+c$가 최대가 되려면 $a=6$, $b=5$, $c=-4$인 경우이다.

따라서 $a+b+c$의 최댓값은 $6+5+(-4)=7$

고난도 대표 유형 32~37쪽

1 10개	2 $\frac{1}{6}$	3 $c<a<b$	4 -2.9	5 b, a, d, c
6 -3, 1	7 50	8 $-\frac{2}{3}$	9 $\frac{43}{20}$	10 $\frac{7}{30}$
11 $-\frac{1}{100}$	12 $\frac{25}{12}$	13 $a>0, b<0, c<0$	14 ⑤	
15 -18	16 -3	17 3	18 16	

1 $-\frac{5}{3}$와 $\frac{3}{4}$을 통분하면 $-\frac{20}{12}$, $\frac{9}{12}$이므로 기약분수로 나타낼 때, 분모가 12인 기약분수가 되려면 분자의 절댓값이 2, 3과 서로소가 되어야 한다.

따라서 구하는 분수는 $-\frac{19}{12}$, $-\frac{17}{12}$, $-\frac{13}{12}$, $-\frac{11}{12}$, $-\frac{7}{12}$, $-\frac{5}{12}$, $-\frac{1}{12}$, $\frac{1}{12}$, $\frac{5}{12}$, $\frac{7}{12}$의 10개이다.

2 두 점 A, B 사이의 거리는

$\frac{5}{6}-\left(-\frac{1}{3}\right)=\frac{7}{6}$이므로

두 점 A, P 사이의 거리는

$\frac{7}{6}\times\frac{3}{7}=\frac{1}{2}$

따라서 점 P가 나타내는 수는

$-\frac{1}{3}+\frac{1}{2}=\frac{1}{6}$

3 조건 (가), (나)에 의하여 a의 절댓값이 -5의 절댓값과 같고 a는 -5보다 크므로 $a=5$

조건 (다)에 의하여 b가 5보다 크므로 $a<b$

조건 (라)에 의하여 c가 a보다 -5에 더 가까우므로 $c<a$

따라서 $c<a<b$

4 $\left|-\frac{1}{10}\right|=\frac{10}{100}$이므로 $\left|\frac{9}{100}\right|<\left|-\frac{1}{10}\right|$에서

$\frac{9}{100}★\left(-\frac{1}{10}\right)=\frac{9}{100}$

$|-2.9|=2.9=\frac{290}{100}$이므로 $|-2.9|>\left|\frac{9}{100}\right|$에서

$(-2.9)\circ\frac{9}{100}=-2.9$

5 $-1<\frac{1}{a}<\frac{1}{b}<0$이므로 $b<a<0$

또, $1<\frac{1}{c}<\frac{1}{d}$이므로 $0<d<c$

따라서 $b<a<0<d<c$이므로 작은 수부터 차례로 나열하면

b, a, d, c

다른 풀이

$a=-2$, $b=-3$, $c=\frac{1}{2}$, $d=\frac{1}{3}$이라 하면

$-1<-\frac{1}{2}<-\frac{1}{3}<0<1<2<3$

따라서 작은 수부터 차례로 나열하면

b, a, d, c

6 (i) $a>0$, $b>0$일 때

$|a|=a$, $|b|=b$, $|ab|=ab$이므로

(주어진 식)$=\frac{a}{a}+\frac{b}{b}-\frac{ab}{ab}$

$=1+1-1=1$

(ii) $a>0$, $b<0$일 때

$|a|=a$, $|b|=-b$, $|ab|=-ab$이므로

(주어진 식)$=\frac{a}{a}+\frac{b}{-b}-\frac{-ab}{ab}$

$=1+(-1)-(-1)=1$

(iii) $a<0$, $b>0$일 때

$|a|=-a$, $|b|=b$, $|ab|=-ab$이므로

$(\text{주어진 식})=\frac{-a}{a}+\frac{b}{b}-\frac{-ab}{ab}$

$=-1+1-(-1)=1$

(iv) $a<0$, $b<0$일 때

$|a|=-a$, $|b|=-b$, $|ab|=ab$이므로

$(\text{주어진 식})=\frac{-a}{a}+\frac{b}{-b}-\frac{ab}{ab}$

$=-1+(-1)-1=-3$

따라서 구하는 수는 -3, 1이다.

7 $|a-1|=5$이므로 $a-1=5$ 또는 $a-1=-5$에서

$a=6$ 또는 $a=-4$

$|2-b|=3$이므로 $2-b=3$ 또는 $2-b=-3$에서

$b=-1$ 또는 $b=5$

$a\times b$의 값 중에서 가장 큰 값은 $a=6$, $b=5$일 때, $a\times b=30$

가장 작은 값은 $a=-4$, $b=5$일 때 $a\times b=-20$

따라서 구하는 두 값의 차는 $30-(-20)=50$

8 $-\frac{3}{4}$과 $-\frac{1}{3}$의 차는

$-\frac{1}{3}-\left(-\frac{3}{4}\right)=-\frac{4}{12}+\left(+\frac{9}{12}\right)=\frac{5}{12}$

이므로 두 수를 나타내는 점 사이의 간격은 $\frac{5}{12}$이다.

이때 네 점 사이의 간격은 $\frac{5}{12}\times\frac{1}{2}=\frac{5}{24}$

따라서 $a=-\frac{3}{4}+\frac{5}{24}=-\frac{18}{24}+\frac{5}{24}=-\frac{13}{24}$,

$b=-\frac{1}{3}+\frac{5}{24}=-\frac{8}{24}+\frac{5}{24}=-\frac{3}{24}=-\frac{1}{8}$이므로

$a+b=-\frac{13}{24}+\left(-\frac{1}{8}\right)=-\frac{13}{24}+\left(-\frac{3}{24}\right)$

$=-\frac{16}{24}=-\frac{2}{3}$

9 A와 $-\frac{5}{2}$가 적힌 두 면이 서로 마주 보므로

$A+\left(-\frac{5}{2}\right)=2$

$A=2-\left(-\frac{5}{2}\right)=2+\left(+\frac{5}{2}\right)=\frac{4}{2}+\left(+\frac{5}{2}\right)=\frac{9}{2}$

B와 $\frac{3}{4}$이 적힌 두 면이 서로 마주 보므로

$B+\frac{3}{4}=2$, $B=2-\frac{3}{4}=\frac{8}{4}-\frac{3}{4}=\frac{5}{4}$

-1.6과 C가 적힌 두 면이 서로 마주 보므로

$-1.6+C=2$, $C=2-(-1.6)=2+(+1.6)=3.6$

따라서

$A+B-C=\frac{9}{2}+\frac{5}{4}-3.6$

$=\frac{9}{2}+\frac{5}{4}-\frac{18}{5}$

$=\frac{90}{20}+\frac{25}{20}-\frac{72}{20}=\frac{43}{20}$

10 $\frac{1}{12}+\frac{1}{20}+\frac{1}{30}+\frac{1}{42}+\frac{1}{56}+\frac{1}{72}+\frac{1}{90}$

$=\frac{1}{3\times4}+\frac{1}{4\times5}+\frac{1}{5\times6}+\frac{1}{6\times7}+\frac{1}{7\times8}+\frac{1}{8\times9}+\frac{1}{9\times10}$

$=\left(\frac{1}{3}-\frac{1}{4}\right)+\left(\frac{1}{4}-\frac{1}{5}\right)+\left(\frac{1}{5}-\frac{1}{6}\right)+\left(\frac{1}{6}-\frac{1}{7}\right)+\left(\frac{1}{7}-\frac{1}{8}\right)$

$+\left(\frac{1}{8}-\frac{1}{9}\right)+\left(\frac{1}{9}-\frac{1}{10}\right)$

$=\frac{1}{3}-\frac{1}{10}$

$=\frac{10}{30}-\frac{3}{30}=\frac{7}{30}$

11 $\left(\frac{1}{2}-1\right)\times\left(\frac{1}{3}-1\right)\times\left(\frac{1}{4}-1\right)\times\cdots\times\left(\frac{1}{100}-1\right)$

$=\left(-\frac{1}{2}\right)\times\left(-\frac{2}{3}\right)\times\left(-\frac{3}{4}\right)\times\cdots\times\left(-\frac{99}{100}\right)$

$=(-1)^{99}\times\frac{1}{2}\times\frac{2}{3}\times\frac{3}{4}\times\cdots\times\frac{99}{100}$

$=-\frac{1}{100}$

12 $\frac{2}{3}$의 역수는 $\frac{3}{2}$, -3의 역수는 $-\frac{1}{3}$, $0.3=\frac{3}{10}$의 역수는 $\frac{10}{3}$,

$-\frac{4}{5}$의 역수는 $-\frac{5}{4}$이다.

따라서 보이지 않는 네 면에 적힌 네 수의 곱은

$\frac{3}{2}\times\left(-\frac{1}{3}\right)\times\frac{10}{3}\times\left(-\frac{5}{4}\right)=\frac{25}{12}$

13 $a-b>0$, $a\times b<0$이므로 $a>0$, $b<0$

또, $\frac{b}{c}>0$이므로 $c<0$

14 $-1<a<0$이므로 $0<-a^3<-a<1$

$-a^2$은 음수이므로 가장 작다.

$0<-a<1$이므로 $-\frac{1}{a}>1$

1보다 큰 수 $-\frac{1}{a}$을 제곱한 수 $\left(-\frac{1}{a}\right)^2$은 $-\frac{1}{a}$보다 크므로 가장 큰 수는 $\left(-\frac{1}{a}\right)^2$이다.

다른 풀이

$-1<a<0$이므로 $a=-\frac{1}{2}$일 때

① $-a^3=-\left(-\frac{1}{2}\right)^3=\frac{1}{8}$

② $-a^2=-\left(-\frac{1}{2}\right)^2=-\frac{1}{4}$

③ $-a=-\left(-\frac{1}{2}\right)=\frac{1}{2}$

④ $-\frac{1}{a}=-1\div a=-1\div\left(-\frac{1}{2}\right)=-1\times(-2)=2$

⑤ $\left(-\frac{1}{a}\right)^2=2^2=4$

15 가장 큰 수는 $\frac{12}{5}$이므로 $a=\frac{12}{5}$

가장 작은 수는 -5이므로 $b=-5$

절댓값이 가장 큰 수는 -5이므로 $c=-5$

절댓값이 가장 작은 수는 $\frac{3}{4}$이므로 $d=\frac{3}{4}$

따라서

$$a\times b+\left(c+\frac{1}{2}\right)\div d=\frac{12}{5}\times(-5)+\left(-5+\frac{1}{2}\right)\div\frac{3}{4}$$
$$=-12+\left(-\frac{9}{2}\right)\times\frac{4}{3}$$
$$=-12+(-6)=-18$$

16 $(-1)^{99}\times(-1)^{100}\times(-1)^{n}=-1$이므로

$(-1)\times1\times(-1)^{n}=-1$에서 $(-1)^{n}=1$

따라서 n은 짝수이므로

$(-1)^{n+1}-(-1)^{n+2}+(-1)^{n+3}\times(-1)^{n+4}$

$=(-1)^{\text{홀수}}-(-1)^{\text{짝수}}+(-1)^{\text{홀수}}\times(-1)^{\text{짝수}}$

$=-1-1+(-1)\times1=-3$

17 $\left\{(-4)\circledcirc\frac{1}{8}\right\}=(-4)^2\times\frac{1}{8}-4=2-4=-2$이므로

$8\odot(-2)=2-8\div(-2)^3=2-8\div(-8)$

$=2-8\times\left(-\frac{1}{8}\right)=2+1=3$

18 가위바위보에서 승빈이는 6번 이기고 4번 졌고, 윤지는 4번 이기고 6번 졌다.

승빈이의 위치의 값은

$6\times5+4\times(-3)=30+(-12)=18$

윤지의 위치의 값은

$4\times5+6\times(-3)=20+(-18)=2$

따라서 승빈이와 윤지의 위치의 값의 차는

$18-2=16$

고난도 실전 문제 38~45쪽

1 ③, ⑤	2 -2190 m	3 ①	4 6	5 -3
6 -289	7 9	8 $\frac{23}{8}$	9 $-\frac{7}{3}$	10 -25, 9
11 ④	12 48	13 ④	14 ③, ⑤	15 $a<c<b$
16 5717 m	17 $-\frac{7}{3}$	18 2	19 ③	20 -1
21 $-$, $-$, $+$		22 -1	23 ③	24 $-\frac{17}{4}$
25 -50	26 5개	27 $\frac{10}{11}$	28 ③	29 ⑤
30 ②, ④	31 -5	32 50개	33 216	34 $-\frac{16}{5}$
35 $-\frac{11}{2}$	36 ②	37 $\frac{6}{7}$	38 $-\frac{1}{6}$	39 ㄴ, ㄹ
40 $-\frac{3}{5}$	41 10 : 7	42 ①	43 1	44 ④
45 59	46 24 cm	47 -5	48 1	

1 ① 정수는 자연수, 0, 음의 정수로 이루어져 있다.

② 0과 1 사이에는 무수히 많은 유리수가 있다.

④ 유리수는 양의 유리수, 0, 음의 유리수로 이루어져 있다.

⑤ 자연수는 모두 분모가 1인 분수로 나타낼 수 있으므로 유리수이다.

따라서 옳은 것은 ③, ⑤이다.

2 해발 1300 m는 해발 3490 m보다 $3490-1300=2190$(m) 아래이므로 -2190 m와 같이 나타낼 수 있다.

3 20보다 작은 양의 유리수 중에서 분모가 6인 수는

$\frac{1}{6}, \frac{2}{6}, \frac{3}{6}, \cdots, \frac{119}{6}$

의 119개이다.

이 중에서 정수는 분자가 6의 배수인 수이므로

$\frac{6\times1}{6}, \frac{6\times2}{6}, \frac{6\times3}{6}, \cdots, \frac{6\times19}{6}$

의 19개이다.

따라서 정수가 아닌 유리수의 개수는

$119-19=100$

4 $-\frac{8}{13}$은 정수가 아닌 유리수이므로

$\left\langle-\frac{8}{13}\right\rangle=3$ …… ❶

-3은 자연수가 아닌 정수이므로

$\langle-3\rangle=2$ …… ❷

$\frac{18}{3}=6$은 자연수이므로

$\left\langle\frac{18}{3}\right\rangle=1$ …… ❸

따라서

$\left\langle-\frac{8}{13}\right\rangle+\langle-3\rangle+\left\langle\frac{18}{3}\right\rangle=3+2+1=6$ …… ❹

채점 기준	비율
❶ $\left\langle-\frac{8}{13}\right\rangle$의 값 구하기	30 %
❷ $\langle-3\rangle$의 값 구하기	30 %
❸ $\left\langle\frac{18}{3}\right\rangle$의 값 구하기	30 %
❹ $\left\langle-\frac{8}{13}\right\rangle+\langle-3\rangle+\left\langle\frac{18}{3}\right\rangle$의 값 구하기	10 %

5 점 A에 대응하는 수는 5이고 점 B에 대응하는 수는 -11이므로 두 점 A, B 사이의 거리는 16이다.

따라서 두 점 A, B로부터 같은 거리에 있는 점은 -11에서 오른쪽으로 $16\div2=8$만큼 떨어진 점이므로 -3에 대응한다.

6 조건 (가)에서 부호가 같은 두 정수 x, y에 대하여 $|x|<|y|$이고 $x>y$이므로 $x<0$이다.

조건 (다)에서 $|x|$의 약수가 3개이므로 $|x|$는 소수의 제곱수이다.

조건 (나)에서 $|x|$는 200보다 크고 300보다 작으므로

$|x|=17^2=289$

따라서 $x=-289$ ($\because x<0$)

7 $a=1+(7-1)\times\frac{1}{3}=1+2=3$

$b=a+(7-1)\times\frac{1}{3}=3+2=5$

$c=7+(7-1)\times\frac{1}{3}=7+2=9$

$\frac{a+b}{6}<x<\frac{b+c}{3}$에서 $\frac{3+5}{6}<x<\frac{5+9}{3}$이므로

$\frac{4}{3}<x<\frac{14}{3}$

따라서 정수 x는 2, 3, 4이므로 그 합은

$2+3+4=9$

8 두 점 A, B 사이의 거리는 $\frac{5}{2}$이고 점 C는 $\frac{5}{2}$를 3 : 1로 나누므로 점 A에서 오른쪽으로 $\frac{5}{2}\times\frac{3}{3+1}=\frac{15}{8}$만큼 떨어진 점이다.

따라서 점 C에 대응하는 수는

$1+\frac{15}{8}=\frac{8}{8}+\frac{15}{8}=\frac{23}{8}$

9 $+\frac{5}{2}=+\frac{15}{6}$의 절댓값이 $\frac{13}{6}$보다 더 크므로

$\left(+\frac{5}{2}\right)\triangle\frac{13}{6}=+\frac{5}{2}$

$-\frac{7}{3}=-\frac{14}{6}$, $\frac{5}{2}=\frac{15}{6}$이므로

두 수 중 절댓값이 작은 수는 $-\frac{7}{3}$이다.

따라서 $\left(-\frac{7}{3}\right)*\left(+\frac{5}{2}\right)=-\frac{7}{3}$

10 a의 절댓값이 17이므로 $a=-17$ 또는 $a=17$

(i) $a=-17$일 때

-17과 -4 사이의 거리는 13이므로

b는 -4에서 오른쪽으로 13만큼 떨어진 수이다.

따라서 $b=9$ …… ❶

(ii) $a=17$일 때

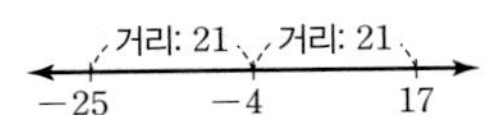

17과 -4 사이의 거리는 21이므로

b는 -4에서 왼쪽으로 21만큼 떨어진 수이다.

따라서 $b=-25$ …… ❷

(i), (ii)에 의하여 b의 값이 될 수 있는 수는 -25, 9이다. …… ❸

채점 기준	비율
❶ $a=-17$일 때, b의 값 구하기	40 %
❷ $a=17$일 때, b의 값 구하기	40 %
❸ b의 값이 될 수 있는 수 구하기	20 %

11 조건 (나)에 의하여 $|b|=6$

이때 조건 (가)에 의하여 $b=-6$

조건 (다)에 의하여 $|a|-|b|=2$ 또는 $|b|-|a|=2$

(i) $|a|-|b|=2$일 때

$|a|-6=2$, $|a|=8$

이때 조건 (가)에 의하여 $a=8$

(ii) $|b|-|a|=2$일 때

$6-|a|=2$, $|a|=4$

이때 조건 (가)에 의하여 $a=4$

(i), (ii)에 의하여 a의 값이 될 수 있는 모든 수의 합은

$8+4=12$

12 두 유리수 x, y의 부호가 서로 다르므로

$x>0$, $y<0$ 또는 $x<0$, $y>0$

(i) $x>0$, $y<0$일 때

$4|x|=|y|$이고 x, y를 나타내는 두 점 사이의 거리가 30이므로

$x=30\times\frac{1}{4+1}=6$

이때 $|y|=4|x|=4\times|6|=4\times6=24$이고 $y<0$이므로

$y=-24$

(ii) $x<0$, $y>0$일 때

$4|x|=|y|$이고 x, y를 나타내는 두 점 사이의 거리가 30이므로

$x=-\left(30\times\frac{1}{4+1}\right)=-6$

이때 $|y|=4|x|=4\times|-6|=4\times6=24$이고 $y>0$이므로

$y=24$

(i), (ii)에 의하여

$a=-24$, $b=24$ 또는 $a=24$, $b=-24$

따라서 $|a|+|b|=24+24=48$

13 조건 (가), (나), (라)에 의하여 D가 가장 작고 C는 음의 정수이며 B가 C보다 작으므로 $D<B<C<0$

조건 (다)에 의하여 A와 D의 절댓값은 같고 D는 음수이므로 A는 양수이다.

따라서 $D<B<C<A$

14 ① $a<0$, $-b>0$이므로 $a<-b$

② $|a|>0$, $b<0$이므로 $|a|>b$

③ 음수끼리는 큰 수의 절댓값이 더 작으므로 $|a|>|b|$

④ $-\frac{1}{a}>0$, $\frac{1}{b}<0$이므로 $-\frac{1}{a}>\frac{1}{b}$

⑤ $\frac{1}{a}<0$, $\frac{1}{b}<0$이고 $a<b$이므로 $\frac{1}{a}>\frac{1}{b}$

따라서 옳은 것은 ③, ⑤이다.

15 조건 (가)에 의하여

$a\geq-1$, $b\geq-1$

조건 (나)에 의하여

$|a|<|-1|$, 즉 $|a|<1$

조건 (다)에 의하여 $c>1$이므로

$a<c$ …… ❶

이때 b, c는 모두 -1 이상인 수이므로 조건 (라)에 의하여
$-1<c<b$ ...... ❷
따라서 a, b, c의 대소 관계를 부등호를 사용하여 나타내면
$a<c<b$ ...... ❸

채점 기준	비율
❶ a와 c의 대소 관계 비교하기	40 %
❷ b와 c의 대소 관계 비교하기	40 %
❸ a, b, c의 대소 관계를 부등호를 사용하여 나타내기	20 %

참고 세 유리수 a, b, c를 수직선 위에 나타내면 다음과 같다.

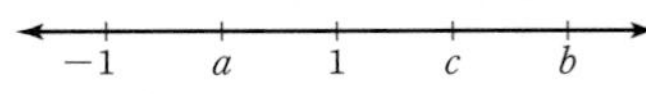

16 가장 높은 지점의 고도는 5318 m이고 가장 낮은 지점의 고도는 -399 m이다.
따라서 두 지점의 고도의 차이는
$5318-(-399)=5717(\text{m})$

17 $a=-\frac{5}{3}-\left(-\frac{1}{2}\right)=-\frac{10}{6}+\left(+\frac{3}{6}\right)=-\frac{7}{6}$ ...... ❶
$b=\frac{5}{6}+(-2)=\frac{5}{6}+\left(-\frac{12}{6}\right)=-\frac{7}{6}$ ...... ❷
따라서 $a+b=-\frac{7}{6}+\left(-\frac{7}{6}\right)=-\frac{7}{3}$ ...... ❸

채점 기준	비율
❶ a의 값 구하기	40 %
❷ b의 값 구하기	40 %
❸ $a+b$의 값 구하기	20 %

18 삼각형의 아랫변의 꼭짓점에 있는 두 수를 각각 a, b라 하면
(세 변에 있는 모든 수의 합)
$=2\times(1+a+b)+$(꼭짓점을 제외한 6개의 수의 합)
$=4+4+4=12$
$1+a+b+\{(1+a+b)+$(꼭짓점을 제외한 6개의 수의 합)$\}$
$=12$
즉, $1+a+b+$(-3부터 5까지의 정수의 합)$=12$
이때 -3부터 5까지의 정수의 합은 9이므로
$1+a+b+9=12$에서 $a+b=2$
한편, 아랫변에서 $a+A+B+b=4$이고 $a+b=2$이므로
$A+B=2$

19 $|a|=6$이므로 $a=-6$ 또는 $a=6$
$|b|=11$이므로 $b=-11$ 또는 $b=11$
(i) $a=-6$, $b=-11$일 때
$a-b=-6-(-11)=-6+(+11)=5$
(ii) $a=-6$, $b=11$일 때
$a-b=-6-11=-17$
(iii) $a=6$, $b=-11$일 때
$a-b=6-(-11)=6+(+11)=17$
(iv) $a=6$, $b=11$일 때
$a-b=6-11=-5$
(i)~(iv)에 의하여 $M=17$, $m=-17$이므로
$M-|m|=17-|-17|=17-17=0$

20 가로, 세로, 대각선 방향으로 놓인 네 수의 합은
$\frac{1}{3}+\left(-\frac{1}{6}\right)+\left(-\frac{2}{3}\right)+\left(-\frac{7}{6}\right)$
$=\left\{\frac{1}{3}+\left(-\frac{2}{3}\right)\right\}+\left\{\left(-\frac{1}{6}\right)+\left(-\frac{7}{6}\right)\right\}$
$=-\frac{1}{3}+\left(-\frac{4}{3}\right)=-\frac{5}{3}$
$A+\left(-\frac{2}{3}\right)+0+\left(-\frac{3}{2}\right)=-\frac{5}{3}$이므로
$A+\left(-\frac{4}{6}\right)+\left(-\frac{9}{6}\right)=-\frac{5}{3}$
$A+\left(-\frac{13}{6}\right)=-\frac{5}{3}$
$A=-\frac{5}{3}-\left(-\frac{13}{6}\right)=-\frac{5}{3}+\left(+\frac{13}{6}\right)$
$=-\frac{10}{6}+\left(+\frac{13}{6}\right)=\frac{3}{6}=\frac{1}{2}$
$B+\left(-\frac{1}{6}\right)+0+C=-\frac{5}{3}$이므로
$B+C=-\frac{5}{3}-\left(-\frac{1}{6}\right)=-\frac{5}{3}+\left(+\frac{1}{6}\right)$
$=-\frac{10}{6}+\left(+\frac{1}{6}\right)=-\frac{9}{6}=-\frac{3}{2}$
따라서 $A+B+C=\frac{1}{2}+\left(-\frac{3}{2}\right)=-\frac{2}{2}=-1$

21 -4 ㉠ (-7) ㉡ 3 ㉢ $(-5)=-5$에서
(i) ㉢: $+$일 때
-4 ㉠ (-7) ㉡ $3=0$이므로
㉠: $-$, ㉡: $-$
(ii) ㉢: $-$일 때
-4 ㉠ (-7) ㉡ $3=-10$을 만족하는 경우는 없다.
(i), (ii)에 의하여 차례로 $-$, $-$, $+$

22 왼쪽에 있는 수와 오른쪽에 있는 수의 합이 가운데에 있는 수가 되도록 나열해 나가면
1, -1, -2, -1, 1, 2, 1, -1, -2, -1, 1, 2, …이므로 1, -1, -2, -1, 1, 2의 6개의 수가 반복된다.
이때 $2024=6\times337+2$이므로 2024번째에 나오는 수는 6개의 수 중 두 번째 수인 -1이다.

23 $[14, 17]=|14-17|=|-3|=3$
$[9, x]=|9-x|$
이므로
$[[14, 17], [9, x]]=[3, |9-x|]=1$
(i) $3\geq|9-x|$일 때
$[3, |9-x|]=3-|9-x|$이므로
$3-|9-x|=1$, $|9-x|=2$
$9-x=-2$ 또는 $9-x=2$
즉, $x=11$ 또는 $x=7$
(ii) $3<|9-x|$일 때
$[3, |9-x|]=|9-x|-3$이므로

$|9-x|-3=1$, $|9-x|=4$

$9-x=-4$ 또는 $9-x=4$

즉, $x=13$ 또는 $x=5$

(i), (ii)에 의하여 x의 값이 될 수 없는 것은 ③이다.

24 각 점 사이의 거리가 일정하므로

$b_1-a_1=b_2-a_2=b_3-a_3=\frac{3}{4}-\left(-\frac{2}{3}\right)=\frac{17}{12}$

따라서

$a_1+a_2+a_3-b_1-b_2-b_3=(a_1-b_1)+(a_2-b_2)+(a_3-b_3)$

$=3\times\left(-\frac{17}{12}\right)=-\frac{17}{4}$

25 $A-B=\{(-2)+(-4)+(-6)+\cdots+(-100)\}$

$-\{(-1)+(-3)+(-5)+\cdots+(-99)\}$

$=\{(-2)+(-4)+(-6)+\cdots+(-100)\}$

$+\{(+1)+(+3)+(+5)+\cdots+(+99)\}$

$=(-2+1)+(-4+3)+(-6+5)+\cdots$

$+(-100+99)$

$=\underbrace{(-1)+(-1)+(-1)+\cdots+(-1)}_{50\text{개}}$

$=-50$

26 a에 $\frac{2}{5}$를 더한 후 $-\frac{3}{8}$을 빼었더니 -1이 되었으므로

$a+\frac{2}{5}-\left(-\frac{3}{8}\right)=-1$

$a+\frac{16}{40}+\left(+\frac{15}{40}\right)=-1$

$a+\frac{31}{40}=-1$

$a=-1-\frac{31}{40}=-\frac{40}{40}-\frac{31}{40}=-\frac{71}{40}$ …… ❶

이때 바르게 계산한 결과는

$-\frac{71}{40}+\left(-\frac{3}{8}\right)-\frac{2}{5}=-\frac{71}{40}+\left(-\frac{15}{40}\right)-\frac{16}{40}$

$=-\frac{102}{40}=-\frac{51}{20}$ …… ❷

따라서 $p=-\frac{51}{20}$이므로 절댓값이 $\left|-\frac{51}{20}\right|=\frac{51}{20}$ 이하인 정수는 -2, -1, 0, 1, 2의 5개이다. …… ❸

채점 기준	비율
❶ a의 값 구하기	40 %
❷ 바르게 계산한 결과 구하기	40 %
❸ 절댓값이 $\|p\|$ 이하인 정수의 개수 구하기	20 %

27 (주어진 식)

$=\frac{2}{1\times3}+\frac{2}{3\times5}+\frac{2}{5\times7}+\frac{2}{7\times9}+\frac{2}{9\times11}$

$=\left(1-\frac{1}{3}\right)+\left(\frac{1}{3}-\frac{1}{5}\right)+\left(\frac{1}{5}-\frac{1}{7}\right)+\left(\frac{1}{7}-\frac{1}{9}\right)+\left(\frac{1}{9}-\frac{1}{11}\right)$

$=1-\frac{1}{11}=\frac{10}{11}$

28 ① $-x^2=-\left(-\frac{2}{3}\right)^2=-\frac{4}{9}$

② $-x=-\left(-\frac{2}{3}\right)=\frac{2}{3}$

③ $-\frac{1}{x}=-1\div\left(-\frac{2}{3}\right)=-1\times\left(-\frac{3}{2}\right)=\frac{3}{2}$

④ $x^2=\left(-\frac{2}{3}\right)^2=\frac{4}{9}$

⑤ $x^3=\left(-\frac{2}{3}\right)^3=-\frac{8}{27}$

따라서 가장 큰 수는 ③이다.

29 $a\times\left(\frac{1}{b}-\frac{1}{a}\right)=-\frac{1}{2}$에서

$a\times\frac{1}{b}+a\times\left(-\frac{1}{a}\right)=-\frac{1}{2}$

$\frac{a}{b}-1=-\frac{1}{2}$, $\frac{a}{b}=\frac{1}{2}$

따라서 $\frac{b}{a}=2$

30 $a\times b=72$에서 $a\times b>0$이므로 a와 b는 서로 같은 부호이다.

$|a|=2|b|$에서 a와 b가 서로 같은 부호이므로

$a=2b$

$a\times b=72$에서 $2b\times b=72$이므로

$2b^2=72$, $b^2=36$

즉, $b=-6$ 또는 $b=6$

(i) $b=-6$일 때

$a=2b=2\times(-6)=-12$이므로

$a-b=-12-(-6)$

$=-12+(+6)=-6$

(ii) $b=6$일 때

$a=2b=2\times6=12$이므로

$a-b=12-6=6$

(i), (ii)에 의하여 $a-b$의 값이 될 수 있는 수는 -6, 6이다.

31 서로 다른 세 음의 정수의 곱이 -55이므로

세 정수는 -1, -5, -11이다.

이때 $a<b<c$이므로

$a=-11$, $b=-5$, $c=-1$

따라서 $a-b-c=-11-(-5)-(-1)=-5$

32 서로 다른 세 수를 뽑아 곱한 값이 가장 크려면 절댓값이 큰 양수 1개와 절댓값이 큰 음수 2개를 뽑으면 되므로

$M=21\times\left(-\frac{2}{3}\right)\times\left(-\frac{9}{14}\right)=9$ …… ❶

서로 다른 세 수를 뽑아 곱한 값이 가장 작으려면 음수 3개를 뽑거나 양수 2개와 절댓값이 가장 큰 음수 1개를 뽑으면 되므로

(i) 음수 3개를 뽑을 때

$\left(-\frac{2}{3}\right)\times\left(-\frac{9}{14}\right)\times(-0.1)$

$=\left(-\frac{2}{3}\right)\times\left(-\frac{9}{14}\right)\times\left(-\frac{1}{10}\right)$

$=-\frac{3}{70}$

(ii) 양수 2개와 절댓값이 가장 큰 음수 1개를 뽑을 때

$21\times3\times\left(-\frac{2}{3}\right)=-42$

(i), (ii)에 의하여

$m=-42$ …… ❷

따라서 M과 m 사이에 있는 정수는 -41, -40, -39, $\cdots$, 8의 50개이다. …… ❸

채점 기준	비율
❶ M의 값 구하기	40 %
❷ m의 값 구하기	40 %
❸ M과 m 사이에 있는 정수의 개수 구하기	20 %

33 한 면이 가려지는 주사위 3개를 각각 A, B, C라 하고, 세 면이 가려지는 주사위를 D라 하자.

주사위의 각 면에는 여섯 개의 유리수 -3, $-\frac{2}{3}$, 4, $\frac{3}{8}$, 0, 1이 하나씩 적혀 있으므로 보이는 면에 0이 적혀 있으면 구하는 곱은 0이 된다.

따라서 구하는 곱이 최대가 되려면 세 주사위 A, B, C의 가려진 면에는 모두 0이 적혀 있어야 하고, 주사위 D의 가려진 면에는 0과 절댓값이 작은 양수 2개가 적혀 있거나 0과 음수 2개가 적혀 있어야 한다.

(i) 0과 절댓값이 작은 양수 2개, 즉 0, $\frac{3}{8}$, 1이 적혀 있을 때

구하는 곱은

$\left\{(-3)\times\left(-\frac{2}{3}\right)\times4\times\frac{3}{8}\times1\right\}^3\times\left\{(-3)\times\left(-\frac{2}{3}\right)\times4\right\}$

$=3^3\times8=216$

(ii) 0과 음수 2개, 즉 0, -3, $-\frac{2}{3}$가 적혀 있을 때

구하는 곱은

$\left\{(-3)\times\left(-\frac{2}{3}\right)\times4\times\frac{3}{8}\times1\right\}^3\times\left(4\times\frac{3}{8}\times1\right)$

$=3^3\times\frac{3}{2}=\frac{81}{2}$

(i), (ii)에 의하여 구하는 곱 중에서 가장 큰 값은 216이다.

34 A와 마주 보는 면에 적힌 수는 $-\frac{5}{6}$이므로

$A=-\frac{6}{5}$

B와 마주 보는 면에 적힌 수는 $-0.4=-\frac{4}{10}=-\frac{2}{5}$이므로

$B=-\frac{5}{2}$

C와 마주 보는 면에 적힌 수는 2이므로

$C=\frac{1}{2}$

따라서

$A+B+C=-\frac{6}{5}+\left(-\frac{5}{2}\right)+\frac{1}{2}$

$=-\frac{6}{5}+(-2)=-\frac{16}{5}$

35 $\frac{7}{3}\times\square\div\left(\frac{9}{12}-\frac{20}{12}\right)=14$에서

$\frac{7}{3}\times\square\div\left(-\frac{11}{12}\right)=14$

$\frac{7}{3}\times\square\times\left(-\frac{12}{11}\right)=14$에서 교환법칙에 의하여

$\square\times\left\{\frac{7}{3}\times\left(-\frac{12}{11}\right)\right\}=14$

즉, $\square\times\left(-\frac{28}{11}\right)=14$이므로

$\square=14\div\left(-\frac{28}{11}\right)=14\times\left(-\frac{11}{28}\right)=-\frac{11}{2}$

36 $0.4\times(-0.8)=-0.32$이고 $-0.32=-\frac{8}{25}$의 역수는 $-\frac{25}{8}$이므로

$a=-\frac{25}{8}$

$\left(-\frac{3}{8}\right)\div\left(-\frac{9}{10}\right)=\left(-\frac{3}{8}\right)\times\left(-\frac{10}{9}\right)=\frac{5}{12}$이고 $\frac{5}{12}$의 역수는 $\frac{12}{5}$이므로

$b=\frac{12}{5}$

이때 $-\frac{25}{8}\le x<\frac{12}{5}$를 만족시키는 정수 x는

-3, -2, -1, 0, 1, 2

따라서 구하는 합은

$(-3)+(-2)+(-1)+0+1+2=-3$

37 $A=\frac{4}{15}\div\frac{2}{5}=\frac{4}{15}\times\frac{5}{2}=\frac{2}{3}$

$C\div\left(-\frac{8}{5}\right)=-\frac{5}{14}$이므로

$C=-\frac{5}{14}\times\left(-\frac{8}{5}\right)=\frac{4}{7}$

$\frac{2}{3}\times B=\frac{4}{7}$이므로

$B=\frac{4}{7}\div\frac{2}{3}=\frac{4}{7}\times\frac{3}{2}=\frac{6}{7}$

38 $[x]$는 x보다 크지 않은 수 중에서 가장 큰 정수이므로

$\left[\frac{3}{2}\right]=1$, $\left[-\frac{4}{3}\right]=-2$, $\left[-\frac{13}{6}\right]=-3$, $[-0.27]=-1$ …… ❶

따라서

$\left[\frac{3}{2}\right]\div\left[-\frac{4}{3}\right]\div\left[-\frac{13}{6}\right]\times[-0.27]$

$=1\div(-2)\div(-3)\times(-1)$

$=1\times\left(-\frac{1}{2}\right)\times\left(-\frac{1}{3}\right)\times(-1)=-\frac{1}{6}$ …… ❷

채점 기준	비율
❶ $\left[\frac{3}{2}\right]$, $\left[-\frac{4}{3}\right]$, $\left[-\frac{13}{6}\right]$, $[-0.27]$의 값 각각 구하기	70 %
❷ $\left[\frac{3}{2}\right]\div\left[-\frac{4}{3}\right]\div\left[-\frac{13}{6}\right]\times[-0.27]$의 값 구하기	30 %

39 $a\div b<0$에서 a와 b는 서로 다른 부호이고 $a<b$이므로

$a<0$, $b>0$

또, $b\times c<0$에서 b와 c는 서로 다른 부호이므로

$c<0$

ㄱ. (음수)$-$(양수)$=$(음수)이므로

$a-b<0$

ㄷ. $b+c$의 부호는 알 수 없다.

따라서 옳은 것은 ㄴ, ㄹ이다.

40 세 유리수의 곱이 음수이므로 음수의 개수는 홀수이다.

(i) 세 수가 모두 음수이면 세 수의 합은

$-\frac{2}{5}+(-2)+(-3)=-\frac{27}{5}$

(ii) 세 수 중 한 수가 음수이면 합이 음수이어야 하므로 음수는 -3이고 나머지는 양수이다.

이때 세 수의 합은 $\frac{2}{5}+2+(-3)=-\frac{3}{5}$

(i), (ii)에 의하여 세 수의 합 중에서 가장 큰 값은 $-\frac{3}{5}$이다.

41 처음 정사각형의 넓이는 $A\times A=A^2$

가로의 길이는 40 % 늘리고, 세로의 길이는 50 % 줄여서 만든 직사각형의 넓이는

$\left(1+\frac{40}{100}\right)\times A\times\left(1-\frac{50}{100}\right)\times A=1.4\times A\times 0.5\times A$

$=0.7\times A^2$

따라서

(처음 정사각형의 넓이) : (나중 직사각형의 넓이)

$=A^2 : 0.7\times A^2$

$=10 : 7$

42 주어진 수의 절댓값을 각각 구해 보면 다음과 같다.

0.9 ➡ 0.9, $-\frac{3}{4}$ ➡ $\frac{3}{4}$, $\frac{7}{6}$ ➡ $\frac{7}{6}$, -1.2 ➡ 1.2, $-\frac{8}{5}$ ➡ $\frac{8}{5}$

이때 절댓값이 가장 작은 수는 $-\frac{3}{4}$이므로

$a=-\frac{3}{4}$

절댓값이 가장 큰 수는 $-\frac{8}{5}$이므로

$b=-\frac{8}{5}$

따라서

$a\div(1+b)^2=-\frac{3}{4}\div\left\{1+\left(-\frac{8}{5}\right)\right\}^2$

$=-\frac{3}{4}\div\left\{\frac{5}{5}+\left(-\frac{8}{5}\right)\right\}^2$

$=-\frac{3}{4}\div\left(-\frac{3}{5}\right)^2$

$=-\frac{3}{4}\div\frac{9}{25}$

$=-\frac{3}{4}\times\frac{25}{9}=-\frac{25}{12}$

43 n이 3보다 큰 홀수이므로 $n-2$, n, $n+2$는 홀수이고 $n-1$, $n+1$은 짝수이다.

$(-1)^{(\text{짝수})}=1$, $(-1)^{(\text{홀수})}=-1$이므로

$(-1)^{n-2}-(-1)^{n-1}\times(-1)^{n}-(-1)^{n+1}\div(-1)^{n+2}$

$=(-1)-(+1)\times(-1)-(+1)\div(-1)$

$=(-1)-(-1)-(-1)$

$=(-1)+(+1)+(+1)$

$=1$

44 $(-3)^3-\left[10+\square\div\left\{\frac{1}{2}\times(-8)+6\right\}\right]\times(-2)=-1$에서

$-27-[10+\square\div\{(-4)+6\}]\times(-2)=-1$

$-27-(10+\square\div 2)\times(-2)=-1$

$-27+20+\square=-1$

$\square=6$

45 □ 안에 알맞은 수를 왼쪽부터 차례로 a, b, c, d라 하면

$260\div a=-52$에서 $a=-\frac{260}{52}=-5$

$26+d=-12$에서 $d=-12-26=-38$

$c\div 4=26$에서 $c=26\times 4=104$

$-52\times b=104$에서 $b=104\div(-52)=-2$

따라서 $a+b+c+d=-5+(-2)+104+(-38)=59$

46 가장 작은 원의 반지름의 길이가 $\frac{1}{5}$ cm이고 원의 반지름의 길이가 2배씩 커지므로 4개의 원의 반지름의 길이는

$\frac{1}{5}$ cm, $\frac{1}{5}\times 2=\frac{2}{5}$(cm), $\frac{2}{5}\times 2=\frac{4}{5}$(cm),

$\frac{4}{5}\times 2=\frac{8}{5}$(cm) …… ❶

이때 4개의 정사각형의 한 변의 길이는 각각 내접한 원의 반지름의 길이의 2배씩이므로

$\frac{1}{5}\times 2=\frac{2}{5}$(cm), $\frac{2}{5}\times 2=\frac{4}{5}$(cm), $\frac{4}{5}\times 2=\frac{8}{5}$(cm),

$\frac{8}{5}\times 2=\frac{16}{5}$(cm) …… ❷

따라서 4개의 정사각형의 둘레의 길이의 합은

$\frac{2}{5}\times 4+\frac{4}{5}\times 4+\frac{8}{5}\times 4+\frac{16}{5}\times 4$

$=\frac{8}{5}+\frac{16}{5}+\frac{32}{5}+\frac{64}{5}$

$=\frac{120}{5}=24$(cm) …… ❸

채점 기준	비율
❶ 4개의 원의 반지름의 길이 각각 구하기	30 %
❷ 4개의 정사각형의 한 변의 길이 각각 구하기	30 %
❸ 4개의 정사각형의 둘레의 길이의 합 구하기	40 %

47 나온 결과를 가지고 역의 과정으로 계산한다.

C에 들어온 수를 -4로 나눈 후 5를 더하면 3이 되므로 C에 들어온 수를 c라 하면

$c\div(-4)+5=3$에서

$c\div(-4)=-2$, $c=-2\times(-4)=8$

B에 들어온 수에서 8을 뺀 후 $-\frac{2}{3}$를 곱하면 8이 되므로 B에 들어온 수를 b라 하면

$(b-8)\times\left(-\frac{2}{3}\right)=8$에서

$b-8=8\div\left(-\frac{2}{3}\right)=8\times\left(-\frac{3}{2}\right)=-12$, $b=-4$

A에 들어온 수에 -3을 더한 후 2로 나누면 -4가 되므로 A에 들어온 수를 a라 하면

$\{a+(-3)\}\div 2=-4$에서

$a+(-3)=-4\times 2=-8$, $a=-5$

따라서 넣은 수는 -5이다.

48 건우는 짝수가 3번, 홀수가 5번 나왔고, 진미는 짝수가 6번, 홀수가 2번 나왔다.

건우의 위치의 값은

$3\times 4+5\times(-5)=12+(-25)=-13$

진미의 위치의 값은

$6\times 4+2\times(-5)=24+(-10)=14$

따라서 건우와 진미의 위치의 값의 합은

$-13+14=1$

3. 문자의 사용과 식

필수 확인 문제 50~53쪽

1 ③	2 ㄴ, ㄷ	3 ⑤	4 ④	
5 $(40000+400a)$원		6 ②	7 ⑤	8 -2
9 (1) $S=\frac{1}{2}(a+b)h$ (2) 16			10 9	11 ④, ⑤
12 ㄴ, ㄹ	13 ④	14 ⑤	15 8	16 ①, ④
17 ②	18 2	19 ②	20 $3x+9$	21 ⑤
22 $\frac{2}{3}x+1$	23 ④	24 10		

1 ① $3\times a\times a=3a^2$

② $a\times(-1)\times b=-ab$

③ $-8\times x\div y=-8\times x\times\frac{1}{y}=-\frac{8x}{y}$

④ $x+5\times y=x+5y$

⑤ $a-b\times c\div 2=a-b\times c\times\frac{1}{2}=a-\frac{bc}{2}$

따라서 기호 ×, ÷를 생략하여 나타낸 것으로 옳은 것은 ③이다.

2 ㄱ. $a\div b\times c=a\times\frac{1}{b}\times c=\frac{ac}{b}$

ㄴ. $a\div\frac{1}{b}\div c=a\times b\times\frac{1}{c}=\frac{ab}{c}$

ㄷ. $a\times(b\div c)=a\times\frac{b}{c}=\frac{ab}{c}$

ㄹ. $a\div(b\times c)=a\times\frac{1}{bc}=\frac{a}{bc}$

따라서 $\frac{ab}{c}$와 같은 것은 ㄴ, ㄷ이다.

3 ⑤ 정가가 1000원인 물건을 a % 할인하여 판매할 때, 판매 가격은

$1000\times\left(1-\frac{a}{100}\right)=1000-10a$(원)

따라서 옳지 않은 것은 ⑤이다.

4 탄수화물을 150 g 섭취하였을 때, 얻은 열량은

$4\times 150=600$(kcal)

단백질을 a g 섭취하였을 때, 얻은 열량은

$4\times a=4a$(kcal)

지방을 b g 섭취하였을 때, 얻은 열량은

$9\times b=9b$(kcal)

따라서 우진이가 얻은 열량은

$(600+4a+9b)$kcal

5 상품의 작년 가격은

$50000+50000\times\frac{a}{100}=50000+500a$(원)이므로

올해 가격은

$(50000+500a)-(50000+500a)\times\frac{20}{100}$

$=50000+500a-10000-100a$

$=40000+400a$(원)

6 유경이가 시속 3 km로 x km를 걸어가는 데 걸린 시간은

$\frac{x}{3}$(시간)

중간에 30분 동안 쉰 것을 시간으로 나타내면

$\frac{30}{60}=\frac{1}{2}$(시간)

따라서 집에서 출발하여 도서관에 도착할 때까지 걸린 총 시간은

$\left(\frac{x}{3}+\frac{1}{2}\right)$시간

7 ① $2a+5=2\times(-2)+5=-4+5=1$

② $1-3a=1-3\times(-2)=1+6=7$

③ $\frac{a}{2}+7=-\frac{2}{2}+7=-1+7=6$

④ $a^2+6=(-2)^2+6=4+6=10$

⑤ $a^3\times(-4)=(-2)^3\times(-4)=(-8)\times(-4)=32$

따라서 식의 값이 가장 큰 것은 ⑤이다.

8 (주어진 식)$=3\div a-2\div b-5\div c$

$=3\div\frac{3}{2}-2\div\frac{1}{3}-5\div\left(-\frac{5}{2}\right)$

$=3\times\frac{2}{3}-2\times3-5\times\left(-\frac{2}{5}\right)$

$=2-6+2=-2$

9 (1) (사다리꼴의 넓이)

$=\frac{1}{2}\times\{$(윗변의 길이)+(아랫변의 길이)$\}\times$(높이)

이므로 $S=\frac{1}{2}(a+b)h$ …… ❶

(2) $a=3$, $b=5$, $h=4$를 $S=\frac{1}{2}(a+b)h$에 대입하면

$S=\frac{1}{2}\times(3+5)\times4=16$ …… ❷

채점 기준	비율
❶ S를 a, b, h를 사용한 식으로 나타내기	50 %
❷ $a=3$, $b=5$, $h=4$일 때, S의 값 구하기	50 %

10 항의 개수는 3개이므로 $a=3$

상수항은 -4이므로 $b=-4$

x의 계수와 y의 계수가 각각 3, 7이므로

$c=3$, $d=7$

따라서 $a+b+c+d=3+(-4)+3+7=9$

11 ① 1은 상수항만 있으므로 일차식이 아니다.

② $3\div x=\frac{3}{x}$에서 x가 분모에 있으므로 일차식이 아니다.

③ $\frac{1}{x}-8$은 x가 분모에 있으므로 일차식이 아니다.

⑤ $0\times x^2-4x+9=-4x+9$이므로 일차식이다.

따라서 일차식인 것은 ④, ⑤이다.

12 ㄱ. $\frac{x}{10}$는 단항식이므로 다항식이다.

ㄷ. $2x+5y-7$의 차수는 1이다.

ㄹ. $\frac{1}{3}x+\frac{2}{3}y-2$에서 x의 계수는 $\frac{1}{3}$, y의 계수는 $\frac{2}{3}$, 상수항은 -2이므로 그 합은

$\frac{1}{3}+\frac{2}{3}+(-2)=-1$

따라서 옳은 것은 ㄴ, ㄹ이다.

13 ① $3\times5x=15x$

② $(12y-8)\div2=6y-4$

③ $-4(2a+3)=-8a-12$

④ $(3x-y)\div\left(-\frac{1}{5}\right)=(3x-y)\times(-5)=-15x+5y$

⑤ $(27a-81b)\div(-3)^2=(27a-81b)\div9=3a-9b$

따라서 계산 결과가 옳은 것은 ④이다.

14 ① $2\times(4x-3)=8x-6$

② $(4x+1)\times(-6)=-24x-6$

③ $(9-2x)\times\left(-\frac{2}{3}\right)=\frac{4}{3}x-6$

④ $\left(\frac{10}{7}x+\frac{5}{3}\right)\div\left(-\frac{5}{18}\right)=\left(\frac{10}{7}x+\frac{5}{3}\right)\times\left(-\frac{18}{5}\right)$

$=-\frac{36}{7}x-6$

⑤ $\left(\frac{11}{8}-\frac{11}{4}x\right)\div\left(-\frac{11}{24}\right)=\left(\frac{11}{8}-\frac{11}{4}x\right)\times\left(-\frac{24}{11}\right)$

$=6x-3$

따라서 계산 결과의 상수항이 나머지 넷과 다른 하나는 ⑤이다.

15 $(ax+b)\times\left(-\frac{3}{4}\right)=3x-6$에서

$ax+b=(3x-6)\div\left(-\frac{3}{4}\right)$

$=(3x-6)\times\left(-\frac{4}{3}\right)$

$=-4x+8$

이므로 $a=-4$, $b=8$

$cx+d=(3x-6)\times\left(-\frac{4}{3}\right)$

$=-4x+8$

이므로 $c=-4$, $d=8$

따라서 $a+b+c+d=-4+8+(-4)+8=8$

16 ② 문자가 서로 다르므로 동류항이 아니다.

③ 문자의 차수가 서로 다르므로 동류항이 아니다.

⑤ 각 문자의 차수가 서로 다르므로 동류항이 아니다.

따라서 동류항끼리 짝 지어진 것은 ①, ④이다.

17 ② $a+4b-5a+3b=-4a+7b$

④ $2(x-1)-(x+2)=2x-2-x-2=x-4$

⑤ $5(x+3)-3(2x+4)=5x+15-6x-12=-x+3$

따라서 계산 결과가 옳지 않은 것은 ②이다.

18 (주어진 식)$=\frac{1}{5}(5x-10)-\frac{3}{4}(8x-12)$

$=x-2-6x+9$

$=-5x+7$ ······ ❶

따라서 x의 계수는 -5이고 상수항은 7이므로 구하는 합은

$-5+7=2$ ······ ❷

채점 기준	비율
❶ 주어진 식을 간단히 하기	50 %
❷ x의 계수와 상수항의 합 구하기	50 %

19 $2x+7-[6x-\{3-2(4-x)\}-1]$

$=2x+7-\{6x-(3-8+2x)-1\}$

$=2x+7-\{6x-(2x-5)-1\}$

$=2x+7-(6x-2x+5-1)$

$=2x+7-(4x+4)$

$=2x+7-4x-4$

$=-2x+3$

20 대각선에 있는 일차식의 합이

$(-3x+5)+(3x+2)+(9x-1)=9x+6$이므로

$A+(-x+4)+(9x-1)=9x+6$에서

$A=9x+6-(8x+3)=x+3$

$B+(3x+2)+(-x+4)=9x+6$에서

$B=9x+6-(2x+6)=7x$

$C+(5x+1)+(9x-1)=9x+6$에서

$C=9x+6-14x=-5x+6$

따라서

$A+B+C=(x+3)+7x+(-5x+6)=3x+9$

21 $-2A+5B+3(2A-4B)=-2A+5B+6A-12B$

$=4A-7B$

$A=4x-5$, $B=2x-3$을 $4A-7B$에 대입하면

$4A-7B=4(4x-5)-7(2x-3)$

$=16x-20-14x+21$

$=2x+1$

22 조건 (가)에 의하여

$A\times3=x-2$이므로

$A=(x-2)\div3=\frac{1}{3}x-\frac{2}{3}$ ······ ❶

조건 (나)에 의하여

$B-\left(\frac{4}{3}x-\frac{1}{3}\right)=-x+2$이므로

$B=-x+2+\left(\frac{4}{3}x-\frac{1}{3}\right)$

$=-\frac{3}{3}x+\frac{6}{3}+\left(\frac{4}{3}x-\frac{1}{3}\right)=\frac{1}{3}x+\frac{5}{3}$ ······ ❷

따라서

$A+B=\left(\frac{1}{3}x-\frac{2}{3}\right)+\left(\frac{1}{3}x+\frac{5}{3}\right)$

$=\frac{2}{3}x+1$ ······ ❸

채점 기준	비율
❶ 일차식 A 구하기	40 %
❷ 일차식 B 구하기	40 %
❸ $A+B$ 계산하기	20 %

23 $\frac{3}{2}(x-2)+2(\square)=\frac{5}{2}x-\frac{9}{4}$에서

$\frac{3}{2}x-3+2(\square)=\frac{5}{2}x-\frac{9}{4}$

$2(\square)=\frac{5}{2}x-\frac{9}{4}-\frac{3}{2}x+3$

$=\frac{5}{2}x-\frac{9}{4}-\frac{3}{2}x+\frac{12}{4}$

$=x+\frac{3}{4}$

따라서 $\square=\left(x+\frac{3}{4}\right)\div2=\frac{1}{2}x+\frac{3}{8}$

24 어떤 다항식을 A라 하면

$A-(5x+3)=3x-5$이므로

$A=3x-5+(5x+3)=8x-2$

이때 바르게 계산하면

$8x-2+(5x+3)=13x+1$

따라서 $a=13$, $b=1$이므로

$a-3b=13-3\times1=10$

고난도 대표 유형

54~57쪽

1 $\frac{2}{5}a$원　2 $\left(\frac{6}{5}x+\frac{3}{2}y\right)$mg　3 $-\frac{2}{3}$　4 692 m

5 (1) $(420-38a)$cm (2) 344 cm　6 11　7 B 마트

8 6　9 (1) $2x-2$ (2) $-2x+2$　10 31　11 ④

12 ②

1 정가가 a원인 음료를 20 % 할인한 판매 가격은

$a\left(1-\frac{20}{100}\right)$원

이 가격에서 50 %를 더 할인한 판매 가격은

$a\left(1-\frac{20}{100}\right)\left(1-\frac{50}{100}\right)=a\times\frac{80}{100}\times\frac{50}{100}=\frac{2}{5}a$(원)

2 A 식품은 100 g당 120 mg의 칼슘을 포함하므로

A 식품 1 g에 들어 있는 칼슘의 양은

$\frac{120}{100}=\frac{6}{5}$(mg)

이때 A 식품 x g에 들어 있는 칼슘의 양은

$\frac{6}{5}\times x=\frac{6}{5}x$(mg)

B 식품은 100 g당 150 mg의 칼슘을 포함하므로

B 식품 1 g에 들어 있는 칼슘의 양은

$\frac{150}{100}=\frac{3}{2}$(mg)

이때 B 식품 y g에 들어 있는 칼슘의 양은

$\frac{3}{2}\times y=\frac{3}{2}y$(mg)

따라서 A 식품 x g과 B 식품 y g을 섭취하였을 때, 섭취한 칼슘의 양은

$\left(\frac{6}{5}x+\frac{3}{2}y\right)$mg

3 $\left|\frac{2}{5a}\right|-\left|\frac{2}{3b}-\frac{2}{15c}\right|$

$=\left|\frac{2}{5}\div a\right|-\left|\frac{2}{3}\div b-\frac{2}{15}\div c\right|$

$=\left|\frac{2}{5}\div\left(-\frac{1}{3}\right)\right|-\left|\frac{2}{3}\div\frac{1}{2}-\frac{2}{15}\div\left(-\frac{1}{4}\right)\right|$

$=\left|\frac{2}{5}\times(-3)\right|-\left|\frac{2}{3}\times 2-\frac{2}{15}\times(-4)\right|$

$=\left|-\frac{6}{5}\right|-\left|\frac{4}{3}+\frac{8}{15}\right|=\frac{6}{5}-\frac{28}{15}=-\frac{2}{3}$

4 $x=25$를 $331+0.6x$에 대입하면

$331+0.6x=331+0.6\times 25$

$=331+15=346$

즉, 기온이 25 ℃일 때, 소리의 속력은 초속 346 m이다.

따라서 은우는 번개가 친 지 2초 후에 천둥 소리를 들었으므로 은우가 있었던 곳에서 번개가 친 곳까지의 거리는

$346\times 2=692$(m)

5 (1) 종이를 한 장씩 붙일 때마다 가로의 길이는 $(10-a)$cm씩 늘어나므로 첫 장의 종이에 19장의 종이를 붙이면 가로의 길이는 $10+19(10-a)=200-19a$(cm)

따라서 둘레의 길이는

$2(10+200-19a)=420-38a$(cm)

(2) $a=2$를 대입하면

$420-38\times 2=420-76=344$(cm)

6 x에 대한 일차식이므로 $a-3=0$, $a=3$

상수항이 2이므로 $b-3=2$, $b=5$

따라서 x의 계수는

$2a+b=2\times 3+5=11$

7 A 마트에서의 물 1병당 가격은

$6x\div 7=\frac{6}{7}x$(원)

B 마트에서의 물 1병당 가격은

$x\times\left(1-\frac{20}{100}\right)=x\times\frac{80}{100}=\frac{4}{5}x$(원)

따라서 물 1병당 가격은 B 마트가 더 저렴하다.

8 a의 값이 b의 값의 2배이므로 $a=2b$

$a=2b$를 주어진 식에 대입하면

$\frac{5a+2b}{2a-b}-\frac{-3a-4b}{3a-b}$

$=\frac{5\times 2b+2b}{2\times 2b-b}-\frac{-3\times 2b-4b}{3\times 2b-b}$

$=\frac{12b}{3b}-\frac{-10b}{5b}$

$=4+2=6$

9 (1) n이 홀수일 때, $n+1$은 짝수이므로

$(-1)^n=-1$, $(-1)^{n+1}=1$

따라서

$(-1)^n(3x-2)+(-1)^{n+1}(5x-4)$

$=-(3x-2)+(5x-4)$

$=-3x+2+5x-4$

$=2x-2$

(2) n이 짝수일 때, $n+1$은 홀수이므로

$(-1)^n=1$, $(-1)^{n+1}=-1$

따라서

$(-1)^n(3x-2)+(-1)^{n+1}(5x-4)$

$=(3x-2)-(5x-4)$

$=3x-2-5x+4$

$=-2x+2$

10 (주어진 식) $=-12x+\{3x-4(-x-6x+3)\}$

$=-12x+\{3x-4(-7x+3)\}$

$=-12x+(3x+28x-12)$

$=-12x+(31x-12)$

$=-12x+31x-12$

$=19x-12$

따라서 $a=19$, $b=-12$이므로

$a-b=19-(-12)=31$

11 오른쪽 그림과 같이 2개의 직사각형으로 나누면 안채의 넓이는

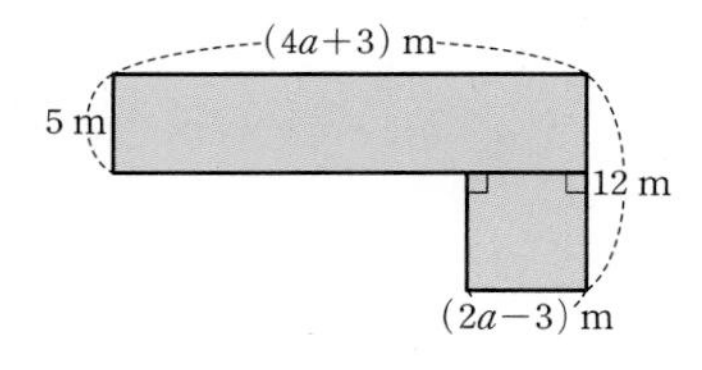

$(4a+3)\times 5$

$+(2a-3)\times(12-5)$

$=20a+15+14a-21$

$=34a-6$(m^2)

12 한 변의 길이가 8 cm인 정사각형 모양의 종이 x장의 넓이의 합은

$(8\times 8)\times x=64x$(cm^2)

겹치는 부분의 모양은 한 변의 길이가 4 cm인 정사각형이고 $(x-1)$곳에서 겹치므로 겹치는 부분의 넓이의 합은

$(4\times 4)\times(x-1)=16x-16$(cm^2)

따라서 구하는 도형의 넓이는

$64x-(16x-16)=64x-16x+16$

$=48x+16$(cm^2)

고난도 실전 문제 58~63쪽

1 ③, ④　2 ②　3 ①　4 ②　5 ⑤
6 ③　7 ①　8 -16　9 500　10 28
11 -11　12 (1) $\left(\frac{9}{5}a+32\right)$ °F (2) 68 °F
13 3.2 kg을 늘려야 한다.　14 (1) $1+3x$ (2) 82
15 (1) $(9x-9)$cm (2) 81 cm　16 ④　17 -4
18 -2　19 ①
20 A가게: $\frac{18}{25}x$원, B가게: $\frac{18}{25}x$원, C가게: $\frac{7}{10}x$원
21 1　22 2　23 ④　24 ③　25 1
26 $x+2y$　27 ①　28 23　29 $-9x+26$
30 $-4x$　31 5　32 $l+m-n$, 27　33 ②
34 ⑤　35 $(6x-9)\text{m}^2$　36 44000

1 ① $\frac{1}{a}\div\left(\frac{1}{b}\div\frac{1}{c}\right)=\frac{1}{a}\div\left(\frac{1}{b}\times c\right)=\frac{1}{a}\times\frac{b}{c}=\frac{b}{ac}$

② $2\div(x-2y)=2\times\frac{1}{x-2y}=\frac{2}{x-2y}$

③ $x\times 2+a\div y=2x+\frac{a}{y}$

④ $(3-a)\div x\times y=(3-a)\times\frac{1}{x}\times y=\frac{(3-a)y}{x}$

⑤ $a\div 2\div(x\times y)=a\times\frac{1}{2}\times\frac{1}{xy}=\frac{a}{2xy}$

따라서 옳지 않은 것은 ③, ④이다.

2 $a\div(b\div c)=a\div\frac{b}{c}=a\times\frac{c}{b}=\frac{ac}{b}$

① $(a\div b)\div c=\frac{a}{b}\times\frac{1}{c}=\frac{a}{bc}$

② $a\div b\times c=a\times\frac{1}{b}\times c=\frac{ac}{b}$

③ $a\div b\div c=a\times\frac{1}{b}\times\frac{1}{c}=\frac{a}{bc}$

④ $a\times b\div c=a\times b\times\frac{1}{c}=\frac{ab}{c}$

⑤ $a\times\frac{1}{b}\times\frac{1}{c}=\frac{a}{bc}$

따라서 주어진 식과 계산 결과가 같은 것은 ②이다.

3 처음 직사각형의 가로의 길이를 a, 세로의 길이를 b라 하면 처음 직사각형의 넓이는

$a\times b=ab$

새로 만든 직사각형의 가로의 길이는

$a\times\left(1+\frac{25}{100}\right)=a\times\frac{125}{100}=\frac{5}{4}a$

세로의 길이는

$b\times\left(1-\frac{20}{100}\right)=b\times\frac{80}{100}=\frac{4}{5}b$

즉, 새로 만든 직사각형의 넓이는

$\frac{5}{4}a\times\frac{4}{5}b=ab$

따라서 새로 만든 직사각형의 넓이는 처음 직사각형의 넓이와 같다.

4 A가 49분 동안 걸은 거리는

$x\times 49=49x(\text{m})$

B가 49분 동안 걸은 거리는

$y\times 49=49y(\text{m})$

이때 공원의 둘레의 길이는 a m이므로

$49x+49y=2\times a$, $49x+49y=2a$

5 원가가 a원인 티셔츠에 x %의 이익을 붙인 정가는

$a\times\left(1+\frac{x}{100}\right)=a\left(1+\frac{x}{100}\right)$(원)

여기에서 30 %를 할인하여 판매할 때, 판매 가격은

$a\left(1+\frac{x}{100}\right)\times\left(1-\frac{30}{100}\right)=a\left(1+\frac{x}{100}\right)\times\frac{70}{100}$

$=\frac{7}{10}a\left(1+\frac{x}{100}\right)$(원)

따라서 티셔츠 150장을 구매할 때, 지불해야 하는 금액은

$\frac{7}{10}a\left(1+\frac{x}{100}\right)\times 150=105a\left(1+\frac{x}{100}\right)$

$=105a+\frac{21}{20}ax$(원)

6 순금의 함유량이 a %인 합금 500 g에 들어 있는 순금의 양은

$\frac{a}{100}\times 500=5a(\text{g})$

순금의 함유량이 b %인 합금 700 g에 들어 있는 순금의 양은

$\frac{b}{100}\times 700=7b(\text{g})$

따라서 팔찌에 함유된 순금의 양은

$(5a+7b)$g

7 $a=\frac{1}{6}$을 $2a-5$에 대입하면

$2a-5=2\times\frac{1}{6}-5=\frac{1}{3}-5$

$=\frac{1}{3}-\frac{15}{3}=-\frac{14}{3}$

$b=-\frac{3}{8}$을 $7+6b$에 대입하면

$7+6b=7+6\times\left(-\frac{3}{8}\right)=7+\left(-\frac{9}{4}\right)$

$=\frac{28}{4}+\left(-\frac{9}{4}\right)=\frac{19}{4}$

따라서

$3|2a-5|-4|7+6b|=3\times\left|-\frac{14}{3}\right|-4\times\left|\frac{19}{4}\right|$

$=3\times\frac{14}{3}-4\times\frac{19}{4}=-5$

8 $\frac{2xy-3yz+4zx}{xyz}=\frac{2}{z}-\frac{3}{x}+\frac{4}{y}$

$=2\div z-3\div x+4\div y$

$x=-\frac{1}{2}$, $y=-\frac{1}{3}$, $z=-\frac{1}{5}$을 대입하면

$(\text{주어진 식})=2\div\left(-\frac{1}{5}\right)-3\div\left(-\frac{1}{2}\right)+4\div\left(-\frac{1}{3}\right)$
$=2\times(-5)-3\times(-2)+4\times(-3)$
$=-10+6-12=-16$

9 $(-1)^{(\text{짝수})}=1$, $(-1)^{(\text{홀수})}=-1$이므로
$x=-1$을 $x+2x^2+3x^3+\cdots+1000x^{1000}$에 대입하면
$x+2x^2+3x^3+\cdots+1000x^{1000}$
$=(-1)+2\times(-1)^2+3\times(-1)^3+\cdots+1000\times(-1)^{1000}$
$=\{(-1)+2\}+\{(-3)+4\}+\cdots+\{(-999)+1000\}$
$=\underbrace{1+1+1+\cdots+1}_{500\text{개}}$
$=500$

10 $《3,\ -2,\ -1》=3\times\{(-2)^2-3\times(-1)\}$
$=3\times(4+3)=21$
$\left《-4,\ -\frac{1}{2},\ \frac{2}{3}\right》=-4\times\left\{\left(-\frac{1}{2}\right)^2-3\times\frac{2}{3}\right\}$
$=-4\times\left(\frac{1}{4}-2\right)=-4\times\left(\frac{1}{4}-\frac{8}{4}\right)$
$=-4\times\left(-\frac{7}{4}\right)=7$
따라서
$《3,\ -2,\ -1》+\left《-4,\ -\frac{1}{2},\ \frac{2}{3}\right》=21+7=28$

11 $a=-3$을 $-a^2+5$에 대입하면
$-(-3)^2+5=-4$이므로 ㉠: -4
$a=-4$를 $\frac{3}{2}a-1$에 대입하면
$\frac{3}{2}\times(-4)-1=-6-1=-7$이므로 ㉡: -7
따라서 ㉠, ㉡에 알맞은 수의 합은
$(-4)+(-7)=-11$

12 (1) 섭씨온도가 a ℃일 때, 화씨온도는 섭씨온도에 $\frac{9}{5}$를 곱한 것 보다 32 ℃ 더 높으므로 $\left(\frac{9}{5}a+32\right)$°F이다.
(2) $a=20$을 $\frac{9}{5}a+32$에 대입하면 $\frac{9}{5}\times20+32=68$이므로 화씨온도로 68 °F이다.

13 $x=158$을 $0.9(x-100)$에 대입하면
$0.9\times(158-100)=0.9\times58=52.2$
즉, 진서의 표준 체중은 52.2 kg이다.
따라서 진서가 표준 체중이 되려면 $52.2-49=3.2(\text{kg})$을 늘려야 한다.

14 (1) 정사각형을 1개 만들 때, 필요한 빨대의 개수는
$1+3=4$
정사각형을 2개 만들 때, 필요한 빨대의 개수는
$1+3\times2=7$
정사각형을 3개 만들 때, 필요한 빨대의 개수는
$1+3\times3=10$
⋮
정사각형을 x개 만들 때, 필요한 빨대의 개수는
$1+3\times x=1+3x$ …… ❶
(2) $x=27$을 $1+3x$에 대입하면 $1+3x=1+3\times27=82$
따라서 정사각형을 27개 만들 때, 필요한 빨대의 개수는 82이다. …… ❷

채점 기준	비율
❶ 정사각형을 x개 만들 때, 필요한 빨대의 개수를 x를 사용한 식으로 나타내기	70 %
❷ 정사각형을 27개 만들 때, 필요한 빨대의 개수 구하기	30 %

15 (1) 겹치는 부분의 모양은 한 변의 길이가 3 cm인 정삼각형이고 $(x-1)$곳에서 겹치므로 겹치는 부분의 둘레의 길이의 합은
$(3\times3)\times(x-1)=9x-9(\text{cm})$
(2) $x=10$을 $9x-9$에 대입하면
$9\times10-9=81(\text{cm})$

16 항의 개수는 4이므로 $a=4$
다항식의 차수는 3이므로 $b=3$
x의 계수는 $-\frac{4}{5}$이므로 $c=-\frac{4}{5}$
상수항은 $\frac{3}{4}$이므로 $d=\frac{3}{4}$
따라서 $ab+5cd=4\times3+5\times\left(-\frac{4}{5}\right)\times\frac{3}{4}=12-3=9$

17 주어진 식이 일차식이므로
$a+3=0$에서 $a=-3$
x의 계수는 $-3a+2$에 $a=-3$을 대입하면
$-3\times(-3)+2=11$
상수항은 $5a$에 $a=-3$을 대입하면 $5\times(-3)=-15$
따라서 x의 계수와 상수항의 합은
$11+(-15)=-4$

18 다항식 $([a]+6)x^2-|a+4|x+10$이 x에 대한 일차식이므로
$[a]+6=0$, $[a]=-6$
즉, $-6\le a<-5$
이때 $-2\le a+4<-1$이므로
$1<|a+4|\le2$, $-2\le-|a+4|<-1$
따라서 x의 계수가 될 수 있는 수 중에서 가장 작은 수는 -2이다.

19 색칠한 부분을 겹치지 않게 이어 붙여 직사각형을 만들면
가로의 길이는 $x-2\times3=x-6(\text{cm})$
세로의 길이는 $20-2=18(\text{cm})$
따라서 색칠한 부분의 넓이는
$(x-6)\times18=18x-108(\text{cm}^2)$

20 A 가게: 10 % 할인하였을 때, 판매 가격은
$x\times\left(1-\frac{10}{100}\right)=x\times\frac{90}{100}=\frac{9}{10}x(\text{원})$

추가로 20 % 할인하였을 때, 판매 가격은

$\frac{9}{10}x\times\left(1-\frac{20}{100}\right)=\frac{9}{10}x\times\frac{80}{100}=\frac{18}{25}x$(원)

B 가게 : 제품을 20 % 할인하였을 때, 판매 가격은

$x\times\left(1-\frac{20}{100}\right)=x\times\frac{80}{100}=\frac{4}{5}x$(원)

추가로 10 % 할인하였을 때, 판매 가격은

$\frac{4}{5}x\times\left(1-\frac{10}{100}\right)=\frac{4}{5}x\times\frac{90}{100}=\frac{18}{25}x$(원)

C 가게 : 제품을 30 % 할인하였을 때, 판매 가격은

$x\times\left(1-\frac{30}{100}\right)=x\times\frac{70}{100}=\frac{7}{10}x$(원)

21 $\left(ax+\frac{7}{3}\right)-\left(-\frac{5}{2}x+b\right)=ax+\frac{7}{3}+\frac{5}{2}x-b$

$=\left(a+\frac{5}{2}\right)x+\frac{7}{3}-b$

이때 x의 계수는 2이므로

$a+\frac{5}{2}=2$, $a=2-\frac{5}{2}=-\frac{1}{2}$

또, 상수항은 3이므로

$\frac{7}{3}-b=3$, $b=\frac{7}{3}-3=-\frac{2}{3}$

따라서

$10a-9b=10\times\left(-\frac{1}{2}\right)-9\times\left(-\frac{2}{3}\right)$

$=-5+6=1$

22 $\frac{3x-y}{2}+\frac{x+4y}{3}-\frac{2x+5y}{9}$

$=\frac{9(3x-y)+6(x+4y)-2(2x+5y)}{18}$

$=\frac{27x-9y+6x+24y-4x-10y}{18}$

$=\frac{29x+5y}{18}$ …… ❶

이때 $a=\frac{29}{18}$, $b=\frac{5}{18}$이므로

$a+b=\frac{29}{18}+\frac{5}{18}=\frac{34}{18}=\frac{17}{9}$ …… ❷

따라서 $\frac{17}{9}$에 가장 가까운 정수는 2이다. …… ❸

채점 기준	비율
❶ 주어진 식 계산하기	50 %
❷ $a+b$의 값 구하기	30 %
❸ $a+b$의 값에 가장 가까운 정수 구하기	20 %

23 $A=3a+b-2$, $B=6a-4b+5$, $C=-4a+b+10$이므로

$A+B=(3a+b-2)+(6a-4b+5)$

$=9a-3b+3$

$B-C=(6a-4b+5)-(-4a+b+10)$

$=6a-4b+5+4a-b-10$

$=10a-5b-5$

따라서

$\frac{2}{3}(A+B)+\frac{3}{5}(B-C)$

$=\frac{2}{3}(9a-3b+3)+\frac{3}{5}(10a-5b-5)$

$=6a-2b+2+6a-3b-3$

$=12a-5b-1$

24 $x : 4=y : 1$이므로 $x=4y$

$x=4y$를 $\frac{3x-2y}{2x-3y}+\frac{3x-4y}{x+4y}$에 대입하면

$\frac{3x-2y}{2x-3y}+\frac{3x-4y}{x+4y}=\frac{3\times4y-2y}{2\times4y-3y}+\frac{3\times4y-4y}{4y+4y}$

$=\frac{10y}{5y}+\frac{8y}{8y}$

$=2+1=3$

25 $\frac{a-4ab+b}{2ab}=\frac{1}{2b}-2+\frac{1}{2a}$

$=\frac{1}{2}\left(\frac{1}{a}+\frac{1}{b}\right)-2$

$=\frac{1}{2}\times6-2=1$

다른 풀이

$\frac{1}{a}+\frac{1}{b}=6$의 양변에 ab를 곱하면 $b+a=6ab$

$a+b=6ab$를 대입하면

$\frac{a-4ab+b}{2ab}=\frac{6ab-4ab}{2ab}=\frac{2ab}{2ab}=1$

26 n이 짝수이므로 $(-1)^{n+1}=-1$, $(-1)^{n}=1$

따라서

(주어진 식)$=-(-3x+2y)-(2x-4y)$

$=3x-2y-2x+4y$

$=x+2y$

27 n이 자연수일 때, $2n$은 짝수이고 $2n+1$은 홀수이므로

$(-1)^{2n}=1$, $(-1)^{2n+1}=-1$

따라서

$(-1)^{2n}\times\frac{3x-1}{2}+(-1)^{2n+1}\times\frac{2x+1}{4}$

$=\frac{3x-1}{2}-\frac{2x+1}{4}$

$=\frac{2(3x-1)-(2x+1)}{4}$

$=\frac{6x-2-2x-1}{4}$

$=x-\frac{3}{4}$

28 (주어진 식)$=5x+\{2x-4(-x-2x+1)\}$

$=5x+\{2x-4(-3x+1)\}$

$=5x+(2x+12x-4)$

$=5x+(14x-4)$

$=19x-4$

따라서 $a=19$, $b=-4$이므로

$a-b=19-(-4)=23$

29 $A+\frac{1}{2}(4x-8)=x+6$이므로

$A+2x-4=x+6$

$A=x+6-(2x-4)$

$\quad=x+6-2x+4$

$\quad=-x+10$

따라서 바르게 계산하면

$-x+10-2(4x-8)=-x+10-8x+16$

$\qquad\qquad\qquad\qquad=-9x+26$

30 $B=-5x-x=-6x$이므로

$A=-2x-6x=-8x$

따라서

(주어진 식)$=2A-6B-6A+12B$

$\qquad=-4A+6B$

$\qquad=-4\times(-8x)+6\times(-6x)$

$\qquad=32x-36x=-4x$

31 ✚ 모양 안에 있는 5개의 수 중에서 한가운데에 있는 수를 n이라 하면 5개의 수는 오른쪽 그림과 같이 나타낼 수 있다.

	$n-7$	
$n-1$	n	$n+1$
	$n+7$	

이때 5개의 수의 합은

$(n-7)+(n-1)+n+(n+1)+(n+7)=5n$

따라서 이것은 한가운데에 있는 수 n의 5배이므로

$k=5$

32 오른쪽 그림과 같이 처음 정사각형의 나누어진 각 변의 길이를 a, b, c, d라 하면

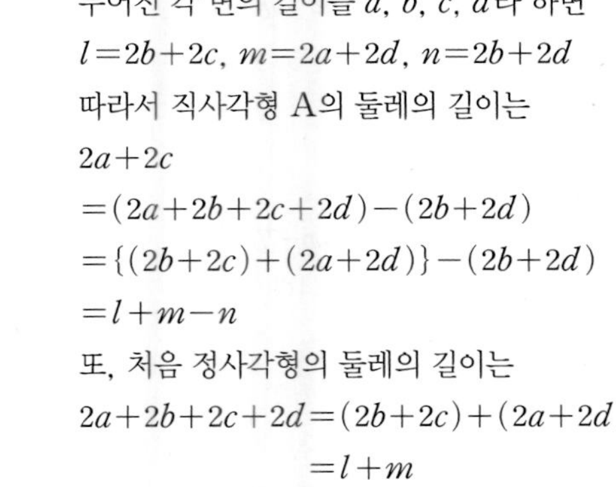

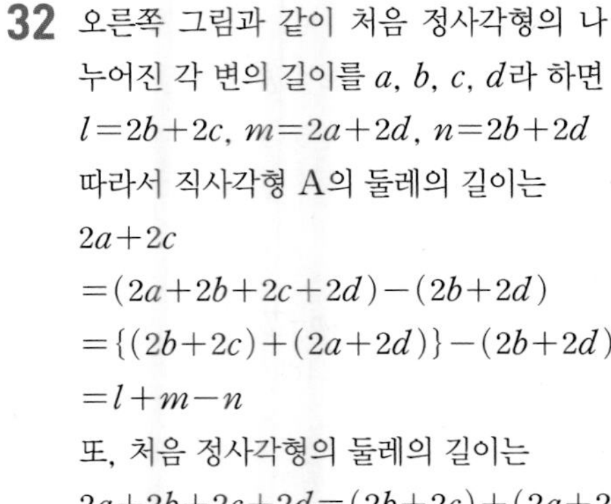

$l=2b+2c$, $m=2a+2d$, $n=2b+2d$

따라서 직사각형 A의 둘레의 길이는

$2a+2c$

$=(2a+2b+2c+2d)-(2b+2d)$

$=\{(2b+2c)+(2a+2d)\}-(2b+2d)$

$=l+m-n$

또, 처음 정사각형의 둘레의 길이는

$2a+2b+2c+2d=(2b+2c)+(2a+2d)$

$\qquad\qquad\qquad=l+m$

$\qquad\qquad\qquad=12+15=27$

33 한 변의 길이가 10 cm인 정삼각형 모양의 종이 x장의 둘레의 길이의 합은

$(10\times3)\times x=30x$(cm)

겹치는 부분의 모양은 한 변의 길이가 3 cm인 정삼각형이고 $(x-1)$곳에서 겹치므로 겹치는 부분의 둘레의 길이의 합은

$(3\times3)\times(x-1)=9x-9$(cm)

따라서 구하는 도형의 둘레의 길이는

$30x-(9x-9)=30x-9x+9$

$\qquad\qquad=21x+9$(cm)

34 올해의 배의 수는 a이고 내년에는 올해보다 8 % 증가시킬 계획이므로 내년에 수확 예정인 배의 수는

$a\times\left(1+\frac{8}{100}\right)=a\times\frac{27}{25}=\frac{27}{25}a$

올해의 사과의 수는 $(a+300)$이고 내년에는 올해보다 12 % 증가시킬 계획이므로 내년에 수확 예정인 사과의 수는

$(a+300)\times\left(1+\frac{12}{100}\right)=(a+300)\times\frac{28}{25}$

$\qquad\qquad\qquad=\frac{28}{25}a+336$

따라서 내년에 수확 예정인 배와 사과의 수의 합은

$\frac{27}{25}a+\left(\frac{28}{25}a+336\right)=\frac{55}{25}a+336$

$\qquad\qquad=\frac{11}{5}a+336$

35 산책로의 넓이는 가로가 x m, 세로가 3 m인 직사각형 두 개의 넓이에서 한 변의 길이가 3 m인 정사각형의 넓이를 빼면 되므로

$x\times3+x\times3-3\times3=6x-9$(m^2)

36 어제 입장한 성인이 x명이었으므로 청소년은 $(2x+1)$명, 어린이는 $(3x-2)$명이었다. …… ❶

어제 박물관의 입장료 총액은

$12000\times x+9000\times(2x+1)+5000\times(3x-2)$

$=12000x+18000x+9000+15000x-10000$

$=45000x-1000$(원) …… ❷

따라서 $a=45000$, $b=-1000$이므로

$a+b=45000+(-1000)=44000$ …… ❸

채점 기준	비율
❶ 어제 입장한 청소년 수, 어린이 수를 각각 x를 사용한 식으로 나타내기	30 %
❷ 어제 박물관의 입장료 총액을 x를 사용한 식으로 나타내기	50 %
❸ $a+b$의 값 구하기	20 %

4. 일차방정식

필수 확인 문제 68~73쪽

1 ⑤	2 ④	3 2개	4 −4	5 6
6 ②, ④	7 ⑤	8 4, 5, 6	9 ③	10 −12
11 $a=2$, $b\neq5$		12 ⑤	13 ④	14 $x=1$
15 $x=-2$	16 ④	17 ⑤	18 30	19 ①
20 1	21 10	22 $\frac{1}{2}$	23 14	24 ③
25 ③	26 28	27 ③	28 28명	29 2000초
30 4000원	31 14	32 16	33 ③	34 5 km
35 ④	36 200 g			

1 ⑤ 분속 300 m의 속력으로 x분 동안 달린 거리는 $300x$ m이므로 단위를 통일하면 $4000-300x=1000$
따라서 옳지 않은 것은 ⑤이다.

2 [ ] 안의 수를 주어진 방정식의 x에 각각 대입하면
① $4\times(-1)+1\neq3$
② $5-2\neq2\times2$
③ $3\times1-1\neq4-1$
④ $2\times(-3+4)-7=-5$
⑤ $6\times0-5\neq7\times(0+1)$
따라서 [ ] 안의 수가 주어진 방정식의 해인 것은 ④이다.

참고 $x=a$가 방정식의 해이다.
➡ $x=a$를 방정식에 대입하면 참이다.
➡ $x=a$를 방정식에 대입하면 (좌변)=(우변)이다.

3 x의 값에 따라 참이 되기도 하고, 거짓이 되기도 하는 등식은 방정식이다.
ㄴ, ㄷ. 등식이 아니다.
ㄹ, ㅂ. 항등식
따라서 방정식은 ㄱ, ㅁ의 2개이다.

4 $a(x+1)-4=2x+b$에서
$ax+a-4=2x+b$ …… ❶
이때 x의 값에 관계없이 항상 참인 등식은 x에 대한 항등식이므로
$a=2$, $a-4=b$
$a-4=b$에서 $2-4=b$, $b=-2$ …… ❷
따라서 $ab=2\times(-2)=-4$ …… ❸

채점 기준	비율
❶ 좌변을 간단히 하기	30 %
❷ a, b의 값 각각 구하기	50 %
❸ ab의 값 구하기	20 %

5 $(6-2a)x=3-ax$에서 $(6-a)x=3$
이때 $6-a=0$이면 등식을 만족시키는 x의 값이 존재하지 않는다.
따라서 $a=6$

6 ① $4a=2b$의 양변을 4로 나누면
$a=\frac{b}{2}$
② $\frac{a}{2}=\frac{b}{3}$의 양변에 4를 곱하면
$2a=\frac{4}{3}b$
③ $5-2a=5-2b$의 양변에서 5를 빼면 $-2a=-2b$
양변을 -2로 나누면 $a=b$
④ $c=0$일 때는 성립하지 않는다.
⑤ $3a=b$의 양변에 2를 곱하면 $6a=2b$
양변에 1을 더하면 $6a+1=2b+1$
따라서 옳지 않은 것은 ②, ④이다.

7 ① $2x-1=7$의 양변에 1을 더하면
$2x=8$
② $2x=8$의 양변을 2로 나누면
$x=4$
③ $x=4$의 양변에서 3을 빼면
$x-3=1$
④ $2x-1=7$의 양변을 2로 나누면
$\frac{2x-1}{2}=\frac{7}{2}$, 즉 $x-\frac{1}{2}=\frac{7}{2}$
⑤ $2x-1=7$의 양변에 -1을 곱하면
$-(2x-1)=-7$, 즉 $-2x+1=-7$
따라서 옳지 않은 것은 ⑤이다.

8 $2a-7b-14=-4(2a+3b)+21$에서
$2a-7b+4(2a+3b)=21+14$
$2a-7b+8a+12b=35$
즉, $10a+5b=35$이므로 $2a+b=7$
이를 만족시키는 자연수 a, b는
$a=1$, $b=5$ 또는 $a=2$, $b=3$ 또는 $a=3$, $b=1$
따라서 $a+b$의 값이 될 수 있는 수는 6, 5, 4이다.

9 ① $x-2=0$이므로 일차방정식이다.
② $10x-8=0$이므로 일차방정식이다.
③ $2(2x-1)=4x+7$에서 $4x-2=4x+7$
즉, $-9=0$이므로 일차방정식이 아니다.
④ $-x-10=0$이므로 일차방정식이다.
⑤ $x(x+5)=x^2-2$에서 $x^2+5x=x^2-2$
즉, $5x+2=0$이므로 일차방정식이다.
따라서 x에 대한 일차방정식이 아닌 것은 ③이다.

10 $9x+5=3x-13$에서 5와 $3x$를 각각 이항하면
$9x-3x=-13-5$, $6x=-18$
따라서 $a=6$, $b=-18$이므로
$a+b=6+(-18)=-12$

11 $ax^2+5x=2x^2+bx-3$에서 우변에 있는 모든 항을 이항하면
$ax^2+5x-2x^2-bx+3=0$

$(a-2)x^2+(5-b)x+3=0$

x에 대한 일차방정식이 되기 위해서는

$a-2=0$, $5-b\neq 0$

따라서 $a=2$, $b\neq 5$

12 ⑤ $ax+b=0$에서 $a=0$이면 x에 대한 일차방정식이 아니다.

따라서 옳지 않은 것은 ⑤이다.

13 ① $x-6=3x$에서 $-2x=6$, $x=-3$

② $5x+4=x-8$에서 $4x=-12$, $x=-3$

③ $-3(x-4)=6-5x$에서

$-3x+12=6-5x$, $2x=-6$, $x=-3$

④ $7(x-1)=2(2x+1)$에서

$7x-7=4x+2$, $3x=9$, $x=3$

⑤ $4(2x-1)=5(x-3)+2$에서

$8x-4=5x-15+2$, $3x=-9$, $x=-3$

따라서 해가 나머지 넷과 다른 하나는 ④이다.

14 $7-2(2x-3)=-5(x-1)$에서

$7-4x+6=-5x+5$, $x=-8$

$a=-8$을 $(a-2)x+6=-8x+4$에 대입하면

$(-8-2)x+6=-8x+4$, $-10x+6=-8x+4$

$-2x=-2$, $x=1$

15 $x=3$을 $ax-2=x+7$에 대입하면

$3a-2=3+7$, $3a=12$, $a=4$ …… ❶

$a=4$를 $4x+6=-3x-2a$에 대입하면

$4x+6=-3x-8$, $7x=-14$, $x=-2$ …… ❷

채점 기준	비율
❶ a의 값 구하기	50 %
❷ 일차방정식 $4x+6=-3x-2a$ 풀기	50 %

16 $8x-\{3x+7-(10-4x)\}=5(x-1)$에서

$8x-(3x+7-10+4x)=5x-5$

$8x-(7x-3)=5x-5$

$8x-7x+3=5x-5$

$-4x=-8$, $x=2$

17 $3(x-5)+2a=3x-9$에서

$3x-15+2a=3x-9$

이 등식을 만족시키는 x의 값이 존재하지 않으므로

$-15+2a\neq -9$, $2a\neq 6$, $a\neq 3$

18 $2(11-3x)=a$에서

$22-6x=a$, $-6x=a-22$, $x=\dfrac{22-a}{6}$

이때 $\dfrac{22-a}{6}$가 자연수가 되려면 $22-a$는 6의 배수이어야 한다.

즉, $22-a$가 6, 12, 18, 24, …이므로

a는 16, 10, 4, -2, …이다.

따라서 자연수 a는 4, 10, 16이므로 그 합은

$4+10+16=30$

19 $-\dfrac{4x-4}{3}+\dfrac{17}{6}=\dfrac{x+1}{2}$의 양변에 분모의 최소공배수 6을 곱하면

$-2(4x-4)+17=3(x+1)$, $-8x+8+17=3x+3$

$-11x=-22$, $x=2$

따라서 $a=2$이므로

$a^2-4a=2^2-4\times 2=-4$

20 $0.4(x+5)=0.7x-1$의 양변에 10을 곱하면

$4(x+5)=7x-10$

$4x+20=7x-10$

$-3x=-30$, $x=10$

즉, $a=10$ …… ❶

$\dfrac{1}{2}x+1=\dfrac{1}{3}x-\dfrac{1}{2}$의 양변에 분모의 최소공배수 6을 곱하면

$3x+6=2x-3$, $x=-9$

즉, $b=-9$ …… ❷

따라서 $a+b=10+(-9)=1$ …… ❸

채점 기준	비율
❶ a의 값 구하기	40 %
❷ b의 값 구하기	40 %
❸ $a+b$의 값 구하기	20 %

21 $2x-\dfrac{1}{5}(5x+3a)=-2.8$의 양변에 5를 곱하면

$10x-(5x+3a)=-14$, $10x-5x-3a=-14$

$5x-3a=-14$, $5x=3a-14$

해 $x=\dfrac{3a-14}{5}$가 음수가 되도록 하는 자연수 a는

$a=1$, 2, 3, 4

따라서 모든 자연수 a의 값의 합은

$1+2+3+4=10$

22 $\dfrac{2x-1}{3}-1=\dfrac{x-2}{4}$의 양변에 분모의 최소공배수 12를 곱하면

$4(2x-1)-12=3(x-2)$

$8x-4-12=3x-6$

$5x=10$, $x=2$

$x=2$를 $a(x+4)=5x-7$에 대입하면

$6a=10-7$, $6a=3$, $a=\dfrac{1}{2}$

23 $\dfrac{2}{5}(x+2)=0.3x+1$의 양변에 10을 곱하면

$4(x+2)=3x+10$

$4x+8=3x+10$, $x=2$

즉, x에 대한 일차방정식 $4x-(a-x)=16$의 해는

$x=3\times 2=6$이므로 $x=6$을 $4x-(a-x)=16$에 대입하면

$24-(a-6)=16$, $24-a+6=16$

$-a=-14$, $a=14$

24 $(3-4x):(5x-1)=2:3$에서

$3(3-4x)=2(5x-1)$, $9-12x=10x-2$

$-22x=-11$, $x=\frac{1}{2}$

따라서 $a=\frac{1}{2}$이므로

$4(a+1)=4\times\left(\frac{1}{2}+1\right)=6$

25 연속하는 세 홀수를 $x-2$, x, $x+2$라 하면

$(x-2)+x+(x+2)=141$

$3x=141$, $x=47$

따라서 연속하는 세 홀수는 45, 47, 49이므로 가장 작은 수는 45이다.

26 처음 수의 십의 자리의 숫자를 x라 하면 처음 수는 $10x+8$이고, 십의 자리의 숫자와 일의 자리의 숫자를 바꾼 수는 $80+x$이므로

$80+x=3(10x+8)-2$

$80+x=30x+24-2$

$-29x=-58$, $x=2$

따라서 처음 수는 28이다.

27 현재 아들의 나이를 x살이라 하면 어머니의 나이는 $3x$살이다. 10년 후 아들의 나이는 $(10+x)$살, 어머니의 나이는 $(10+3x)$살이므로

$10+3x=2(10+x)+6$에서

$10+3x=20+2x+6$, $x=16$

현재 아들의 나이가 16살이므로 현재 어머니의 나이는

$3\times16=48$(살)

28 제자가 모두 x명이라 하면 $\frac{1}{2}x+\frac{1}{4}x+\frac{1}{7}x+3=x$

양변에 분모의 최소공배수 28을 곱하면

$14x+7x+4x+84=28x$

$-3x=-84$, $x=28$

따라서 피타고라스의 제자는 모두 28명이다.

29 A 요금제는 1초에 2원, B 요금제는 50 % 할인하여 1초에 $\frac{1}{2}$원이다.

x초 사용할 때

A 요금제는 $2x$원, B 요금제는 $\left(3000+\frac{x}{2}\right)$원

두 요금제가 같은 금액이 되어야 하므로

$2x=3000+\frac{x}{2}$에서

$4x=6000+x$, $3x=6000$, $x=2000$

따라서 2000초를 사용할 때, 두 요금제는 같은 금액이 된다.

30 물건의 원가를 x원이라 하면

(정가)=(원가)+(이익)

$=\left(1+\frac{30}{100}\right)x=\frac{13}{10}x$(원)

(판매 금액)=(정가)−(할인 금액)

$=\frac{13}{10}x-800$(원)

이때 (판매 금액)−(원가)=(이익)이므로

$\left(\frac{13}{10}x-800\right)-x=\frac{1}{10}x$ …… ❶

$13x-8000-10x=x$

$2x=8000$, $x=4000$

따라서 물건의 원가는 4000원이다. …… ❷

채점 기준	비율
❶ 일차방정식 세우기	60 %
❷ 물건의 원가 구하기	40 %

31 (색칠한 부분의 넓이)

=(사다리꼴의 넓이)−(직사각형의 넓이)

$=\frac{1}{2}\times(x+2x-3)\times6-3\times(12-x)$

$=3(3x-3)-3(12-x)$

$=9x-9-36+3x$

$=12x-45$

색칠한 부분의 넓이가 51이므로

$12x-45=51$에서 $12x=96$, $x=8$

따라서 가운데 직사각형의 둘레의 길이는

$2\times(12-8+3)=14$

32 학생 수를 x라 하자.

한 학생에게 사탕을 3개씩 나누어 주면 10개가 남으므로

(사탕의 개수)$=3x+10$

한 학생에게 사탕을 4개씩 나누어 주면 6개가 부족하므로

(사탕의 개수)$=4x-6$

이때 사탕의 개수는 일정하므로

$3x+10=4x-6$, $x=16$

따라서 학생 수는 16이다.

33 전체 일의 양을 1이라 하면 수정이와 민준이가 하루 동안 할 수 있는 일의 양은 각각 $\frac{1}{8}$, $\frac{1}{12}$이다.

두 사람이 함께 일한 날을 x일이라 하면

$\frac{1}{8}\times3+\left(\frac{1}{8}+\frac{1}{12}\right)\times x=1$

양변에 분모의 최소공배수 24를 곱하면

$9+(3+2)\times x=24$, $9+5x=24$

$5x=15$, $x=3$

따라서 두 사람이 함께 일한 날은 3일이다.

34 올라갈 때 걸은 거리를 x km라 하면 내려올 때 걸은 거리는 $(x+2)$ km이므로

$\frac{x}{3}+\frac{x+2}{4}=\frac{9}{4}$ …… ❶

$4x+3(x+2)=27$, $4x+3x+6=27$

$7x=21$, $x=3$ …… ❷

따라서 내려올 때 걸은 거리는

$3+2=5(\mathrm{km})$ …… ❸

채점 기준	비율
❶ 일차방정식 세우기	50 %
❷ 일차방정식의 해 구하기	30 %
❸ 내려올 때 걸은 거리 구하기	20 %

35 형이 출발한 지 x분 후에 동생을 만났다고 하면 동생은 형보다 12분 일찍 출발하였으므로

$90(x+12)=150x$

$90x+1080=150x$

$-60x=-1080,\ x=18$

따라서 형이 출발한 지 18분 후에 동생을 만났으므로 형과 동생이 만난 시각은 오후 2시이다.

36 농도가 9 %인 소금물의 양을 x g이라 하면 농도가 15 %인 소금물의 양은 $(300-x)$g이므로

$\frac{9}{100}x+\frac{15}{100}(300-x)=\frac{10}{100}\times300$

$9x+15(300-x)=3000$

$9x+4500-15x=3000$

$-6x=-1500,\ x=250$

따라서 농도가 9 %인 소금물의 양은 250 g이고, 농도가 15 %인 소금물의 양은 $300-250=50$(g)이므로

두 소금물의 양의 차는 $250-50=200$(g)

고난도 대표 유형

74~79쪽

1 ③	2 40 g	3 $x=-1$	4 2	5 6
6 −5	7 −10	8 ③	9 −2	10 29
11 현주, 희주: 14살, 은애: 16살, 정민: 19살				12 22
13 3	14 ④	15 4일	16 8분 후	17 40 m
18 ③				

1 미지수 x에 어떤 수를 대입하여도 항상 등식이 성립하므로 주어진 등식은 x에 대한 항등식이다.

$ax-2(5-x)=b(x+2)$에서

$ax-10+2x=bx+2b$

$(a+2)x-10=bx+2b$

이 등식이 항등식이므로 $a+2=b,\ -10=2b$

$-10=2b$에서 $b=-5$

$a+2=b$에서 $a+2=-5,\ a=-7$

따라서 $a^2+b^2=(-7)^2+(-5)^2=49+25=74$

2 (가)의 접시저울의 양쪽 접시에서 검은 구슬을 2개씩 덜어내고, 흰 구슬을 2개씩 덜어내면 검은 구슬 2개는 흰 구슬 3개의 무게와 같다.

이때 흰 구슬 1개의 무게가 10 g이므로 검은 구슬 2개의 무게는 30 g이다.

즉, 검은 구슬 1개의 무게는 15 g이다.

(나)의 접시저울에서 $15\times6=10+2\times★$이므로

$2\times★=80,\ ★=40$

따라서 별 모양 추 한 개의 무게는 40 g이다.

3 주어진 등식에서 우변에 있는 모든 항을 좌변으로 이항하여 정리하면

$\left(\frac{7}{3}-a\right)x^2-\left(\frac{2}{3}+a\right)x+4-3a=0$ …… ㉠

이 등식이 x에 대한 일차방정식이 되려면

$\frac{7}{3}-a=0$에서 $a=\frac{7}{3}$

$a=\frac{7}{3}$을 ㉠에 대입하면

$-\left(\frac{2}{3}+\frac{7}{3}\right)x+4-3\times\frac{7}{3}=0$에서

$-3x-3=0,\ x=-1$

4 바르게 구한 해가 $x=-3$이므로 이를 방정식에 대입하면

$6\times(-3)-2(a+1+3a)=0$에서

$-18-2(4a+1)=0,\ -18-8a-2=0$

$-20-8a=0,\ -8a=20,\ a=-\frac{5}{2}$

0을 b로 잘못 보았다고 하면

$6x-2\left(-\frac{5}{2}+1+\frac{5}{2}x\right)=b$에서

$6x+3-5x=b,\ x=b-3$

이 해가 $x=-1$이므로

$b-3=-1,\ b=2$

따라서 0을 2로 잘못 보았다.

5 $(a-3)x+2=5$의 해가 없으므로

$a-3=0,\ a=3$

$bx+5=-2x+c$의 해가 무수히 많으므로

$b=-2,\ c=5$

따라서 $a+b+c=3+(-2)+5=6$

6 $3x-1=\frac{2+4x}{3}$의 양변에 3을 곱하면

$3(3x-1)=2+4x$

$9x-3=2+4x$

$5x=5,\ x=1$

$0.4(x+a)=0.6x-1$의 양변에 10을 곱하면

$4(x+a)=6x-10$

$x=1$을 $4(x+a)=6x-10$에 대입하면

$4(1+a)=6-10,\ 4+4a=-4$

$4a=-8,\ a=-2$

$x=1$을 $5-2(x+b)=-(x+1)$에 대입하면

$5-2(1+b)=-2,\ 5-2-2b=-2$

$-2b=-5,\ b=\frac{5}{2}$

따라서 $ab=-2\times\frac{5}{2}=-5$

7 $\frac{x-7}{2} : 3=(x-4) : 4$에서

$3(x-4)=\frac{x-7}{2}\times 4$

$3x-12=2x-14$, $x=-2$

$a=-2$를 $(2x+a) : (5x-3a)=1 : 2$에 대입하면

$(2x-2) : (5x+6)=1 : 2$에서

$5x+6=2(2x-2)$

$5x+6=4x-4$, $x=-10$

8 $\frac{a}{4}x-1=\frac{x+1}{2}$의 양변에 분모의 최소공배수 4를 곱하면

$ax-4=2(x+1)$, $ax-4=2x+2$

$(a-2)x=6$, $x=\frac{6}{a-2}$

이때 $\frac{6}{a-2}$이 정수가 되려면 $a-2$가 6의 약수 또는 6의 약수에 음의 부호를 붙인 수이어야 한다.

즉, $a-2$는 1, 2, 3, 6, -1, -2, -3, -6이므로

a는 3, 4, 5, 8, 1, 0, -1, -4이다.

따라서 모든 정수 a의 값의 합은

$3+4+5+8+1+0+(-1)+(-4)=16$

9 $x*(-5)=2\times x\times(-5)+x-(-5)=-9x+5$

$3x*(-4)=2\times 3x\times(-4)+3x-(-4)=-21x+4$

이때 $2(-9x+5)=-21x+4$이므로

$-18x+10=-21x+4$

$3x=-6$, $x=-2$

10 모양의 틀 안의 가장 작은 수를 x라 하면 4개의 수는

x, $x+1$, $(x+1)+7$, $(x+1+7)+1$

이때 4개의 수의 합이 98이므로

$x+(x+1)+(x+8)+(x+9)=98$에서

$4x=80$, $x=20$

따라서 가장 큰 수는 $20+9=29$

11 은애의 나이를 x살이라 하면 정민이의 나이는 $(x+3)$살이고, 현주와 희주의 나이는 각각 $(x-2)$살이므로

$x+(x+3)+2(x-2)=63$

$x+x+3+2x-4=63$

$4x=64$, $x=16$

따라서 현주와 희주의 나이는 각각 $16-2=14$(살), 은애의 나이는 16살, 정민이의 나이는 $16+3=19$(살)

12 처음에 딴 사과의 개수를 x라 하면

첫 번째 문에서 문지기에게 준 사과의 개수는

$\frac{1}{2}x+1$

주고 남은 사과의 개수는

$x-\left(\frac{1}{2}x+1\right)=\frac{1}{2}x-1$

두 번째 문에서 문지기에게 준 사과의 개수는

$\left(\frac{1}{2}x-1\right)\times\frac{1}{2}+1=\frac{1}{4}x+\frac{1}{2}$

주고 남은 사과의 개수는

$\frac{1}{2}x-1-\left(\frac{1}{4}x+\frac{1}{2}\right)=\frac{1}{4}x-\frac{3}{2}$

세 번째 문에서 문지기에게 준 사과의 개수는

$\left(\frac{1}{4}x-\frac{3}{2}\right)\times\frac{1}{2}+1=\frac{1}{8}x+\frac{1}{4}$

이때 주고 남은 사과의 개수가 1개이므로

$\left(\frac{1}{2}x+1\right)+\left(\frac{1}{4}x+\frac{1}{2}\right)+\left(\frac{1}{8}x+\frac{1}{4}\right)+1=x$

$4x+8+2x+4+x+2+8=8x$

$7x+22=8x$, $x=22$

따라서 처음에 딴 사과의 개수는 22이다.

다른 풀이

처음에 딴 사과의 개수를 x라 하면

$\left\{\left(\frac{x}{2}-1\right)\times\frac{1}{2}-1\right\}\times\frac{1}{2}-1=1$

$\left\{\left(\frac{x}{2}-1\right)\times\frac{1}{2}-1\right\}\times\frac{1}{2}=2$

$\left(\frac{x}{2}-1\right)\times\frac{1}{2}-1=4$

$\left(\frac{x}{2}-1\right)\times\frac{1}{2}=5$, $\frac{x}{2}-1=10$

$\frac{x}{2}=11$, $x=22$

따라서 처음에 딴 사과의 개수는 22이다.

13 첫 번째 도형의 둘레의 길이는

$4(3x+1)=12x+4$

두 번째 도형의 둘레의 길이는

$2\times 4(3x+1)=24x+8$

세 번째 도형의 둘레의 길이는

$3\times 4(3x+1)=36x+12$

⋮

여덟 번째 도형의 둘레의 길이는

$8\times 4(3x+1)=96x+32$

따라서 $96x+32=320$이므로

$96x=288$, $x=3$

14 텐트의 개수를 x라 하면 $4x+2=5(x-3)+3$

$4x+2=5x-15+3$, $x=14$

따라서 텐트의 개수는 14이므로 학생 수는

$4\times 14+2=58$

15 전체 일의 양을 1이라 하면 동생과 언니가 하루 동안 할 수 있는 일의 양은 각각 $\frac{1}{18}$, $\frac{1}{12}$이다.

언니와 동생이 함께 일하면 혼자 일할 때의 $\frac{8}{15}$만큼씩 일하므로

$\left(\frac{1}{18}+\frac{1}{12}\right)\times\frac{8}{15}=\frac{2}{27}$만큼 일한다.

언니가 혼자서 x일 동안 일을 했다고 하면

$\frac{2}{27}\times 9+\frac{1}{12}x=1$에서

$\frac{1}{12}x=\frac{1}{3}$, $x=4$

따라서 언니가 혼자서 일한 기간은 4일이다.

16 수정이가 출발한 지 x분 후에 처음으로 민경이를 만난다고 하면

$60(x+10)+90x=1800$

$60x+600+90x=1800$

$150x=1200$, $x=8$

따라서 수정이는 출발한 지 8분 후에 처음으로 민경이를 만난다.

17 열차의 길이를 x m라 하면 열차가 철교를 완전히 지나가는 동안 달린 거리는 $(1100+x)$ m이다.

또, 열차가 터널을 통과할 때, 열차가 보이지 않는 동안 달린 거리는 $(800-x)$ m이다.

이때 열차의 속력이 일정하므로

$\frac{1100+x}{60}=\frac{800-x}{40}$

$2(1100+x)=3(800-x)$

$2200+2x=2400-3x$

$5x=200$, $x=40$

따라서 열차의 길이는 40 m이다.

18 추가한 물의 양을 x g이라 하면

(10 % 소금물 200 g의 소금의 양)+30

=(20 % 소금물 $(200+30+x)$ g의 소금의 양)

$200\times\frac{10}{100}+30=(230+x)\times\frac{20}{100}$

$50=(230+x)\times\frac{1}{5}$, $250=230+x$, $x=20$

따라서 추가한 물의 양은 20 g이다.

고난도 실전 문제

80~89쪽

1 ②, ③	**2** ④	**3** 7	**4** −16	**5** 8
6 ③, ⑤	**7** 15	**8** ④	**9** 2, 4, 6	**10** ⑤
11 ④	**12** ③	**13** ③	**14** 1	**15** ②
16 $x=7$	**17** ③	**18** 5	**19** ④	**20** ②
21 ④	**22** −7	**23** ②	**24** 3, 6, 9, 12	
25 −1	**26** 2	**27** ㉠: 8, ㉡: 12, ㉢: −1		
28 23일	**29** ①	**30** 33	**31** 92.5점	**32** 525
33 120송이	**34** 갑: 16냥, 을: 14냥		**35** ②	**36** ①
37 ⑤	**38** 160 cm^2		**39** $\frac{5}{3}$	
40 의자의 개수: 14, 관객의 수: 74			**41** ②	
42 2시간 24분		**43** 4.2 km	**44** ④	**45** 6시간
46 초속 35 m		**47** ②	**48** 130 g	

1 ② x로 나누어 몫이 7이고 나머지가 2이므로

$7x+2=30$

③ 25 %를 할인하였으므로 $(1-0.25)x=2000$에서

$0.75x=2000$

④ 세 변의 길이가 x, $2x-1$, $8-x$인 삼각형의 둘레의 길이는

$x+2x-1+8-x=2x+7$이므로 $2x+7=30$

⑤ 농도가 x %인 소금물 300 g에 들어 있는 소금의 양은

$\frac{x}{100}\times 300=3x$(g)이므로 $3x+20=50$

따라서 옳지 않은 것은 ②, ③이다.

2 $7(2x+2)=3(3x-2)$에서 $14x+14=9x-6$

$5x=-20$, $x=-4$

$x=-4$를 각각의 일차방정식에 대입하면 다음과 같다.

① $-16-5\neq 0$ ② $-1-5\neq -4-1$ ③ $-2+0.6\neq 1$

④ $-8+3=-4-1$ ⑤ $\frac{-16+1}{5}\neq -1$

따라서 $x=-4$를 해로 갖는 일차방정식은 ④이다.

3 좌변과 우변을 정리하면 $3x-6+b=(1-a)x+3$

이 등식이 x에 대한 항등식이므로

$1-a=3$, $-6+b=3$에서 $a=-2$, $b=9$

따라서 $a+b=-2+9=7$

4 모든 x의 값에 대하여 항상 참인 등식이므로

주어진 등식은 x에 대한 항등식이다.

$5(2x-3)-x=7(x-1)+A$에서

$10x-15-x=7x-7+A$

$A=2x-8$

따라서 일차식 A의 x의 계수는 2, 상수항은 −8이므로

구하는 곱은 $2\times(-8)=-16$

5 $x=-2$를 $2kx-4a+10=3x+bk$에 대입하면

$-4k-4a+10=bk-6$ …… ❶

이 등식이 k에 대한 항등식이므로

$-4=b$, $-4a+10=-6$

$-4=b$에서 $b=-4$

$-4a+10=-6$에서 $-4a=-16$, $a=4$ …… ❷

따라서 $a-b=4-(-4)=8$ …… ❸

채점 기준	비율
❶ 주어진 일차방정식에 $x=-2$를 대입하기	30 %
❷ a, b의 값 각각 구하기	50 %
❸ $a-b$의 값 구하기	20 %

6 ③ $x=2y$의 양변에서 3을 빼면

$x-3=2y-3$

⑤ $a+b=x+y$의 양변에서 x를 빼면

$a+b-x=y$

양변에서 b를 빼면

$a-x=y-b$

따라서 옳지 않은 것은 ③, ⑤이다.

7 (ⅰ) $x=3y$에서 $x-3=3y-3$이므로

$x-3=3(\boxed{y-1})$

(ⅱ) $6x-5=3x-2y+1$에서 $3x=-2y+6$이므로

$9x=3(-2y+6)=\boxed{-6y+18}$

(ⅲ) $y=3x-2$에서

$-2y+5=-2(3x-2)+5=\boxed{-6x+9}$

(ⅰ)~(ⅲ)에서

(가)+(나)+(다)$=(y-1)+(-6y+18)+(-6x+9)$

$=-6x-5y+26$

따라서 $a+b+c=(-6)+(-5)+26=15$

8 $4(a-1)=4b+12$의 양변을 4로 나누면

$a-1=b+3$

양변에 3을 더하면

$a+2=b+6$

따라서 □ 안에 알맞은 식은 $b+6$이다.

9 주어진 그림에서 △+△+△=○, □=△+△이므로

□+□+□=△+△+△+△+△+△

=○+△+△+△

=○+○

○ x개와 △ y개의 무게의 합이 □ 3개의 무게와 같을 때,

$x=0$, $y=6$ 또는 $x=1$, $y=3$ 또는 $x=2$, $y=0$이다.

따라서 구하는 $x+y$의 값은 2, 4, 6이다.

10 $3(x+2y-5)-x+4y+8=-1$에서

$3x+6y-15-x+4y+8=-1$

$2x+10y-7=-1$

양변에 7을 더하면 $2x+10y=6$

양변을 2로 나누면 $x+5y=3$

11 $ax^2+4ax-9=x^2+bx+3$에서

$(a-1)x^2+(4a-b)x-12=0$

이 식이 x에 대한 일차방정식이 되려면

$a-1=0$, $4a-b\neq0$이므로

$a=1$, $b\neq4$

12 ㄱ. $2x-3=x^2$이므로 $x^2-2x+3=0$

ㄴ. $4x=2800$이므로 $4x-2800=0$

ㄷ. $7x+2=30$이므로 $7x-28=0$

ㄹ. $x^3=216$이므로 $x^3-216=0$

따라서 일차방정식으로 나타낼 수 있는 것은 ㄴ, ㄷ이다.

13 $3(4x-1)+b=ax+2$에서 $12x-3+b=ax+2$

이 등식이 x에 대한 항등식이므로

$12=a$, $-3+b=2$

즉, $a=12$, $b=5$

방정식 $2x+6=cx-4$의 해가 $x=5$이므로

$10+6=5c-4$, $-5c=-20$, $c=4$

따라서 $a+b-c=12+5-4=13$

14 등식을 정리하면 $4a=8b$에서 $a=2b$이므로 일차방정식의 해는

$x=\frac{2a-b}{a-3b}=\frac{2\times2b-b}{2b-3b}=-\frac{3b}{b}=-3$

$x=-3$을 일차방정식 $n(x-3)-1=3x+2n$에 대입하면

$n(-3-3)-1=3\times(-3)+2n$, $-6n-1=-9+2n$

$-8n=-8$, $n=1$

15 $ax-4=5x+b$에서 $(a-5)x=b+4$

① $a=-4$, $b=5$이면 $-9x=9$에서 $x=-1$

즉, 해는 1개이다.

② $a\neq5$, $b\neq-4$이면 $x=\frac{b+4}{a-5}$이다.

따라서 옳지 않은 것은 ②이다.

16 상수 a의 부호를 잘못 보았으므로

$x-6(2-x)=3x-a$의 해가 $x=-1$이다.

$x=-1$을 $x-6(2-x)=3x-a$에 대입하면

$-1-6\times3=-3-a$

$-19=-3-a$, $a=16$ …… ❶

따라서 주어진 일차방정식은 $x-6(2-x)=3x+16$이므로

$x-12+6x=3x+16$

$4x=28$, $x=7$ …… ❷

채점 기준	비율
❶ a의 값 구하기	50 %
❷ 바르게 풀었을 때의 해 구하기	50 %

17 $x-(5x-2a)=-3$에서 $x-5x+2a=-3$

$-4x=-3-2a$, $x=\frac{2a+3}{4}$

$\frac{2a+3}{4}$이 3보다 작은 기약분수이므로 이를 만족시키는 자연수 a의 값은 1, 2, 3, 4이다.

따라서 구하는 합은

$1+2+3+4=10$

18 □ 안의 식은 바로 윗줄의 양옆에 있는 두 식의 합이므로

두 번째 줄의 □ 안의 식은 차례로

$3x+(5-x)=2x+5$

$(5-x)+(-2x+1)=-3x+6$

$(-2x+1)+(4x+7)=2x+8$

세 번째 줄의 □ 안의 식은 차례로

$(2x+5)+(-3x+6)=-x+11$

$(-3x+6)+(2x+8)=-x+14$

따라서 $(-x+11)+(-x+14)=15$이므로

$-2x+25=15$, $-2x=-10$, $x=5$

19 $3-1.6x=0.2x-0.6$의 양변에 10을 곱하면

$30-16x=2x-6$, $-18x=-36$, $x=2$

일차방정식 $3(x-2a)+2=2(x-2)-3a$의 해는 $x=6$이므로
$3(6-2a)+2=2\times(6-2)-3a$, $18-6a+2=8-3a$
$-3a=-12$, $a=4$

20 $\frac{2-x}{4}=-\frac{3x+1}{5}$의 양변에 분모의 최소공배수 20을 곱하면
$5(2-x)=-4(3x+1)$, $10-5x=-12x-4$
$7x=-14$, $x=-2$
즉, $a=-2$
$0.4(x+3)=2.7-0.1x$의 양변에 10을 곱하면
$4(x+3)=27-x$, $4x+12=27-x$
$5x=15$, $x=3$
즉, $b=3$
$6-\{x+8-2(x-1)\}=-3$에서
$6-(x+8-2x+2)=-3$
$6-(-x+10)=-3$
$6+x-10=-3$, $x=1$
즉, $c=1$
따라서 $a<c<b$

21 $3(3x+5)-2=-2x-9$에서
$9x+15-2=-2x-9$
$11x=-22$, $x=-2$
이때 두 일차방정식의 해는 절댓값이 같고 부호가 반대이므로 일차방정식 $4-\frac{x+a}{3}=5x-a$의 해는 $x=2$이다.
$x=2$를 $4-\frac{x+a}{3}=5x-a$에 대입하면
$4-\frac{2+a}{3}=10-a$
양변에 3을 곱하면
$12-(2+a)=30-3a$
$12-2-a=30-3a$
$2a=20$, $a=10$

22 $\frac{1}{5}(x-3):2=(0.6x-1):5$에서
$x-3=2(0.6x-1)$, $x-3=1.2x-2$
양변에 10을 곱하면
$10x-30=12x-20$
$-2x=10$, $x=-5$ …… ❶
$x=-5$를 $3x+a=2(2x-1)$에 대입하면
$-15+a=2\times(-10-1)$
$-15+a=-22$, $a=-7$ …… ❷

채점 기준	비율
❶ 비례식을 만족시키는 x의 값 구하기	60 %
❷ a의 값 구하기	40 %

23 $\frac{2}{3}x-\frac{1}{2}=\frac{3+x}{4}$의 양변에 분모의 최소공배수 12를 곱하면
$8x-6=3(3+x)$, $8x-6=9+3x$
$5x=15$, $x=3$
이때 일차방정식 $8x+13=2(x-a)+19$의 해를 $x=k$라 하면
$k:3=2:3$이므로 $k=2$
$x=2$를 $8x+13=2(x-a)+19$에 대입하면
$16+13=2(2-a)+19$, $29=4-2a+19$
$2a=-6$, $a=-3$

다른 풀이
$8x+13=2(x-a)+19$에서
$8x+13=2x-2a+19$
$6x=6-2a$, $x=\frac{3-a}{3}$
$\frac{2}{3}x-\frac{1}{2}=\frac{3+x}{4}$의 양변에 분모의 최소공배수 12를 곱하면
$8x-6=3(3+x)$, $8x-6=9+3x$
$5x=15$, $x=3$
이때 $\frac{3-a}{3}:3=2:3$이므로
$3-a=6$, $-a=3$, $a=-3$

24 $6-x=\frac{1}{5}(x+2a)$의 양변에 5를 곱하면
$30-5x=x+2a$, $-6x=2a-30$, $x=\frac{15-a}{3}$
이때 $\frac{15-a}{3}$가 자연수가 되려면 $15-a$는 3의 배수이어야 한다.
(i) $15-a=3$일 때, $a=12$
(ii) $15-a=6$일 때, $a=9$
(iii) $15-a=9$일 때, $a=6$
(iv) $15-a=12$일 때, $a=3$
(v) $15-a=15$일 때, $a=0$
(i)~(v)에서 자연수 a의 값은 3, 6, 9, 12이다.

25 $[x+3, 4]◎[2-x, 9]=9(x+3)-4(2-x)$
$=9x+27-8+4x$
$=13x+19$ …… ❶
따라서 $13x+19=6$이므로
$13x=-13$, $x=-1$ …… ❷

채점 기준	비율
❶ $[x+3, 4]◎[2-x, 9]$를 간단히 하기	60 %
❷ x의 값 구하기	40 %

26 $3(x-4)-10=2(-2x+5)-9x$이므로
$3x-12-10=-4x+10-9x$, $3x-22=-13x+10$
$16x=32$, $x=2$

27 ㉠의 수를 x라 하면 ㉡의 수는 $20-x$, ㉢의 수는 $7-x$이다.
이때 ㉡+㉢=11이므로
$(20-x)+(7-x)=11$
$27-2x=11$, $-2x=-16$, $x=8$

따라서 ㉠, ㉡, ㉢에 알맞은 수는 각각

8, $20-8=12$, $7-8=-1$

28 이 달의 넷째 주 화요일을 x일이라 하면 둘째 주 수요일은 $(x-13)$일이고, 넷째 주 금요일은 $(x+3)$일이므로

$(x-13)+(x+3)=36$

$2x-10=36$, $2x=46$, $x=23$

따라서 이 달의 넷째 주 화요일은 23일이다.

29 막내의 나이를 x살이라 하면 큰 형의 나이는 $(x+6)$살이므로

$x+6=2x-5$, $x=11$

따라서 막내의 나이는 11살이다.

30 큰 수를 x라 하면 작은 수는 $61-x$이다.

큰 수를 작은 수로 나누면 몫이 3이고 나머지가 5이므로

$x=(61-x)\times 3+5$에서

$x=183-3x+5$

$4x=188$, $x=47$

큰 수가 47이므로 작은 수는

$61-47=14$

따라서 두 수의 차는

$47-14=33$

31 합격자의 평균 점수를 x점이라 하면 불합격자의 평균 점수는 $(x-30)$점이다.

지원자 전체의 평균 점수는

$\dfrac{(\text{합격자의 총점})+(\text{불합격자의 총점})}{(\text{전체 인원 수})}$이므로

$\dfrac{50x+150(x-30)}{200}=70$에서

$50x+150x-4500=14000$

$200x=18500$, $x=92.5$

따라서 합격자의 평균 점수는 92.5점이다.

32 전체 지원자 수를 x라 하면

(남자 지원자 수)

=(합격한 남자 지원자 수)+(불합격한 남자 지원자 수)

이므로

$\dfrac{2}{5}x=\dfrac{5}{8}\times 120+\dfrac{1}{3}(x-120)$

$\dfrac{2}{5}x=75+\dfrac{1}{3}(x-120)$

$6x=1125+5(x-120)$

$6x=1125+5x-600$, $x=525$

따라서 전체 지원자 수는 525이다.

다른 풀이

합격자가 120명이고, 합격자의 남녀 인원 수의 비가 5 : 3이므로

합격한 남자 지원자 수는 $120\times\dfrac{5}{8}=75$

합격한 여자 지원자 수는 $120\times\dfrac{3}{8}=45$

불합격한 남자 지원자 수를 x라 하면 불합격자의 남녀 인원 수의 비가 1 : 2이므로 불합격한 여자 지원자 수는 $2x$이다.

이때 지원자의 남녀 인원 수의 비가 2 : 3이므로

$(75+x) : (45+2x)=2 : 3$

$3(75+x)=2(45+2x)$

$225+3x=90+4x$, $x=135$

따라서 남자 지원자 수는 $75+135=210$, 여자 지원자 수는 $45+2\times 135=315$이므로 전체 지원자 수는

$210+315=525$

33 수련꽃이 모두 x송이라 하면

마하데브에게 준 수련꽃은 $\dfrac{1}{3}x$송이,

휴리에게 준 수련꽃은 $\dfrac{1}{5}x$송이,

태양에게 준 수련꽃은 $\dfrac{1}{6}x$송이,

데비에게 준 수련꽃은 $\dfrac{1}{4}x$송이,

남은 수련꽃이 여섯 송이이므로

$\dfrac{1}{3}x+\dfrac{1}{5}x+\dfrac{1}{6}x+\dfrac{1}{4}x+6=x$

$20x+12x+10x+15x+360=60x$

$-3x=-360$, $x=120$

따라서 수련꽃은 모두 120송이이다.

34 갑이 잃은 돈을 x냥이라 하면 을이 잃은 돈은 $(30-x)$냥이다.

갑이 96냥을 내고 을이 84냥을 냈으므로

$x : (30-x)=96 : 84$에서

$x : (30-x)=8 : 7$

$7x=8(30-x)$, $7x=240-8x$

$15x=240$, $x=16$

따라서 갑은 16냥을 잃었고, 을은 14냥을 잃었다.

35 상품의 원가를 x원이라 하면 정가는

$\left(1+\dfrac{20}{100}\right)\times x=1.2x$

이때 정가에서 10000원을 할인하면 5000원의 이익이 생기므로

$1.2x-10000=x+5000$

$0.2x=15000$, $x=75000$

따라서 상품의 원가는 75000원이다.

36 작년 남학생 수를 x라 하면 작년 여학생 수는 $(850-x)$명이다.

올해 남학생 수는 8 % 감소하고 여학생 수는 6 % 증가하여 전체적으로 16명 증가하였으므로

$-0.08x+0.06(850-x)=16$에서

$-8x+6(850-x)=1600$

$-14x=-3500$, $x=250$

작년 남학생 수가 250이므로 작년 여학생 수는

$850-250=600$

따라서 올해는 여학생 수가 6 % 증가하였으므로 올해 여학생 수는

$600+600\times\frac{6}{100}=636$

37 4시 정각에 시침은 4, 분침은 12를 가리키므로 시침과 분침이 이루는 각 중 작은 쪽의 각의 크기는 $4\times30°=120°$

4시 x분에 시계의 시침과 분침이 포개어진다고 하면 x분 동안 시침과 분침이 움직인 각도는 각각 $0.5x°$, $6x°$이므로

$6x=120+0.5x$

$5.5x=120$, $x=\frac{240}{11}=21\frac{9}{11}$

따라서 구하는 시각은 4시 $21\frac{9}{11}$분이다.

참고 시침은 1분에 0.5°씩, 분침은 1분에 6°씩 움직인다.

38 두 점 P, Q가 x초 후에 점 R에서 만난다고 하면

$3x+4x=2\times(26+16)$

$7x=84$, $x=12$

이때 선분 BR의 길이는

$3x-16=3\times12-16=20$(cm)

따라서 삼각형 ABR의 넓이는

$\frac{1}{2}\times20\times16=160(\text{cm}^2)$

39 처음 꽃밭의 넓이는 $15\times8=120(\text{m}^2)$

나중 꽃밭의 넓이는 $(15-x)\times(8-2)=90-6x(\text{m}^2)$

이때 나중 꽃밭의 넓이는 처음 꽃밭의 넓이의 $\frac{2}{3}$이므로

$90-6x=120\times\frac{2}{3}=80$

$-6x=-10$, $x=\frac{5}{3}$

40 의자의 개수를 x라 하면 관객의 수는

$5x+4=6(x-2)+2$ …… ❶

$5x+4=6x-12+2$, $x=14$ …… ❷

따라서 의자의 개수는 14, 관객의 수는 $5\times14+4=74$ …… ❸

채점 기준	비율
❶ 일차방정식 세우기	40 %
❷ 일차방정식의 해 구하기	30 %
❸ 의자의 개수와 관객의 수 각각 구하기	30 %

41 전체 일의 양을 1이라 하면 아버지, 민우, 지우가 하루 동안 하는 일의 양은 각각 $\frac{1}{12}$, $\frac{1}{15}$, $\frac{1}{20}$이다.

민우와 지우가 함께 수확한 기간을 x일이라 하면

$\frac{1}{12}\times5+\left(\frac{1}{15}+\frac{1}{20}\right)\times x=1$

$\frac{5}{12}+\frac{7}{60}x=1$

$25+7x=60$

$7x=35$, $x=5$

따라서 민우와 지우가 함께 수확한 기간은 5일이다.

42 물탱크에 가득 찬 물의 양을 1이라 하면 A 호스, B 호스로는 1시간에 각각 $\frac{1}{2}$, $\frac{1}{4}$의 물을 채우고, C 호스로는 1시간에 $\frac{1}{3}$의 물을 빼낸다.

물탱크에 물을 가득 채우는 데 걸리는 시간을 x시간이라 하면

$\left(\frac{1}{2}+\frac{1}{4}-\frac{1}{3}\right)x=1$, $\frac{5}{12}x=1$, $x=\frac{12}{5}$

따라서 물탱크에 물을 가득 채우는 데 걸리는 시간은 $\frac{12}{5}$시간, 즉 2시간 24분이다.

43 성주네 집에서 영화관까지의 거리를 x m라 하면 분속 100 m로 가면 분속 120 m로 갈 때보다 7분이 더 걸리므로

$\frac{x}{100}=\frac{x}{120}+7$ …… ❶

$6x=5x+4200$

$x=4200$ …… ❷

따라서 성주네 집에서 영화관까지의 거리는 4200 m, 즉 4.2 km이다. …… ❸

채점 기준	비율
❶ 일차방정식 세우기	50 %
❷ 일차방정식의 해 구하기	30 %
❸ 성주네 집에서 영화관까지의 거리 구하기	20 %

44 두 사람이 출발한 지 x분 후에 처음으로 만난다고 하면

$180x-100x=720$

$80x=720$, $x=9$

따라서 두 사람은 9분마다 만나므로 1시간 30분, 즉 90분 동안 $90\div9=10$(번) 만난다.

45 잔잔한 물에서 배의 속력을 시속 x km라 하면 강물을 따라 내려갈 때의 속력은 $(x+2)$ km이다.

2시간 동안 12 km를 내려가므로

$2(x+2)=12$에서 $2x+4=12$

$2x=8$, $x=4$

이 강을 거슬러 올라올 때의 배의 속력은

시속 $4-2=2$ (km)

따라서 12 km를 거슬러 올라 다시 처음 위치에 도착하는 데 걸리는 시간은

$\frac{12}{2}=6$(시간)

46 기차의 길이를 x m라 하면 기차가 터널을 완전히 통과하는 동안 달린 거리는 $(700+x)$ m이고, 다리를 완전히 지나는 동안 달린 거리는 $(210+x)$ m이다.

이때 기차의 속력은 일정하므로

$\frac{700+x}{24}=\frac{210+x}{10}$

$5(700+x)=12(210+x)$

$3500+5x=2520+12x$

$-7x=-980$, $x=140$

따라서 기차의 길이는 140 m이므로 기차의 속력은

$\frac{700+140}{24}=\frac{840}{24}=35(\text{m/s})$

47 증발시킨 물의 양을 x g이라 하면 물을 증발시켜도 소금의 양은 변하지 않으므로

$\frac{8}{100}\times300+\frac{15}{100}\times200=\frac{12}{100}\times(300+200-x)$

$2400+3000=12(500-x)$

$5400=6000-12x$

$12x=600$, $x=50$

따라서 증발시킨 물의 양은 50 g이다.

48 농도가 6 %인 설탕물의 양이 550 g이므로 농도가 4 %인 설탕물의 양은 $550-400=150(\text{g})$

퍼낸 설탕물의 양을 x g이라 하면

$\frac{10}{100}\times(400-x)+\frac{4}{100}\times150=\frac{6}{100}\times550$

$10(400-x)+600=3300$

$4000-10x+600=3300$

$-10x=-1300$, $x=130$

따라서 퍼낸 설탕물의 양은 130 g이다.

5. 좌표평면과 그래프

필수 확인 문제

94~97쪽

1 ③	2 LUCKY	3 B$(-2, 4)$, D$(3, -2)$		4 ③
5 P$(3, -2)$	6 13	7 ④	8 ⑤	9 ③
10 ②	11 ①	12 ③	13 ③	14 ④
15 ①	16 $(-2, -1)$		17 4	18 ④
19 ④	20 A－ㄷ, B－ㄴ, C－ㄱ		21 ②	22 ㄴ, ㄷ

1 $2<a<5$인 자연수 a는 3, 4

$1\le b<4$인 자연수 b는 1, 2, 3

따라서 순서쌍 (a, b)는 $(3, 1)$, $(3, 2)$, $(3, 3)$, $(4, 1)$, $(4, 2)$, $(4, 3)$의 6개이다.

2 점 $(-2, 4)$가 나타내는 알파벳은 L

점 $(3, 0)$이 나타내는 알파벳은 U

점 $(1, 2)$가 나타내는 알파벳은 C

점 $(2, -3)$이 나타내는 알파벳은 K

점 $(0, -4)$가 나타내는 알파벳은 Y

따라서 주어진 좌표가 나타내는 점에 해당하는 알파벳을 차례로 나열할 때, 만들어지는 단어는 LUCKY이다.

3 (점 B의 x좌표)=(점 C의 x좌표)$=-2$

(점 B의 y좌표)=(점 A의 y좌표)$=4$

따라서 점 B의 좌표는

B$(-2, 4)$ …… ❶

(점 D의 x좌표)=(점 A의 x좌표)$=3$

(점 D의 y좌표)=(점 C의 y좌표)$=-2$

따라서 점 D의 좌표는

D$(3, -2)$ …… ❷

채점 기준	비율
❶ 점 B의 좌표 구하기	50 %
❷ 점 D의 좌표 구하기	50 %

4 $3a-4=a+4$에서 $2a=8$, $a=4$

$b-2=-2b+4$에서 $3b=6$, $b=2$

따라서 $a+b=4+2=6$

5 점 A$(2a-1, a-3)$이 x축 위의 점이므로

$a-3=0$, $a=3$

점 B$(3b+6, 4-b)$가 y축 위의 점이므로

$3b+6=0$, $3b=-6$, $b=-2$

따라서 P(a, b)의 좌표는 P$(3, -2)$이다.

6 좌표평면 위에 세 점 A$(3, 1)$, B$(-5, -1)$, C$(-2, 3)$을 나타내면 오른쪽 그림과 같다.

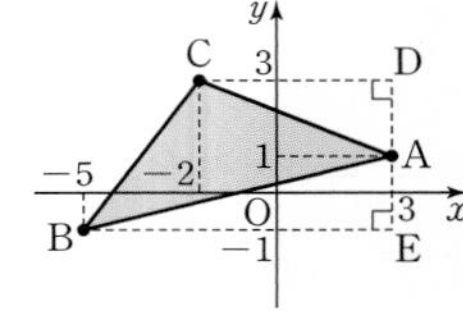

따라서 삼각형 ABC의 넓이는

(사다리꼴 CBED의 넓이)
$-$(삼각형 ABE의 넓이)$-$(삼각형 CAD의 넓이)
$=\frac{1}{2}\times(5+8)\times4-\frac{1}{2}\times8\times2-\frac{1}{2}\times5\times2$
$=26-8-5=13$

7 ① A$(-2, 1)$ ➡ 제2사분면
② B$(3, 5)$ ➡ 제1사분면
③ C$(0, 4)$ ➡ 어느 사분면에도 속하지 않는다.
⑤ E$(1, -1)$ ➡ 제4사분면
따라서 바르게 짝 지어진 것은 ④이다.

8 ⑤ 제4사분면 위의 점의 x좌표는 양수이고, y좌표는 음수이다.
따라서 옳지 않은 것은 ⑤이다.

9 점 (a, b)가 제2사분면 위의 점이므로
$a<0, b>0$
따라서 $ab<0$, $a-b<0$이므로 점 $(ab, a-b)$는 제3사분면 위의 점이다.

10 $a<0, b<0$에서 $\frac{a}{b}>0$, $a^2-b>0$이므로
점 $\left(\frac{a}{b}, a^2-b\right)$는 제1사분면 위의 점이다.
따라서 이 점이 될 수 있는 것은 ②이다.

11 두 순서쌍 $\left(2-4a, \frac{2}{5}b\right)$, $(10, b-3)$이 서로 같으므로
$2-4a=10$, $\frac{2}{5}b=b-3$
$2-4a=10$에서
$-4a=8$, $a=-2$
$\frac{2}{5}b=b-3$에서 $2b=5b-15$
$-3b=-15$, $b=5$
따라서 점 $(-a, b)$는 점 $(2, 5)$이므로 제1사분면 위의 점이다.

12 $xy>0$이므로 x와 y는 서로 같은 부호이다.
$x+y<0$이므로 $x<0, y<0$
즉, $-x>0$, $y<0$이므로 점 $(-x, y)$는 제4사분면 위의 점이다.
① $(0, -2)$ ➡ 어느 사분면에도 속하지 않는다.
② $(3, 1)$ ➡ 제1사분면
③ $(5, -3)$ ➡ 제4사분면
④ $(-1, -7)$ ➡ 제3사분면
⑤ $(-4, 2)$ ➡ 제2사분면
따라서 제4사분면 위의 점인 것은 ③이다.

참고
(1) $xy>0$이면 x와 y는 서로 같은 부호이다.
① $x+y>0$ ➡ $x>0, y>0$
② $x+y<0$ ➡ $x<0, y<0$
(2) $xy<0$이면 x와 y는 서로 다른 부호이다.
① $x-y>0$ ➡ $x>0, y<0$
② $x-y<0$ ➡ $x<0, y>0$

13 점 $(a-b, ab)$가 제3사분면 위의 점이므로
$a-b<0$, $ab<0$
$a<b$이고 $ab<0$이므로 $a<0, b>0$
① (a, b) ➡ 제2사분면
② (b, a) ➡ 제4사분면
③ $(-a, b)$ ➡ 제1사분면
④ $(a, -b)$ ➡ 제3사분면
⑤ $(-a, -b)$ ➡ 제4사분면
따라서 제1사분면 위의 점인 것은 ③이다.

14 점 $(a+b, a^2b)$가 제2사분면 위의 점이므로
$a+b<0$, $a^2b>0$
이때 $a^2>0$이므로 $b>0$
$a+b<0$이므로 $a<0$이고 $|a|>|b|$
① $a+b<0$ ② $a-b<0$ ③ $\frac{b}{a}<0$ ⑤ $ab^2<0$
따라서 옳은 것은 ④이다.

15 두 점 $(-6, a+1)$, $(2b, 5)$가 원점에 대하여 대칭이므로 x좌표와 y좌표의 부호가 모두 반대이다.
즉, $-6=-2b$, $a+1=-5$이므로
$a+1=-5$에서 $a=-6$
$-6=-2b$에서 $b=3$
따라서 $ab=-6\times3=-18$

16 두 점이 x축에 대하여 대칭이므로
$5a-2=2a+4$, $-2b+3=-(-2b+1)$
$5a-2=2a+4$에서
$3a=6$, $a=2$
$-2b+3=-(-2b+1)$에서
$-4b=-4$, $b=1$
따라서 점 $(2, 1)$과 원점에 대하여 대칭인 점의 좌표는
$(-2, -1)$이다.

17 점 A$(5, -2)$와 x축에 대하여 대칭인 점은
B$(5, 2)$이므로
$a=5$, $b=2$ …… ❶
점 B$(5, 2)$와 y축에 대하여 대칭인 점은
C$(-5, 2)$이므로
$c=-5$, $d=2$ …… ❷
따라서 $a+b+c+d=5+2+(-5)+2=4$ …… ❸

채점 기준	비율
❶ a, b의 값 각각 구하기	40 %
❷ c, d의 값 각각 구하기	40 %
❸ $a+b+c+d$의 값 구하기	20 %

18 점 A(3, 4)와 y축에 대하여 대칭인 점은 B(-3, 4), 원점에 대하여 대칭인 점은 C(-3, -4)이므로 세 점 A, B, C를 좌표평면 위에 나타내면 오른쪽 그림과 같다.

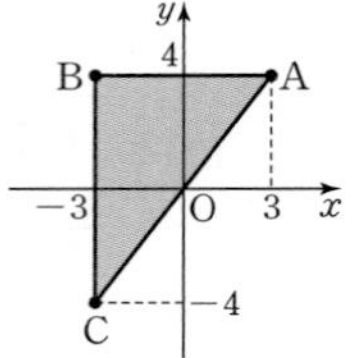

따라서 삼각형 ABC의 넓이는

$\frac{1}{2}\times6\times8=24$

19 ④ D : 속력이 점점 느려지고 있다.
따라서 옳지 않은 것은 ④이다.

20 A : 물통의 폭이 일정하므로 물의 높이도 일정하게 증가한다.
즉, 알맞은 그래프는 ㄷ이다. …… ❶
B : 물통의 폭이 좁은 부분에서 물의 높이는 빠르게 증가하고, 물통의 폭이 넓은 부분에서 물의 높이는 느리게 증가한다.
즉, 알맞은 그래프는 ㄴ이다. …… ❷
C : 물통의 폭이 넓은 부분에서 물의 높이는 느리게 증가하고, 물통의 폭이 좁은 부분에서 물의 높이는 빠르게 증가한다.
즉, 알맞은 그래프는 ㄱ이다. …… ❸

채점 기준	비율
❶ 물통 A에 알맞은 그래프 찾기	30 %
❷ 물통 B에 알맞은 그래프 찾기	35 %
❸ 물통 C에 알맞은 그래프 찾기	35 %

21 ② 수진이가 집으로 되돌아가는 데 걸린 시간은
$9-6=3$(분)
③ 수진이가 집에 머문 시간은
$11-9=2$(분)
④ 동생이 기다린 시간은
$13-6=7$(분)
따라서 옳지 않은 것은 ②이다.

22 ㄱ. 실온에 놓아둔 지 15분 후의 물의 온도는 60 ℃이다.
ㄹ. 실온에 놓아둔 지 15분 후의 물의 온도는 60 ℃이고, 30분 후의 물의 온도는 20 ℃이므로 그 차는
$60-20=40$(℃)
따라서 옳은 것은 ㄴ, ㄷ이다.

고난도 대표 유형

98~101쪽

1 11	2 17	3 6	4 6	5 ⑤
6 ㄱ, ㄹ	7 4	8 $-\frac{3}{2}$	9 4	10 ⑤
11 40분				

1 $a-b$의 값이 가장 크려면 a의 값은 최대, b의 값은 최소이어야 한다.
즉, 점 P가 점 C에 있을 때, a의 값은 4로 최대이고, b의 값은 -2로 최소이므로 $a-b$의 값 중에서 가장 큰 값은
$4-(-2)=6$
또한, $a-b$의 값이 가장 작으려면 a의 값은 최소, b의 값은 최대이어야 한다.
즉, 점 P가 점 A에 있을 때, a의 값은 -3으로 최소이고, b의 값은 2로 최대이므로 $a-b$의 값 중에서 가장 작은 값은
$a-b=-3-2=-5$
따라서 가장 큰 값과 작은 값의 차는
$6-(-5)=11$

2 a의 값이 될 수 있는 수는 -1, 0, 1이고, b의 값이 될 수 있는 수는 -2, -1, 0, 1, 2이다.
순서쌍 (a, b)의 개수는 $3\times5=15$
즉, $m=15$
제2사분면에 속하는 순서쌍은 x좌표가 음수, y좌표가 양수이므로 $(-1, 1)$, $(-1, 2)$의 2개이다.
즉, $n=2$
따라서 $m+n=15+2=17$

3 점 $A\left(\frac{1}{3}a+5,\ 2b-6\right)$이 x축 위의 점이므로
$2b-6=0$에서
$2b=6$, $b=3$
점 $B(-a+2b,\ 4a-1)$이 y축 위의 점이므로
$-a+2b=0$에서
$a=2b$, $a=2\times3=6$
점 $C(c+3,\ -1)$은 어느 사분면에도 속하지 않고 y좌표가 0이 아니므로 x좌표가 0인 y축 위의 점이다.
즉, $c+3=0$에서 $c=-3$
따라서 $a+b+c=6+3+(-3)=6$

4 $a>2$일 때, $-a+2<0$, $a-2>0$이므로 점 B는 제 3사분면, 점 C는 제4사분면 위의 점이다.
좌표평면 위에 세 점을 나타내면 오른쪽 그림과 같으므로 삼각형 ABC의 넓이는

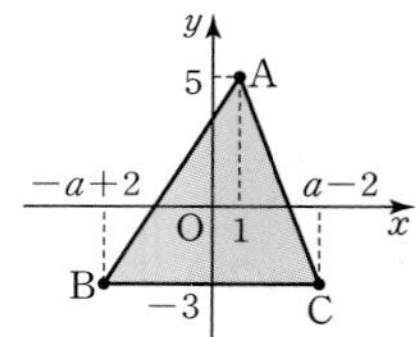

$\frac{1}{2}\{(a-2)-(-a+2)\}\times8=4(2a-4)=8(a-2)$
이때 삼각형 ABC의 넓이가 32이므로
$8(a-2)=32$에서 $a-2=4$
따라서 $a=6$

5 주어진 수직선에서 $c<b<0<a$
① $ab<0$, $-bc<0$이므로 점 $(ab,\ -bc)$는 제3사분면 위의 점이다.
② $b-a<0$, $c-a<0$이므로 점 $(b-a,\ c-a)$는 제3사분면 위의 점이다.
③ $b<0$, $\frac{c}{a}<0$이므로 점 $\left(b,\ \frac{c}{a}\right)$는 제3사분면 위의 점이다.
④ $c<0$, $-a+b<0$이므로 점 $(c,\ -a+b)$는 제3사분면 위의 점이다.

⑤ $\frac{a}{c}<0$, $\frac{b}{c}>0$이므로 점 $\left(\frac{a}{c}, \frac{b}{c}\right)$는 제2사분면 위의 점이다.
따라서 점이 속하는 사분면이 다른 하나는 ⑤이다.

6 $a<0$, $b>0$, $c<0$, $d<0$
ㄱ. $a^2>0$, $b>0$이므로 $a^2+b>0$
ㄴ. $ac>0$, $bd<0$이므로 $ac-bd>0$
ㄷ. $a+b+c$의 부호는 알 수 없다.
ㄹ. $ad>0$, $bc<0$이므로 $ad-bc>0$
따라서 옳은 것은 ㄱ, ㄹ이다.

7 점 $P(ab, a+b)$가 제4사분면 위의 점이므로
$ab>0$, $a+b<0$에서 $a<0$, $b<0$
$a-3<0$, $2b-5<0$이므로 점 $Q(a-3, 2b-5)$는 제3사분면 위의 점이다.
즉, $m=3$
$-3b>0$, $5-a=5+(-a)>0$이므로
점 $R(-3b, 5-a)$는 제1사분면 위의 점이다.
즉, $n=1$
따라서 $m+n=3+1=4$

8 점 P는 점 A와 원점에 대하여 대칭이므로
$P(-2+a, -1-3b)$
점 Q는 점 B와 x축에 대하여 대칭이므로
$Q(3a+2, -a-b-4)$
두 점 P, Q가 서로 일치하므로
$-2+a=3a+2$에서
$-2a=4$, $a=-2$
$-1-3b=-a-b-4$에서
$-1-3b=2-b-4$
$-2b=-1$, $b=\frac{1}{2}$
따라서 $a+b=-2+\frac{1}{2}=-\frac{3}{2}$

9 점 $A(a, b)$가 제4사분면 위의 점이므로 $a>0$, $b<0$
점 B는 점 $A(a, b)$와 y축에 대칭이므로 $B(-a, b)$
$a>0$, $b<0$에서 $a-2b>0$이므로 세 점을 좌표평면 위에 나타내면 오른쪽 그림과 같다.

(삼각형 ABC의 넓이)
$=\frac{1}{2}\times 2a\times(-2b)$
$=-2ab$
이때 넓이가 20이므로 $-2ab=20$, $ab=-10$
따라서 $a>0$, $b<0$이고 a, b는 정수이므로 순서쌍 (a, b)는
$(1, -10)$, $(2, -5)$, $(5, -2)$, $(10, -1)$의 4개이다.

10 일정한 속력으로 달리던 기차가 승객을 태우기 위하여 속력을 줄여 멈춘 후 속력을 높여서 다시 일정한 속력으로 달리므로 알맞은 그래프는 ⑤이다.

11 A, B 두 호스로 물을 받을 때는 10분 동안 8 m^3의 물을 받았으므로 1분에 $\frac{8}{10}=\frac{4}{5}(m^3)$씩 물을 받을 수 있다.
A 호스로만 물을 받을 때는 10분 동안 2 m^3의 물을 받았으므로 1분에 $\frac{2}{10}=\frac{1}{5}(m^3)$씩 물을 받을 수 있다.
따라서 B 호스로만 1분에 받을 수 있는 물의 양은
$\frac{4}{5}-\frac{1}{5}=\frac{3}{5}(m^3)$이므로 부피가 24 m^3인 빈 물통을 B 호스로만 가득 채우는 데 걸리는 시간은
$24\div\frac{3}{5}=24\times\frac{5}{3}=40$(분)

고난도 실전 문제

102~107쪽

1 24	2 ③	3 2	4 −2	5 ③
6 7	7 17	8 C(0, 3) 또는 C(0, −5)		
9 5	10 제3사분면		11 ⑤	12 ④
13 ⑤	14 ①	15 8	16 ③	17 −2
18 3	19 ①	20 15	21 제3사분면	22 ④
23 ①	24 P(−4, 9)		25 (가) − ㉠, (나) − ㉢	
26 ⑤	27 ③	28 (1) 19초 후 (2) B, C, A		
29 (1) 7.2 km (2) 시속 2.4 km			30 ②	
31 (1) 8분 (2) 22		32 ④, ⑤		

1 a, b의 값이 될 수 있는 수는 1부터 6까지의 자연수이므로
$|a-b|\le 2$인 경우는
$|a-b|=0$ 또는 $|a-b|=1$ 또는 $|a-b|=2$
(i) $|a-b|=0$일 때
순서쌍 (a, b)는 $(1, 1)$, $(2, 2)$, $(3, 3)$, $(4, 4)$, $(5, 5)$, $(6, 6)$의 6가지이다.
(ii) $|a-b|=1$일 때
순서쌍 (a, b)는 $(1, 2)$, $(2, 3)$, $(3, 4)$, $(4, 5)$, $(5, 6)$, $(2, 1)$, $(3, 2)$, $(4, 3)$, $(5, 4)$, $(6, 5)$의 10가지
(iii) $|a-b|=2$일 때
순서쌍 (a, b)는 $(1, 3)$, $(2, 4)$, $(3, 5)$, $(4, 6)$, $(3, 1)$, $(4, 2)$, $(5, 3)$, $(6, 4)$의 8가지
(i)~(iii)에서 구하는 순서쌍 (a, b)의 개수는
$6+10+8=24$

2 $|a|=5$이므로 $a=-5, 5$
b는 정수이고 $|b|\le 3$이므로
$b=-3, -2, -1, 0, 1, 2, 3$
따라서 순서쌍 (a, b)로 좌표평면 위에 나타낼 수 있는 점은
$(-5, -3)$, $(-5, -2)$, $(-5, -1)$, $(-5, 0)$, $(-5, 1)$, $(-5, 2)$, $(-5, 3)$, $(5, -3)$, $(5, -2)$, $(5, -1)$, $(5, 0)$, $(5, 1)$, $(5, 2)$, $(5, 3)$의 14개이다.

3 $a-b$의 값이 최소가 될 때는 a의 값은 최소, b의 값은 최대일 때이므로 점 P가 점 A에 있을 때이다.
즉, 점 A의 좌표는 A$(-1, 5)$이므로
$a=-1$, $b=5$
따라서 $3a+b=-3+5=2$

4 두 점 A와 B를 좌표평면 위에 나타내면 오른쪽 그림과 같다.

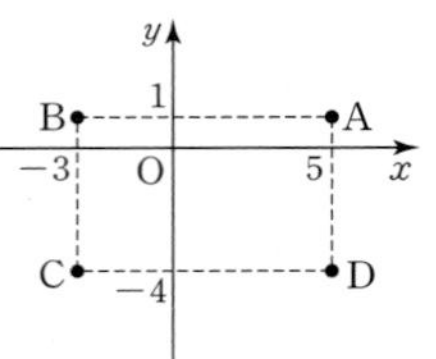

사각형 ABCD가 선분 AB와 선분 BC를 두 변으로 하는 직사각형이므로 점 C의 좌표는 C$(-3, -4)$이고 점 D의 좌표는 D$(5, -4)$이다.
따라서 $a=-3$, $b=5$, $c=-4$이므로
$a+b+c=(-3)+5+(-4)=-2$

5 좌표평면 위에 네 점 A$(1, 2)$, B$(-1, 2)$, C$(-3, -4)$, D$(1, -1)$을 나타내면 오른쪽 그림과 같다.

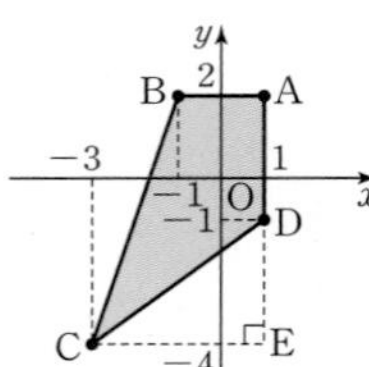

따라서 사각형 ABCD의 넓이는
(사다리꼴 ABCE의 넓이)
$-$(삼각형 CED의 넓이)
$=\frac{1}{2}\times(2+4)\times6-\frac{1}{2}\times4\times3$
$=18-6=12$

6 점 A$\left(2a-5, \frac{1}{6}a-1\right)$은 x축 위의 점이므로
$\frac{1}{6}a-1=0$에서 $\frac{1}{6}a=1$, $a=6$
즉, 점 A의 좌표는 A$(7, 0)$이다. …… ❶
점 B$\left(4b-12, -4+\frac{2}{3}b\right)$는 y축 위의 점이므로
$4b-12=0$에서 $4b=12$, $b=3$
즉, 점 B의 좌표는 B$(0, -2)$이다. …… ❷
따라서 두 점 A, B를 좌표평면 위에 나타내면 오른쪽 그림과 같으므로 삼각형 AOB의 넓이는

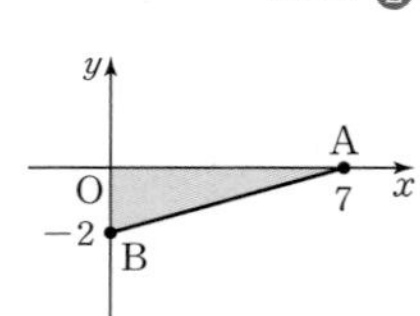

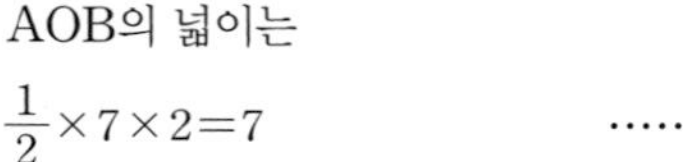

$\frac{1}{2}\times7\times2=7$ …… ❸

채점 기준	비율
❶ 점 A의 좌표 구하기	35 %
❷ 점 B의 좌표 구하기	35 %
❸ 삼각형 AOB의 넓이 구하기	30 %

7 (삼각형 OPQ의 넓이)

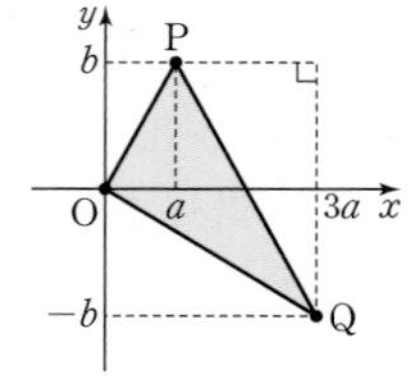

$=3a\times2b-\frac{1}{2}\times a\times b$
$\quad-\frac{1}{2}\times3a\times b-\frac{1}{2}\times2a\times2b$
$=6ab-\frac{1}{2}ab-\frac{3}{2}ab-2ab$
$=2ab$
따라서 $2ab=34$이므로
$ab=17$

8 삼각형 ABC의 넓이가 10이고,
밑변인 $\overline{AB}$의 길이가 $3-(-2)=5$이므로 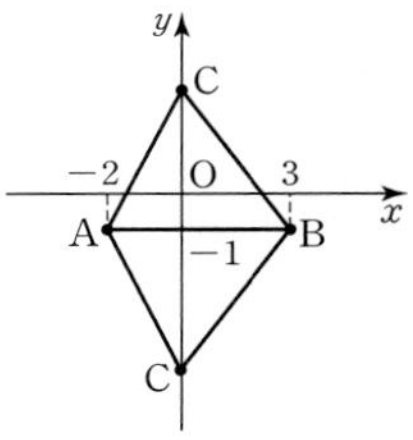
(삼각형 ABC의 넓이)
$=\frac{1}{2}\times$(밑변의 길이)$\times$(높이)
에서 $10=\frac{1}{2}\times5\times$(높이), (높이)$=4$
y축 위의 점 C는 밑변 AB를 중심으로 윗부분이나 아랫부분에 있을 수 있으므로 점 C의 좌표는
C$(0, -1+4)$ 또는 C$(0, -1-4)$가 될 수 있다.
따라서 점 C의 좌표는 C$(0, 3)$ 또는 C$(0, -5)$

9 점 $(4-x, 10-x)$가 제2사분면 위에 있으므로
$4-x<0$, $10-x>0$
$4-x<0$에서 $x>4$
$10-x>0$에서 $x<10$
따라서 x는 4보다 크고 10보다 작은 자연수이므로
5, 6, 7, 8, 9의 5개이다.

10 $a+b<0$, $\frac{b}{a}>0$에서 a, b는 부호가 같고 합이 음수이므로
$a<0$, $b<0$
두 음수 a, b에 대하여 $|a|<|b|$이므로 $b<a$
따라서 $b-a<0$, $|a|-|b|<0$에서
A$(b-a, |a|-|b|)$는 x좌표와 y좌표가 모두 음수이므로 제3사분면 위의 점이다.

11 점 $(ab^2, 3a+2b)$가 제2사분면 위의 점이므로 $ab^2<0$
이때 $b^2>0$이므로 $a<0$
$3a+2b>0$에서 $a<0$이므로 $b>0$
즉, $a<0$이고 $b>0$이므로
① A(a, b) ➡ 제2사분면
② B$(a-b, b)$ ➡ 제2사분면
③ C$\left(b^2, \frac{a}{b}\right)$ ➡ 제4사분면
④ D$(3a-2b, -a)$ ➡ 제2사분면
⑤ E$(b-a, -ab)$ ➡ 제1사분면
따라서 제1사분면 위의 점인 것은 ⑤이다.

12 점 A(a, b)는 제2사분면 위의 점이므로
$a<0$, $b>0$
점 B(c, d)는 제3사분면 위의 점이므로
$c<0$, $d<0$
① $a<0$, $c<0$이므로 $a+c<0$
② $a<0$, $d<0$이므로 $ad>0$
③ $b>0$, $d<0$이므로 $b-d>0$
④ $\frac{c}{a}>0$, $b>0$이므로 $\frac{c}{a}+b>0$

⑤ $ab<0$, $cd>0$이므로 $ab-cd<0$
따라서 항상 옳은 것은 ④이다.

13 점 $P(x-y,\ xy)$가 제3사분면 위의 점이므로
$x-y<0$, $xy<0$
$xy<0$이므로 x와 y는 서로 다른 부호이다.
$x-y<0$이므로 $x<0$, $y>0$
① $y>0$, $x<0$이므로
$(y,\ x)$ ➡ 제4사분면
② $xy<0$, $y-x>0$이므로
$(xy,\ y-x)$ ➡ 제2사분면
③ $-\frac{x}{y}>0$, $x^2>0$이므로
$\left(-\frac{x}{y},\ x^2\right)$ ➡ 제1사분면
④ $xy-y<0$, $\frac{x}{y}<0$이므로
$\left(xy-y,\ \frac{x}{y}\right)$ ➡ 제3사분면
⑤ $-x>0$, $\frac{x-y}{y}<0$이므로
$\left(-x,\ \frac{x-y}{y}\right)$ ➡ 제4사분면
따라서 점이 속하는 사분면이 잘못 짝 지어진 것은 ⑤이다.

14 점 $P(a,\ b)$가 제4사분면 위의 점이므로
$a>0$, $b<0$
이때 $|a|>|b|$이므로
$a+b>0$, $a-b>0$
따라서 점 $Q(a+b,\ a-b)$는 제1사분면 위의 점이다.

15 점 $\left(\frac{6-2a}{5},\ 3a-15\right)$가 어느 사분면에도 속하지 않으려면
x축 또는 y축 위에 있어야 한다. …… ❶
(i) x축 위에 있을 때
$3a-15=0$에서 $3a=15$, $a=5$ …… ❷
(ii) y축 위에 있을 때
$\frac{6-2a}{5}=0$에서 $6-2a=0$
$-2a=-6$, $a=3$ …… ❸
(i), (ii)에서 모든 a의 값의 합은
$5+3=8$ …… ❹

채점 기준	비율
❶ 주어진 점이 x축 또는 y축 위에 있어야 함을 알기	30 %
❷ x축 위에 있을 때, a의 값 구하기	30 %
❸ y축 위에 있을 때, a의 값 구하기	30 %
❹ 모든 a의 값의 합 구하기	10 %

16 $ab=0$이고 $b<0$이므로
$a=0$, $b<0$
$a=0$, $-b>0$이므로 점 $A(a,\ -b)$는 y축 위의 점이다.
따라서 $b+c<0$, $d-c>0$이므로
점 $B(b+c,\ d-c)$는 제2사분면 위의 점이다.

17 점 B의 x좌표가 -4이고 점 A와 다른 사분면에 있으며 선분 AB의 길이가 4이므로 점 B의 y좌표는
$3-4=-1$
즉, 점 B의 좌표는 $B(-4,\ -1)$이다.

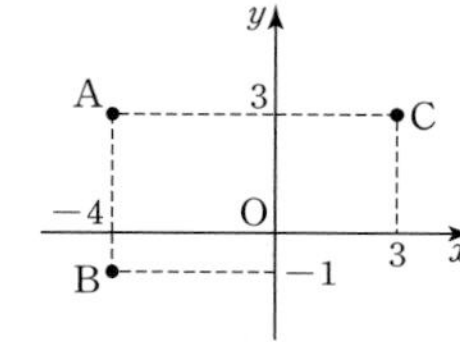

점 C의 y좌표가 3이고 점 A와 다른 사분면에 있으며 선분 AC의 길이가 7이므로 점 C의 x좌표는 $-4+7=3$
즉, 점 C의 좌표는 $C(3,\ 3)$이다.
따라서 $a=-1$, $b=3$이므로
$|a|-|b|=|-1|-|3|=-2$

18 점 $A(a,\ b)$와 y축에 대하여 대칭인 점 B가 제3사분면 위에 있으므로 점 $A(a,\ b)$는 제4사분면 위의 점이다.
즉, $a>0$, $b<0$
점 B는 점 A와 y축에 대하여 대칭이므로
점 B의 좌표는 $B(-a,\ b)$이다.
한편 $a>0$, $b<0$에서 $b-a<0$, $-2b>0$이므로
점 C는 제2사분면 위의 점이다.
따라서 삼각형 ABC의 넓이는
$\frac{1}{2}\times 2a\times(-3b)=-3ab$
이때 $-3ab=12$에서 $ab=-4$
따라서 $a>0$, $b<0$이고 a, b는 정수이므로 순서쌍 $(a,\ b)$는 $(4,\ -1)$, $(2,\ -2)$, $(1,\ -4)$의 3개이다.

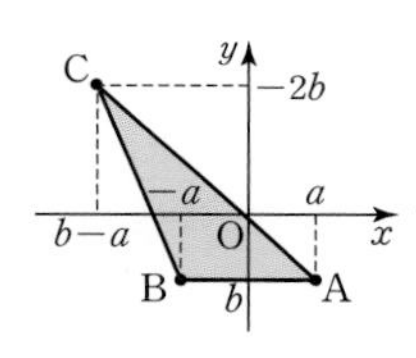

19 두 점 $(4-a,\ 2b+3)$, $(-1,\ 7)$이 y축에 대하여 대칭이므로
$4-a=1$, $2b+3=7$
$4-a=1$에서 $-a=-3$, $a=3$
$2b+3=7$에서 $2b=4$, $b=2$
따라서 점 $P(3,\ 2)$는 제1사분면 위의 점이다.

20 점 $A\left(a-9,\ \frac{a+1}{2}\right)$은 y축 위의 점이므로
$a-9=0$에서 $a=9$
즉, 점 A의 좌표는 $A(0,\ 5)$이다.
점 B는 점 $(6,\ -2)$와 원점에 대하여 대칭인 점이므로 점 B의 좌표는 $B(-6,\ 2)$이다.
따라서 두 점 A, B를 좌표평면 위에 나타내면 오른쪽 그림과 같으므로 삼각형 OAB의 넓이는
$\frac{1}{2}\times 5\times 6=15$

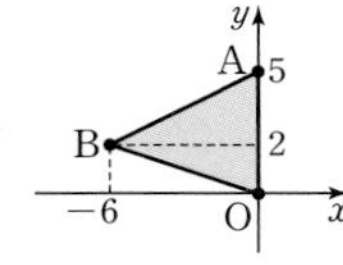

21 점 $(a,\ b)$가 제2사분면 위의 점이므로
$a<0$, $b>0$
이때 $-ab>0$, $b-a>0$이므로 점 $(-ab,\ b-a)$는 제1사분면 위의 점이다.

따라서 점 $(-ab,\ b-a)$와 원점에 대하여 대칭인 점은 제3사분면 위의 점이다.

22 점 A의 좌표를 $A(a,\ b)$라 하면
점 B의 좌표는 $B(-a,\ b)$,
점 C의 좌표는 $C(-a,\ -b)$,
점 D의 좌표는 $D(a,\ -b)$이다.
네 점 A, B, C, D를 꼭짓점으로 하는 사각형의 둘레의 길이가 52이므로
$4(|a|+|b|)=52$, $|a|+|b|=13$
④ 점 A의 좌표가 $(4,\ -8)$인 경우
$|a|+|b|=12$이므로 점 A가 될 수 없다.

23 점 $P(a+b,\ ab)$와 x축에 대하여 대칭인 점 $Q(a+b,\ -ab)$의 좌표는 $Q(-7,\ -12)$이므로
$a+b=-7$, $ab=12$
이때 a, b가 모두 정수이므로
$a=-3$, $b=-4$ 또는 $a=-4$, $b=-3$
(i) $a=-3$, $b=-4$일 때
$|b-a|=|-4-(-3)|=|-1|=1$
(ii) $a=-4$, $b=-3$일 때
$|b-a|=|-3-(-4)|=|1|=1$
(i), (ii)에서 $|b-a|=1$

24 점 A를 x축에 대하여 대칭이동한 점의 좌표는 $(-2,\ -3)$, 다시 y축에 대하여 대칭이동한 점의 좌표는 $(2,\ -3)$, 다시 원점에 대하여 대칭이동한 점의 좌표는 $(-2,\ 3)$이 되므로
(1) → (2) → (3)을 거치면 다시 점 A가 된다.
$400=3\times133+1$이므로
400번 이동한 점의 좌표는 $(-2,\ -3)$
$800=3\times266+2$이므로
800번 이동한 점의 좌표는 $(2,\ -3)$
따라서 $a=-2$, $b=-3$, $c=2$, $d=-3$이므로
점 $P(ac,\ bd)$의 좌표는 $P(-4,\ 9)$이다.

25 (가) 아래 원기둥의 밑면이 넓으므로 높이는 서서히 같은 속도로 높아지다가 위 원기둥의 밑면이 좁으므로 급격히 같은 속도로 높아진다.
따라서 (가) - ㉠
(나) 서서히 높아지다가 일정한 속도로 높아지는데 아래쪽의 밑면이 더 넓으므로 처음에 더 천천히 증가한다.
따라서 (나) - ㉢

26 직사각형 ABOC의 넓이를 S라 하면
$S>0$, $p>0$, $q<0$이므로
$S=-pq$
즉, $q=-\dfrac{S}{p}$
따라서 p와 q 사이의 관계를 나타낸 그래프로 알맞은 것은 ⑤이다.

27 ③ C 구간은 시간에 비하여 거리가 급격히 증가하므로 빨리 걷고 있음을 알 수 있다.
따라서 옳지 않은 것은 ③이다.

28 (1) 세 그래프 중에서 두 개 이상의 그래프가 만나는 곳이 순위가 바뀌는 지점이므로 출발한 지 19초 후에 B가 C를 역전하면서 처음으로 순위의 변화가 생긴다.
(2) 결승점에 도착한 시간은 A가 54초, B가 47초, C가 51초이므로 결승점에 도착한 순서는 B, C, A이다.

29 (1) 서준이가 집에서 출발하여 다시 집으로 올 때까지 움직인 거리는
$1.6+(1.6-0.8)+(2.8-0.8)+2.8=7.2(\text{km})$ …… ❶
(2) $(\text{평균 속력})=\dfrac{(\text{전체 이동 거리})}{(\text{전체 걸린 시간})}$
$=\dfrac{7.2}{3}=2.4$
따라서 구하는 평균 속력은 시속 2.4 km이다. …… ❷

채점 기준	비율
❶ 서준이가 집에서 출발하여 다시 집으로 올 때까지 이동한 거리 구하기	50 %
❷ 평균 속력 구하기	50 %

30 보드 게임방의 이용 요금은 기본 요금은 30분에 1500원이고, 30분을 초과하면 10분에 1000원, 즉 1분에 100원씩 요금이 추가된다.
따라서 3시간 10분 이용했을 때, 내야 하는 금액은 기본 30분에 추가 160분을 이용한 금액이므로
$1500+160\times100=1500+16000=17500$(원)

31 (1) 출발한 후 다시 출발 지점까지 올 때이므로 한 바퀴 도는 데 걸리는 시간은 8분이다.
(2) 15 m의 높이에 있을 때는 2분, 6분, 10분, 14분, 18분, 22분 후이므로 세 번째로 15 m의 높이에 있게 된 것은 10분 후이다.
가장 높은 높이에 있을 때는 4분, 12분, 20분이므로 가장 높은 높이에 두 번째로 있게 된 것은 12분 후이다.
따라서 $a=10$, $b=12$이므로
$a+b=10+12=22$

32 자동차는 속력을 일정하게 올린 후 1시 10분부터 1시 40분까지 시속 30 km로 가다가 다시 속력을 일정하게 올린 후 1시 50분부터 시속 50 km로 가고 있다.
④ 시속 30 km로 30분 동안 이동한 총 거리는
$30\times\dfrac{30}{60}=15(\text{km})$
⑤ 1시 50분 이후 자동차는 시속 50 km로 이동하고 있다.
따라서 옳지 않은 것은 ④, ⑤이다.

6. 정비례와 반비례

필수 확인 문제 112~115쪽

1 ①, ④	**2** 13	**3** ㄱ, ㄹ	**4** ①, ⑤	**5** 2
6 19	**7** $-\frac{43}{15}$	**8** 33	**9** A(2, 6)	**10** ④
11 (1) $y=2400x$ (2) 2 m	**12** ④	**13** $\frac{1}{2}$	**14** 3개	
15 -10	**16** 16	**17** 0	**18** 40	**19** 12
20 30	**21** 24	**22** 0.75	**23** ③	**24** 20바퀴

1 ① $y=80x$
② $y=x^2$
③ $x+y=24$이므로 $y=24-x$
④ (거리)=(속력)×(시간)이므로 $y=4x$
⑤ $(\text{소금물의 농도})=\frac{(\text{소금의 양})}{(\text{소금물의 양})}\times 100(\%)$이므로
$y=\frac{x}{300+x}\times 100=\frac{100x}{300+x}$
따라서 y가 x에 정비례하는 것은 ①, ④이다.

2 y가 x에 정비례하므로 $y=ax(a\neq 0)$로 놓는다.
$y=ax$에 $x=-2$, $y=6$을 대입하면
$6=a\times(-2)$에서 $a=-3$
$y=-3x$에 $x=-3$, $y=A$를 대입하면
$A=-3\times(-3)=9$
$y=-3x$에 $x=B$, $y=-3$을 대입하면
$-3=-3\times B$에서 $B=1$
$y=-3x$에 $x=C$, $y=-9$를 대입하면
$-9=-3\times C$에서 $C=3$
따라서 $A+B+C=9+1+3=13$

3 ㄴ. x와 y 사이의 관계를 식으로 나타내면 $y=5x$이다.
ㄷ. x의 값이 3배가 되면 y의 값도 3배가 된다.
따라서 옳은 것은 ㄱ, ㄹ이다.

4 ② 점 $(1, a)$를 지난다.
③ $a>0$일 때, x의 값이 증가하면 y의 값도 증가한다.
④ $a<0$일 때, 제2사분면과 제4사분면을 지난다.
따라서 옳은 것은 ①, ⑤이다.

5 $y=-\frac{2}{3}x$에 $x=a+4$, $y=a-6$을 대입하면
$a-6=-\frac{2}{3}(a+4)$, $-3(a-6)=2(a+4)$
$-3a+18=2a+8$, $5a=10$
따라서 $a=2$

6 $y=\frac{5}{4}x$에 $x=a$, $y=10$을 대입하면
$10=\frac{5}{4}a$, $a=8$
$y=\frac{5}{4}x$에 $x=b$, $y=4$를 대입하면
$4=\frac{5}{4}b$, $b=\frac{16}{5}$
$y=\frac{5}{4}x$에 $x=-4$, $y=c$를 대입하면
$c=\frac{5}{4}\times(-4)=-5$
따라서 $a+5b+c=8+5\times\frac{16}{5}+(-5)=19$

7 $y=ax$에 $x=-5$, $y=6$을 대입하면
$6=-5a$, $a=-\frac{6}{5}$
$y=-\frac{6}{5}x$에 $x=b$, $y=2$를 대입하면
$2=-\frac{6}{5}b$, $b=-\frac{5}{3}$
따라서 $a+b=\left(-\frac{6}{5}\right)+\left(-\frac{5}{3}\right)=-\frac{43}{15}$

8 $y=2x$에 $y=-6$을 대입하면
$-6=2x$, $x=-3$
즉, A$(-3, -6)$ …… ❶
$y=-\frac{3}{4}x$에 $y=-6$을 대입하면
$-6=-\frac{3}{4}x$, $x=8$
즉, B$(8, -6)$ …… ❷
따라서 삼각형 OAB의 넓이는
$\frac{1}{2}\times\{8-(-3)\}\times 6=\frac{1}{2}\times 11\times 6=33$ …… ❸

채점 기준	비율
❶ 점 A의 좌표 구하기	30 %
❷ 점 B의 좌표 구하기	30 %
❸ 삼각형 OAB의 넓이 구하기	40 %

9 점 A의 x좌표를 a라 하면 A$(a, 3a)$이므로
B$(a, 3a-4)$, C$(a+4, 3a-4)$, D$(a+4, 3a)$
이때 점 C는 $y=\frac{1}{3}x$의 그래프 위의 점이므로
$y=\frac{1}{3}x$에 $x=a+4$, $y=3a-4$를 대입하면
$3a-4=\frac{1}{3}(a+4)$, $9a-12=a+4$
$8a=16$, $a=2$
따라서 A(2, 6)

10 x g짜리 추를 매달았을 때, 늘어나는 용수철의 길이를 y cm라 하자.
용수철의 늘어난 길이는 추의 무게에 정비례하므로 $y=ax$로 놓고 $x=40$, $y=12$를 대입하면
$12=40a$, $a=\frac{3}{10}$
$y=\frac{3}{10}x$에 $x=55$를 대입하면

$y=\frac{3}{10}\times 55=16.5$

따라서 늘어나는 용수철의 길이는 16.5 cm이다.

11 (1) 전선줄 5 m의 무게가 400 g이므로 1 m의 무게는

$\frac{400}{5}=80(\text{g})$

전선줄 100 g 당 가격은 3000원이므로 1 g 당 30원이 된다.

따라서 전선줄 1 m의 가격은 $80\times 30=2400$(원)이므로

$y=2400x$

(2) $y=2400x$에 $y=4800$을 대입하면

$4800=2400x$에서 $x=2$

따라서 2 m를 살 수 있다.

12 ㄱ. 4 L의 휘발유로 64 km를 갈 수 있으므로 1 L의 휘발유로 16 km를 갈 수 있다.

이때 x L의 휘발유로 $16x$ km를 갈 수 있으므로 x와 y 사이의 관계식은 $y=16x$

즉, y는 x에 정비례한다.

ㄴ. $y=16x$에 $x=6$을 대입하면

$y=16\times 6=96$

즉, 6 L의 휘발유로 96 km를 갈 수 있다.

ㄷ. $y=16x$에 $y=384$를 대입하면

$384=16x$, $x=24$

즉, 384 km를 가려면 24 L의 휘발유가 필요하다.

따라서 옳은 것은 ㄱ, ㄴ이다.

13 x의 값이 2배, 3배, 4배, …가 됨에 따라 y의 값은 $\frac{1}{2}$배, $\frac{1}{3}$배, $\frac{1}{4}$배, …가 되므로 y는 x에 반비례한다.

$y=\frac{a}{x}$로 놓고 $x=6$, $y=2$를 대입하면

$2=\frac{a}{6}$, $a=12$

따라서 $y=\frac{12}{x}$에 $y=24$를 대입하면

$24=\frac{12}{x}$, $x=\frac{1}{2}$

14 ㄱ. 연필 5자루에 4000원이므로 연필 1자루의 가격은 800원이다.

즉, x와 y 사이의 관계식은

$y=800x$

ㄴ. $xy=50$이므로 $y=\frac{50}{x}$

ㄷ. $(\text{속력})=\frac{(\text{거리})}{(\text{시간})}$이므로 $y=\frac{2}{x}$

ㄹ. $(\text{소금의 양})=\frac{(\text{소금물의 농도})}{100}\times(\text{소금물의 양})$이므로

$y=\frac{3}{100}x$

ㅁ. $3\times 5=x\times y$이므로 $y=\frac{15}{x}$

따라서 y가 x에 반비례하는 것은 ㄴ, ㄷ, ㅁ의 3개이다.

15 $y=\frac{20}{x}$에 $x=a$, $y=5$를 대입하면

$5=\frac{20}{a}$, $a=4$

$y=\frac{20}{x}$에 $x=-8$, $y=b$를 대입하면

$b=\frac{20}{-8}=-\frac{5}{2}$

따라서 $ab=4\times\left(-\frac{5}{2}\right)=-10$

16 $y=\frac{a}{x}$에 $x=-6$, $y=-4$를 대입하면

$-4=\frac{a}{-6}$, $a=24$

따라서 반비례 관계 $y=\frac{24}{x}$의 그래프 위의 점 중에서 x좌표와 y좌표가 모두 정수인 점은 24의 약수와 그 약수에 $-$부호를 붙인 수로 이루어져 있으므로

$(-1, -24)$, $(-2, -12)$, $(-3, -8)$, $(-4, -6)$, $(-6, -4)$, $(-8, -3)$, $(-12, -2)$, $(-24, -1)$, $(1, 24)$, $(2, 12)$, $(3, 8)$, $(4, 6)$, $(6, 4)$, $(8, 3)$, $(12, 2)$, $(24, 1)$의 16개이다.

17 $y=ax$에 $x=-3$, $y=12$를 대입하면

$12=-3a$, $a=-4$ …… ❶

$y=-\frac{4}{x}$에 $x=b$, $y=-1$을 대입하면

$-1=-\frac{4}{b}$, $b=4$ …… ❷

따라서 $a+b=-4+4=0$ …… ❸

채점 기준	비율
❶ a의 값 구하기	40 %
❷ b의 값 구하기	40 %
❸ $a+b$의 값 구하기	20 %

18 $y=\frac{a}{x}$에 $x=-3$, $y=8$을 대입하면

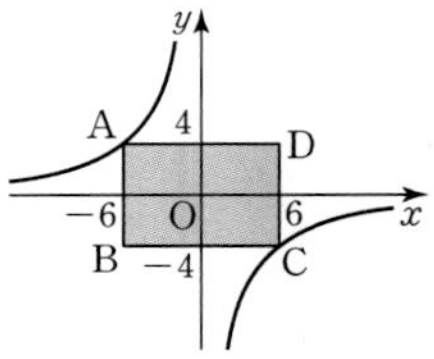

$8=-\frac{a}{3}$, $a=-24$

$y=-\frac{24}{x}$의 그래프 위의 점 A의 x좌표가 -6이므로 y좌표는 4, 점 C의 x좌표가 6이므로 y좌표는 -4이다.

따라서 직사각형 ABCD의 둘레의 길이는

$2\times(12+8)=40$

19 $y=\frac{a}{x}$에 $x=8$, $y=2$를 대입하면

$2=\frac{a}{8}$, $a=16$

즉, $y=\frac{16}{x}$에 $x=b$, $y=-4$를 대입하면

$-4=\frac{16}{b}$, $b=-4$

따라서 $a+b=16+(-4)=12$

20 두 그래프가 만나는 점의 x좌표가 3이므로

$y=4x$에 $x=3$을 대입하면

$y=4\times3=12$

즉, y좌표는 12이다.

반비례 관계 $y=\frac{a}{x}$의 그래프가 점 (3, 12)를 지나므로

$x=3$, $y=12$를 대입하면

$12=\frac{a}{3}$, $a=36$

반비례 관계 $y=\frac{36}{x}$의 그래프가 점 (6, b)를 지나므로

$x=3$, $y=b$를 대입하면

$b=\frac{36}{6}=6$

따라서 $a-b=36-6=30$

21 반비례 관계 $y=\frac{a}{x}$의 그래프가 점 $(-6, -2)$를 지나므로

$x=-6$, $y=-2$를 대입하면

$-2=\frac{a}{-6}$, $a=12$

점 A의 x좌표를 m이라 하면 $y=\frac{12}{x}$의 그래프는 원점에 대하여 대칭이므로 점 B의 x좌표는 $-m$이 된다.

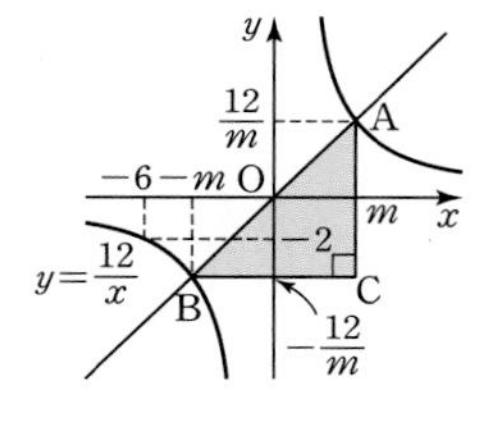

따라서 직각삼각형 ABC의 넓이는

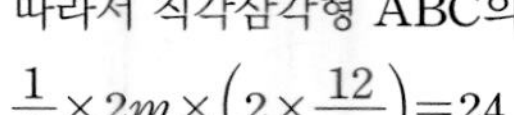

$\frac{1}{2}\times2m\times\left(2\times\frac{12}{m}\right)=24$

22 y가 x에 반비례하므로 $y=\frac{a}{x}$로 놓고 $x=1.5$, $y=1$을 대입하면

$1=\frac{a}{1.5}$, $a=1.5$

$y=\frac{1.5}{x}$에 $x=2$를 대입하면

$y=\frac{1.5}{2}=0.75$

따라서 빈틈의 폭이 2 mm인 고리까지 판별할 수 있는 사람의 시력은 0.75이다.

23 링거 한 병의 양은

$5\times120=600$(mL)

1분에 x mL씩 주사할 때, 링거 한 병을 다 맞는 데 걸리는 시간을 y분이라 하면

$x\times y=600$, $y=\frac{600}{x}$

$y=\frac{600}{x}$에 $x=8$을 대입하면

$y=\frac{600}{8}=75$

따라서 1분에 8 mL씩 주사할 때, 링거 한 병을 다 맞는 데 75분이 걸린다.

24 톱니바퀴 A가 15초에 4바퀴 회전하므로 1분에 $4\times4=16$(바퀴) 회전한다.

1분 동안 두 톱니바퀴 A, B가 서로 맞물린 톱니의 수가 같으므로

$35\times16=x\times y$, $y=\frac{560}{x}$ …… ❶

이때 톱니바퀴 B의 톱니가 28개이므로 $y=\frac{560}{x}$에 $x=28$을 대입하면

$y=\frac{560}{28}=20$

따라서 톱니바퀴 B의 톱니가 28개일 때, 톱니바퀴 B는 1분에 20바퀴 회전한다. …… ❷

채점 기준	비율
❶ x와 y 사이의 관계식 구하기	60 %
❷ 톱니바퀴 B가 1분에 회전하는 바퀴 수 구하기	40 %

고난도 대표 유형

116~119쪽

1 ③	2 1	3 $\frac{2}{3}$	4 $\frac{65}{6}$	5 4003
6 ③	7 9분 후	8 28개	9 25	10 100
11 ⑤	12 ②			

1 $5y$가 $2x$에 정비례하므로 $5y=a\times2x$, 즉 $5y=2ax$로 놓으면

$x=10$일 때 $y=-2$이므로

$5\times(-2)=2a\times10$, $a=-\frac{1}{2}$

$a=-\frac{1}{2}$을 $5y=2ax$에 대입하면

$5y=2\times\left(-\frac{1}{2}\right)\times x$, $5y=-x$

$5y=-x$에 $y=-3$을 대입하면

$5\times(-3)=-x$, $x=15$

2 $y=ax$의 그래프가 점 A$(-2, 4)$를 지날 때

$4=a\times(-2)$, $a=-2$

또, 점 B$(-4, 2)$를 지날 때

$2=a\times(-4)$, $a=-\frac{1}{2}$

이때 $y=ax$의 그래프가 선분 AB와 만나기 위해서는

$-2\le a\le-\frac{1}{2}$

따라서 $m=-2$, $n=-\frac{1}{2}$이므로

$mn=(-2)\times\left(-\frac{1}{2}\right)=1$

3 $y=ax$의 그래프가 점 P를 지나므로 점 P의 좌표를 $(k, ak)(k>0)$라 하면

(삼각형 PAB의 넓이)$=\frac{1}{2}\times(8-2)\times ak$

$=\frac{1}{2}\times6\times ak=3ak$

(삼각형 PDC의 넓이)$=\frac{1}{2}\times(6-2)\times k$

$=\frac{1}{2}\times4\times k=2k$

이때 삼각형 PAB의 넓이와 삼각형 PDC의 넓이가 같으므로

$3ak=2k$, $a=\frac{2}{3}$

4 $y=\frac{5}{3}x$에 $y=10$을 대입하면 $10=\frac{5}{3}x$, $x=6$

$y=ax$의 그래프가 선분 AB와 만나는 점을 P라 하면

(삼각형 POB의 넓이)$=\frac{1}{2}\times$(삼각형 AOB의 넓이)이므로

$\frac{1}{2}\times6\times6a=\frac{1}{2}\times\left(\frac{1}{2}\times6\times10\right)$에서

$18a=15$, $a=\frac{5}{6}$

$y=\frac{5}{6}x$의 그래프가 점 $(12, b)$를 지나므로

$b=\frac{5}{6}\times12=10$

따라서 $a+b=\frac{5}{6}+10=\frac{65}{6}$

5 길이가 10 m인 줄의 가격은 $20000\times2=40000$(원)이므로

1 m인 줄의 가격은 $\frac{40000}{10}=4000$(원)

x와 y 사이의 관계식은 $y=4000x$이므로 $a=4000$

$y=4000x$에 $y=12000$을 대입하면

$12000=4000x$

즉, $x=3$이므로 $b=3$

따라서 $a+b=4000+3=4003$

6 x초 후의 선분 BP의 길이가 $2x$ cm이므로 삼각형 ABP의 넓이는

$y=\frac{1}{2}\times2x\times18$, 즉 $y=18x$

$y=18x$에 $y=216$을 대입하면

$216=18x$, $x=12$

따라서 삼각형 ABP의 넓이가 216 cm^{2}가 되는 것은 점 P가 점 B를 출발한 지 12초 후이다.

7 주원이의 그래프가 나타내는 x와 y 사이의 관계식을 $y=ax$로 놓고 $x=3$, $y=375$를 대입하면

$375=3a$, $a=125$

$y=125x$에 $y=2000$을 대입하면

$2000=125x$, $x=16$

즉, 주원이는 학교에서 출발한 지 16분 후에 도서관에 도착했다.

지수의 그래프가 나타내는 x와 y 사이의 관계식을 $y=bx$로 놓고 $x=3$, $y=240$을 대입하면

$240=3b$, $b=80$

$y=80x$에 $y=2000$을 대입하면

$2000=80x$, $x=25$

즉, 지수는 학교에서 출발한 지 25분 후에 도서관에 도착했다.

따라서 주원이가 도서관에 도착한 지 $25-16=9$(분) 후에 지수가 도착했다.

8 $y=\frac{a}{x}$에 $x=-2$, $y=-3$을 대입하면

$-3=\frac{a}{-2}$, $a=6$

즉, $y=\frac{6}{x}$

제1사분면에서 $y=\frac{6}{x}$의 그래프는 오른쪽 그림과 같고, x좌표와 y좌표가 모두 정수인 점은

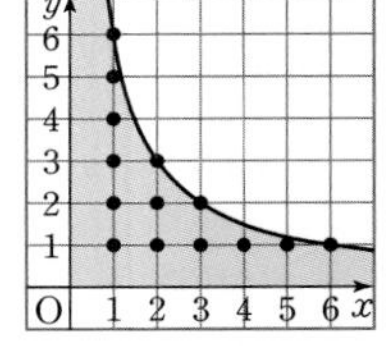

$x=1$일 때, $y=1, 2, 3, 4, 5, 6$의 6개

$x=2$일 때, $y=1, 2, 3$의 3개

$x=3$일 때, $y=1, 2$의 2개

$x=4$일 때, $y=1$의 1개

$x=5$일 때, $y=1$의 1개

$x=6$일 때, $y=1$의 1개

따라서 제1사분면에서 구하는 점은

$6+3+2+1+1+1=14$(개)

같은 방법으로 제3사분면에서 x좌표와 y좌표가 모두 정수인 점도 14개이므로 구하는 점은 모두

$14+14=28$(개)

9 점 A의 x좌표를 $t(t<0)$라 하면

$A\left(t, \frac{b}{t}\right)$

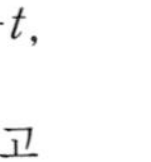

이때 (선분 OC의 길이)$=-t$,

(선분 AC의 길이)$=-\frac{b}{t}$이고

직사각형 ABOC의 넓이가 20이므로

$-t\times\left(-\frac{b}{t}\right)=20$, $b=20$

$y=\frac{20}{x}$에 $x=4$를 대입하면 $y=\frac{20}{4}=5$

즉, 점 P의 좌표는 $(4, 5)$이다.

$y=ax$의 그래프가 점 P를 지나므로

$5=4a$, $a=\frac{5}{4}$

따라서 $ab=\frac{5}{4}\times20=25$

10 두 점 A, C의 x좌표가 5이므로

$A(5, 5a)$, $C(5, 0)$

삼각형 ABC의 넓이가 50이므로

$\frac{1}{2}\times5a\times10=50$

$25a=50$, $a=2$

즉, $A(5, 10)$이므로 $y=\frac{b}{x}$에 $x=5$, $y=10$을 대입하면

$10=\frac{b}{5}$, $b=50$

따라서 $ab=2\times50=100$

11 x kg짜리 물체가 중심 P로부터 y cm 떨어져 있다고 하면 물체의 무게와 중심 P로부터의 거리는 반비례 관계이므로

$x\times y=15\times16$, 즉 $y=\frac{240}{x}$

$y=\frac{240}{x}$에 $x=20$을 대입하면

$y=\frac{240}{20}=12$

따라서 무게가 20 kg인 물체 A는 중심 P로부터 12 cm 떨어진 지점에 매달려 있다.

12 $y=\frac{a}{x}$로 놓고 $x=3000$, $y=30$을 대입하면

$30=\frac{a}{3000}$에서 $a=90000$

즉, $y=\frac{90000}{x}$

예상 판매 개수가 40이므로 $y=\frac{90000}{x}$에 $y=40$을 대입하면

$40=\frac{90000}{x}$, $x=2250$

초콜릿 가격을 3000원에서 a % 할인했다고 하면

$3000\times\frac{a}{100}=750$, $a=25$

따라서 25 % 할인해야 한다.

고난도 실전 문제

120~127쪽

1 ⑤	2 ④	3 ③, ⑤	4 -2	5 $\frac{5}{3}$
6 ④	7 $\frac{4}{3}$	8 ③	9 ①	10 $\frac{4}{3}$
11 27	12 $\frac{7}{8}$	13 $D\left(9, \frac{1}{3}\right)$	14 155 L	15 60
16 5초 후	17 $y=\frac{3}{7}x$	18 5시간	19 90 kcal	20 -22
21 -6	22 ④, ⑤	23 6	24 12	25 30
26 12	27 $a=\frac{8}{3}$, $b=24$		28 81	29 ③
30 600	31 30	32 ①	33 5 cm	
34 $A=21$, $y=\frac{21}{x}$		35 ④	36 1224	

1 조건 (가)에 의하여 $6y$가 x에 정비례하므로

$6y=ax(a\neq0)$로 놓으면 $y=\frac{a}{6}x$

조건 (나)에 의하여 $y=\frac{a}{6}x$에 $x=-9$, $y=2$를 대입하면

$2=\frac{a}{6}\times(-9)$, $a=-\frac{4}{3}$

x와 y 사이의 관계식은 $y=-\frac{4}{3}\times\frac{1}{6}x$이므로 $y=-\frac{2}{9}x$

따라서 $y=-\frac{2}{9}x$에 $y=-\frac{1}{3}$을 대입하면

$-\frac{1}{3}=-\frac{2}{9}x$, $x=\frac{3}{2}$

2 y가 x에 정비례하므로 x의 값이 2배, 3배, 4배, …가 됨에 따라 y의 값도 2배, 3배, 4배, …가 된다.

즉, $2:3=m:(m+2)$이므로

$2(m+2)=3m$, $2m+4=3m$, $m=4$

따라서 x의 값이 2일 때, y의 값은 4이므로 x의 값이 4일 때, y의 값은 $a=2\times4=8$

3 ① 그래프가 원점과 점 $(-4, 10)$을 지나는 직선이므로

$y=ax$에 $x=-4$, $y=10$을 대입하면

$10=-4a$, $a=-\frac{5}{2}$

즉, x와 y 사이의 관계식은 $y=-\frac{5}{2}x$이다.

② $y=-\frac{5}{2}x$에 $x=6$을 대입하면

$y=-\frac{5}{2}\times6=-15$

즉, 점 $(6, -15)$를 지난다.

③ $\left|-\frac{5}{2}\right|<|5|$이므로 $y=5x$의 그래프보다 y축에서 더 멀리 떨어져 있다.

⑤ $y=-\frac{5}{2}x$에 $y=-5$를 대입하면

$-5=-\frac{5}{2}x$, $x=2$

따라서 옳지 않은 것은 ③, ⑤이다.

4 점 $A(2a-8, -a+4)$가 원점이 아니므로

$2a-8\neq0$, $-a+4\neq0$, $a\neq4$

$y=kx$에 $x=2a-8$, $y=-a+4$를 대입하면

$-a+4=k(2a-8)$, $-a+4=-2k(-a+4)$

$-a+4\neq0$이므로 $1=-2k$, $k=-\frac{1}{2}$

즉, $y=-\frac{1}{2}x$에 $x=12b$, $y=9$를 대입하면

$9=-\frac{1}{2}\times12b$, $b=-\frac{3}{2}$

따라서 $k+b=-\frac{1}{2}+\left(-\frac{3}{2}\right)=-2$

5 세 점 A, B, C를 좌표평면 위에 나타내면 오른쪽 그림과 같다.

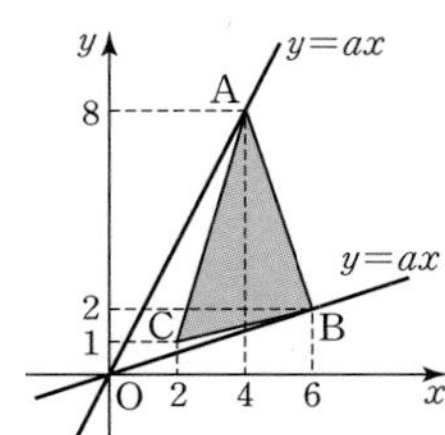

$y=ax$의 그래프가 삼각형 ABC와 만나기 위해서는 점 $A(4, 8)$을 지날 때와 점 $B(6, 2)$를 지날 때의 사이에 있어야 한다.

(i) 점 $A(4, 8)$을 지날 때

$8=4a$에서 $a=2$

(ii) 점 $B(6, 2)$를 지날 때

$2=6a$에서 $a=\frac{1}{3}$

(ⅰ), (ⅱ)에 의하여 $\frac{1}{3} \le a \le 2$

따라서 $M=2$, $m=\frac{1}{3}$이므로

$M-m=2-\frac{1}{3}=\frac{5}{3}$

6 점 A의 x좌표를 a라 하면 $A(a,\ 4a)$, $C\left(a,\ \frac{1}{4}a\right)$이므로 선분 AC의 길이는 $4a-\frac{1}{4}a=\frac{15}{4}a$

이때 선분 AC의 길이가 $\frac{15}{2}$이므로

$\frac{15}{4}a=\frac{15}{2}$에서 $a=2$

즉, $A(2,\ 8)$이므로 점 B의 y좌표는 8이다.

$\frac{1}{4}x=8$에서 $x=32$이므로 점 B의 x좌표는 32이다.

따라서 선분 AB의 길이는 $32-2=30$

7 $y=-4x$에 $x=-2$를 대입하면 $y=-4\times(-2)=8$

즉, $A(-2,\ 8)$ …… ❶

선분 AP의 길이가 2이므로 선분 BP의 길이는 $3\times2=6$

즉, $B(6,\ 8)$ …… ❷

따라서 $y=ax$에 $x=6$, $y=8$을 대입하면

$8=6a$, $a=\frac{4}{3}$ …… ❸

채점 기준	비율
❶ 점 A의 좌표 구하기	35 %
❷ 점 B의 좌표 구하기	35 %
❸ a의 값 구하기	30 %

8 $y=ax$의 그래프가 선분 AB와 만나는 점을 P라 하면 $P(4,\ 4a)$

이때

(삼각형 POA의 넓이)

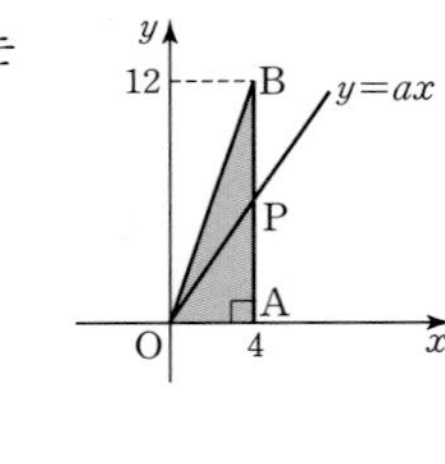

$=\frac{1}{2}\times$(삼각형 BOA의 넓이)

이므로 $\frac{1}{2}\times4\times4a=\frac{1}{2}\times\left(\frac{1}{2}\times4\times12\right)$

$8a=12$, $a=\frac{3}{2}$

9 두 점 A, B의 x좌표가 모두 3이므로

$A(3,\ -2)$, $B(3,\ 3a)$

이때 삼각형 AOB의 넓이가 24이므로

$\frac{1}{2}\times(-2-3a)\times3=24$, $-2-3a=16$

$-3a=18$, $a=-6$

10 $y=ax$의 그래프가 점 P를 지나므로 점 P의 좌표를 $(k,\ ak)(k>0)$라 하면

(삼각형 POC의 넓이) $=\frac{1}{2}\times9\times ak$

$=\frac{9}{2}ak$

(삼각형 PAB의 넓이) $=\frac{1}{2}\times(10-4)\times k$

$=\frac{1}{2}\times6\times k=3k$

이때 삼각형 POC의 넓이가 삼각형 PAB의 넓이의 2배이므로

$\frac{9}{2}ak=2\times3k$, $a=\frac{4}{3}$

11 점 B의 y좌표가 2이므로 $y=\frac{1}{3}x$에 $y=2$를 대입하면

$2=\frac{1}{3}x$, $x=6$

즉, $B(6,\ 2)$

$y=\frac{5}{6}x$에 $x=6$을 대입하면 $y=\frac{5}{6}\times6=5$

$y=-\frac{2}{3}x$에 $x=6$을 대입하면 $y=-\frac{2}{3}\times6=-4$

즉, $A(6,\ 5)$, $C(6,\ -4)$

따라서

(삼각형 AOC의 넓이) $=\frac{1}{2}\times\{(5-(-4)\}\times6$

$=27$

12 오른쪽 그림과 같이 $y=ax$의 그래프가 선분 AB와 만나는 점을 P라 하면 $P(8,\ 8a)$

이때

(삼각형 POA의 넓이)

$=\frac{1}{2}\times$(사다리꼴 OABC의 넓이)

이므로

$\frac{1}{2}\times8\times8a=\frac{1}{2}\times\left\{\frac{1}{2}\times(6+8)\times8\right\}$

$32a=28$, $a=\frac{7}{8}$

13 $y=\frac{1}{3}x$에 $x=9$를 대입하면 $y=\frac{1}{3}\times9=3$

즉, 점 A의 y좌표가 3이므로 점 B의 y좌표도 3이다.

$y=3x$에 $y=3$을 대입하면

$3=3x$, $x=1$

즉, 점 B의 x좌표가 1이므로 점 C의 x좌표도 1이다.

$y=\frac{1}{3}x$에 $x=1$을 대입하면

$y=\frac{1}{3}\times1=\frac{1}{3}$

따라서 점 C의 y좌표가 $\frac{1}{3}$이므로 점 D의 좌표는 $D\left(9,\ \frac{1}{3}\right)$이다.

14 매분 6 L씩 물을 넣고 있으므로 x와 y 사이의 관계식은

$y=6x$ …… ❶

$y=6x$에 $x=35$를 대입하면

$y=6\times35=210$

따라서 35분 동안 늘어난 물의 양은 210 L이므로 …… ❷

1시에 들어 있던 물탱크의 물의 양은

$365-210=155(\mathrm{L})$ ...... ❸

채점 기준	비율
❶ x와 y 사이의 관계식 구하기	40 %
❷ 35분 동안 늘어난 물의 양 구하기	30 %
❸ 1시에 들어 있던 물탱크의 물의 양 구하기	30 %

15 A 기계는 1분에 $\frac{30}{20}=1.5$(개), B 기계는 1분에 $\frac{40}{20}=2$(개)를 만드므로 두 그래프의 관계식은 각각 $y=1.5x$, $y=2x$이다.
따라서 A 기계로 a분 동안 만들고 두 기계를 모두 가동하여 150분 동안 만들어 낸 휴대전화 케이스의 개수는
$1.5a+150\times(1.5+2)=1.5a+525$
이때 휴대전화 케이스의 개수가 총 615이므로
$1.5a+525=615$
$1.5a=90$, $a=60$

16 점 P는 점 B를 출발하여 점 C까지 변 BC 위를 매초 3 cm씩 움직이므로
(x초 후의 선분 BP의 길이)$=3x$(cm)
또, 점 Q는 점 A에서 출발하여 점 D까지 변 AD 위를 매초 2 cm씩 움직이므로
(x초 후의 선분 AQ의 길이)$=2x$(cm)
x초 후 사각형 ABPQ의 넓이를 y cm^2라 하면
$y=\frac{1}{2}\times(2x+3x)\times20$, 즉 $y=50x$
$y=50x$에 $y=250$을 대입하면
$250=50x$, $x=5$
따라서 사각형 ABPQ의 넓이가 250 cm^2가 되는 것은 두 점 P, Q가 동시에 출발한 지 5초 후이다.

17 톱니바퀴 A가 x바퀴 회전할 때, 톱니바퀴 B는 k바퀴 회전한다고 하면
$24\times x=42\times k$, $k=\frac{4}{7}x$ ...... ㉠
톱니바퀴 B가 k바퀴 회전할 때, 톱니바퀴 C도 k바퀴 회전하고 톱니바퀴 D는 y바퀴 회전하므로
$12\times k=16\times y$, $k=\frac{4}{3}y$ ...... ㉡
㉠, ㉡에서 $\frac{4}{7}x=\frac{4}{3}y$, $y=\frac{3}{7}x$

18 A, B 수문을 각각 열 때, 2시간에 30만 톤, 18만 톤을 흘려보내므로 1시간에 15만 톤, 9만 톤을 흘려보낸다.
두 개의 수문이 동시에 열리면 1시간에 $15+9=24$(만 톤)을 흘려보낸다.
두 개의 수문을 동시에 열어 x시간 동안 y만 톤을 흘려보낸다고 하면 $y=24x$
이때 120만 톤의 물을 흘려보내므로
$y=24x$에 $y=120$을 대입하면
$120=24x$, $x=5$
따라서 120만 톤의 물을 흘려보내는 데 5시간이 걸린다.

19 수영의 그래프가 나타내는 관계식을 $y=ax$로 놓고
$x=8$, $y=64$를 대입하면
$64=8a$, $a=8$
$y=8x$에 $x=60$을 대입하면
$y=8\times60=480$
즉, 수영을 1시간 할 때, 소모되는 열량은 480 kcal이다.
줄넘기의 그래프가 나타내는 관계식을 $y=bx$로 놓고
$x=8$, $y=76$을 대입하면
$76=8b$, $b=\frac{19}{2}$
$y=\frac{19}{2}x$에 $x=60$을 대입하면
$y=\frac{19}{2}\times60=570$
즉, 줄넘기를 1시간 할 때, 소모되는 열량은 570 kcal이다.
따라서 수영과 줄넘기를 각각 1시간씩 할 때, 소모되는 열량의 차는
$570-480=90$(kcal)

20 y가 x에 반비례하므로 $y=\frac{k}{x}$로 놓고 $x=-\frac{5}{3}$, $y=18$을 대입하면
$18=k\div\left(-\frac{5}{3}\right)$, $k=-30$
즉, x와 y 사이의 관계식은 $y=-\frac{30}{x}$ ...... ❶
$y=-\frac{30}{x}$에 $x=-5$, $y=A$를 대입하면
$A=-\frac{30}{-5}=6$
$y=-\frac{30}{x}$에 $x=B$, $y=-15$를 대입하면
$-15=-\frac{30}{B}$, $B=2$
$y=-\frac{30}{x}$에 $x=C$, $y=D$를 대입하면
$D=-\frac{30}{C}$, $CD=-30$ ...... ❷
따라서 $A+B+CD=6+2+(-30)=-22$ ...... ❸

채점 기준	비율
❶ x와 y 사이의 관계식 구하기	30 %
❷ A, B, CD의 값 각각 구하기	50 %
❸ $A+B+CD$의 값 구하기	20 %

21 조건 (가)에 의하여 y가 x에 반비례하므로
$xy=a(a<0)$, 즉 $y=\frac{a}{x}$로 놓을 수 있다.
조건 (나)에 의하여 $y=\frac{a}{x}$에 $x=4$를 대입하면 $y=\frac{a}{4}$
$y=\frac{a}{x}$에 $x=6$을 대입하면 $y=\frac{a}{6}$
이때 $a<0$이므로 $\frac{a}{4}<\frac{a}{6}$

$\frac{a}{6}-\frac{a}{4}=4$이므로 $2a-3a=48$

$-a=48$, $a=-48$

따라서 $y=-\frac{48}{x}$에 $x=8$을 대입하면

$y=-\frac{48}{8}=-6$

22 ①, ② 그래프가 점 $(-6, 4)$를 지나는 한 쌍의 곡선이므로

$y=\frac{a}{x}$에 $x=-6$, $y=4$를 대입하면

$4=\frac{a}{-6}$, $a=-24$

즉, x와 y 사이의 관계식은 $y=-\frac{24}{x}$이다.

이때 xy의 값은 -24로 일정하다.

③ $y=-\frac{24}{x}$에 $x=3$을 대입하면

$y=-\frac{24}{3}=-8$

즉, 점 $(3, -8)$을 지난다.

④ $|-24|>\left|-\frac{1}{24}\right|$이므로 $y=-\frac{1}{24x}$의 그래프보다 원점에서 더 멀리 떨어져 있다.

⑤ x좌표는 정수, y좌표는 자연수인 점은 $(-1, 24)$, $(-2, 12)$, $(-3, 8)$, $(-4, 6)$, $(-6, 4)$, $(-8, 3)$, $(-12, 2)$, $(-24, 1)$의 8개이다.

따라서 옳지 않은 것은 ④, ⑤이다.

23 점 P의 y좌표는 -4이므로

$y=\frac{a}{x}$에 $y=-4$를 대입하면 $-4=\frac{a}{x}$, $x=-\frac{a}{4}$

즉, 점 P의 x좌표는 $-\frac{a}{4}$이다.

점 Q의 y좌표는 -2이므로 $y=\frac{a}{x}$에 $y=-2$를 대입하면

$-2=\frac{a}{x}$, $x=-\frac{a}{2}$

즉, 점 Q의 x좌표는 $-\frac{a}{2}$이다.

$a<0$이므로 x좌표의 차는 $-\frac{a}{2}-\left(-\frac{a}{4}\right)=-\frac{a}{4}$

이때 x좌표의 차가 3이므로

$-\frac{a}{4}=3$, $a=-12$

따라서 점 Q의 x좌표는 $-\frac{a}{2}=-\frac{-12}{2}=6$

24 점 $\left(2a-5, \frac{1}{3}a+6\right)$이 x축 위에 있으므로

$\frac{1}{3}a+6=0$, $\frac{1}{3}a=-6$, $a=-18$

따라서 반비례 관계 $y=-\frac{18}{x}$의 그래프 위에 있는 점 중에서

x좌표와 y좌표가 모두 정수인 점은

$(1, -18)$, $(2, -9)$, $(3, -6)$, $(6, -3)$, $(9, -2)$, $(18, -1)$, $(-1, 18)$, $(-2, 9)$, $(-3, 6)$, $(-6, 3)$, $(-9, 2)$, $(-18, 1)$

의 12개이다.

참고 반비례 관계 $y=\frac{a}{x}(a\neq0)$의 그래프 위에 있는 점 (m, n) 중에서 m, n이 모두 정수인 경우

➡ $m=(|a|$의 약수$)$ 또는 $m=-(|a|$의 약수$)$

25 두 점 A, C는 $y=\frac{a}{x}$의 그래프 위의 점이므로

$A\left(4, \frac{a}{4}\right)$, $C\left(10, \frac{a}{10}\right)$

두 점 B, C의 y좌표가 서로 같으므로

$B\left(4, \frac{a}{10}\right)$

이때 직사각형 ABCD의 넓이가 27이므로

$(10-4)\times\left(\frac{a}{4}-\frac{a}{10}\right)=27$

$\frac{9}{10}a=27$, $a=30$

26 $y=-\frac{6}{x}$에 $x=-k$를 대입하면

$y=-\frac{6}{-k}=\frac{6}{k}$

즉, $A\left(-k, \frac{6}{k}\right)$

$y=-\frac{6}{x}$에 $x=k$를 대입하면

$y=-\frac{6}{k}$

즉, $C\left(k, -\frac{6}{k}\right)$

(선분 AB의 길이)$=\frac{6}{k}$

(선분 BD의 길이)$=k-(-k)=2k$

(선분 CD의 길이)$=\frac{6}{k}$

따라서 삼각형 ABD와 삼각형 BCD는 모두 밑변의 길이가 $2k$, 높이가 $\frac{6}{k}$이므로

(사각형 ABCD의 넓이)$=2\times$(삼각형 ABD의 넓이)

$=2\times\left(\frac{1}{2}\times2k\times\frac{6}{k}\right)=12$

27 점 A의 x좌표가 3이므로 $A(3, 3a)$

이때 $y=\frac{b}{x}$의 그래프는 원점에 대하여 대칭인 한 쌍의 곡선이므로 $B(-3, -3a)$

즉, $C(-3, 3a)$, $D(3, -3a)$

이때 직사각형 ACBD의 넓이가 96이므로

$6\times6a=96$, $a=\frac{8}{3}$

따라서 $A(3, 8)$이므로 $y=\frac{b}{x}$에 $x=3$, $y=8$을 대입하면

$8=\frac{b}{3}$, $b=24$

28 $y=2x$에 $y=-6$을 대입하면

$-6=2x$, $x=-3$

즉, 점 P의 좌표는 P$(-3, -6)$

점 P$(-3, -6)$이 $y=\frac{a}{x}$의 그래프 위의 점이므로

$x=-3$, $y=-6$을 대입하면

$-6=\frac{a}{-3}$, $a=18$

점 Q$(4, b)$도 $y=\frac{18}{x}$의 그래프 위의 점이므로

$x=4$, $y=b$를 대입하면

$b=\frac{18}{4}=\frac{9}{2}$

따라서 $ab=18\times\frac{9}{2}=81$

29 $y=\frac{a}{x}$에 $x=3$, $y=4$를 대입하면

$4=\frac{a}{3}$, $a=12$

$y=\frac{12}{x}$의 그래프에서 점 B와 점 D를 지나는 직사각형의 넓이는 각각 12이므로 이 두 직사각형의 넓이의 합은

$12+12=24$

이때 점 A와 점 C를 지나는 두 직사각형의 넓이의 합은 $72-24=48$이므로 점 A와 점 C를 지나는 직사각형의 넓이는 각각

$48\times\frac{1}{2}=24$

$y=\frac{b}{x}$의 그래프 위의 점 A와 점 C는 각각 제2사분면과 제4사분면에 있으므로 $b<0$이고, x좌표와 y좌표의 곱이 일정하므로

$b=-24$

따라서 $a-b=12-(-24)=12+24=36$

30 B_n의 좌표는 $B_n\left(n, \frac{3}{n}\right)$이므로

(직사각형 $OA_nB_nC_n$의 넓이)$=n\times\frac{3}{n}=3$

따라서

$$S_1+S_2+S_3+\cdots+S_{200}=\underbrace{3+3+3+\cdots+3}_{200\text{개}}=3\times200=600$$

31 점 A의 x좌표가 4이므로 $y=\frac{24}{x}$에 $x=4$를 대입하면

$y=\frac{24}{4}=6$

즉, A$(4, 6)$

점 A가 $y=ax$의 그래프 위의 점이므로 $y=ax$에 $x=4$, $y=6$을 대입하면

$6=a\times4$, $a=\frac{3}{2}$

점 B의 y좌표가 -9이므로 $y=\frac{3}{2}x$에 $y=-9$를 대입하면

$-9=\frac{3}{2}x$, $x=-6$

즉, B$(-6, -9)$

따라서 삼각형 ABC의 넓이는

$\frac{1}{2}\times6\times10=30$

32 1시간당 x L의 물을 넣을 때, y시간 만에 물통에 물이 가득 찬다고 하면

$x\times y=15\times\frac{8}{3}$, $y=\frac{40}{x}$

$y=\frac{40}{x}$에 $y=2$를 대입하면

$2=\frac{40}{x}$, $x=20$

따라서 1시간당 넣어야 할 물의 양은 20 L이다.

33 물체의 무게와 그 물체의 받침대로부터의 거리는 반비례 관계이므로

$40\times24=x\times y$, $y=\frac{960}{x}$

$y=\frac{960}{x}$에 $x=192$를 대입하면

$y=\frac{960}{192}=5$

따라서 사과의 무게가 192 g일 때, 받침대에서 사과까지의 거리는 5 cm이다.

34 넓이가 9 m^2인 직사각형 모양의 꽃밭에 꽃을 심는 데 드는 비용이 54000원이므로 넓이가 1 m^2인 직사각형 모양의 꽃밭에 꽃을 심는 데 드는 비용은

$\frac{54000}{9}=6000$(원) …… ❶

따라서 126000원의 비용으로 만들 수 있는 꽃밭의 넓이는

$\frac{126000}{6000}=21(m^2)$

즉, $A=21$ …… ❷

이때 꽃밭은 가로, 세로의 길이가 각각 x m, y m인 직사각형 모양이므로

$x\times y=21$, $y=\frac{21}{x}$ …… ❸

채점 기준	비율
❶ 넓이가 1 m^2인 꽃밭에 꽃을 심는 데 드는 비용 구하기	30 %
❷ A의 값 구하기	30 %
❸ x와 y 사이의 관계식 구하기	40 %

35 주어진 그래프가 나타내는 식을 $y=\frac{k}{x}$로 놓고 $x=40$, $y=15$를 대입하면

$15=\frac{k}{40}$, $k=600$

$y=\frac{600}{x}$에 $x=a$, $y=50$을 대입하면

$50=\frac{600}{a}$, $a=12$

$y=\frac{600}{x}$에 $x=150$, $y=b$를 대입하면

$b=\frac{600}{150}=4$

따라서 $a+b=12+4=16$

36 (거리)=(시간)×(속력)이므로

$xy=20\times60=1200$, $y=\frac{1200}{x}$

즉, 터널의 길이는 1200 m이다.

열차의 속력이 50 m/초이므로

$y=\frac{1200}{x}$에 $y=50$을 대입하면

$50=\frac{1200}{x}$, $x=24$

따라서 $a=1200$, $b=24$이므로

$a+b=1200+24=1224$

중학 수학 **내신 만점 실력서**

고난도 시그마 Σ

정답과 풀이